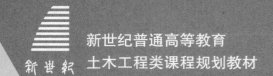

新世纪普通高等教育
土木工程类课程规划教材

工程结构检测鉴定与加固

（第二版）

总主编　李宏男
主　编　苗吉军
副主编　蒋济同　张　鑫
　　　　王海超
主　审　顾祥林

Engineering Structure Inspection Identification and Reinforcement

 大连理工大学出版社

图书在版编目(CIP)数据

工程结构检测鉴定与加固／苗吉军主编. — 2 版
. — 大连 ：大连理工大学出版社，2019.9(2021.1重印)
新世纪普通高等教育土木工程类课程规划教材
ISBN 978-7-5685-2149-9

Ⅰ. ①工⋯ Ⅱ. ①苗⋯ Ⅲ. ①建筑结构－质量检查－
高等学校－教材②建筑结构－修缮加固－高等学校－教材
Ⅳ. ①TU317

中国版本图书馆 CIP 数据核字(2019)第 155687 号

工程结构检测鉴定与加固
GONGCHENG JIEGOU JIANCE JIANDING YU JIAGU

大连理工大学出版社出版

地址:大连市软件园路 80 号　邮政编码:116023
发行:0411-84708842　邮购:0411-84708943　传真:0411-84701466
E-mail:dutp@dutp.cn　URL:http://dutp.dlut.edu.cn
大连永盛印业有限公司印刷　　　大连理工大学出版社发行

幅面尺寸:185mm×260mm	印张:15	字数:363 千字
2015 年 7 月第 1 版		2019 年 9 月第 2 版
2021 年 1 月第 2 次印刷		

责任编辑:王晓历　　　　　　　　　　责任校对:孙　静
封面设计:对岸书影

ISBN 978-7-5685-2149-9　　　　　　　　定　价:39.80 元

新世纪普通高等教育土木工程类课程规划教材编审委员会

许成顺	北京工业大学
苏振超	厦门大学
李　哲	西安理工大学
李伙穆	闽南理工学院
李素贞	同济大学
李晓克	华北水利水电大学
李恒昌	沈阳建筑大学
何芝仙	安徽工程大学
张　鑫	山东建筑大学
张玉敏	济南大学
张金生	哈尔滨工业大学
陈长冰	合肥学院
陈善群	安徽工程大学
苗吉军	青岛理工大学
周广春	哈尔滨工业大学
周东明	青岛理工大学
赵少飞	华北科技学院
赵亚丁	哈尔滨工业大学
赵俭斌	沈阳建筑大学
郝冬雪	东北电力大学
胡晓军	合肥学院
秦　力	东北电力大学
贾开武	唐山学院
钱　江	同济大学
郭　莹	大连理工大学
唐克东	华北水利水电大学
黄丽华	大连理工大学
康洪震	唐山学院
彭小云	天津武警后勤学院
董仕君	河北建筑工程学院
蒋欢军	同济大学
蒋济同	中国海洋大学

前言

　　土木工程结构鉴定加固研究自20世纪90年代以来方兴未艾，一是由于诸多工程结构逐步进入"老龄化"阶段，耐久性问题日显突出，需解决工程结构超期服役问题；二是进入21世纪以来，随着我国改革开放的发展，业主维权意识和法律意识增强，因在工程结构质量纠纷、房屋确权、工程结构遭受各种偶然作用（如爆炸、地震、火灾、撞击、氯离子侵蚀等）后，工程结构的实际工作性能评估等诸多问题需要给出答案。为此，有关工程结构荷载历史调查分析、混凝土结构碳化作用及其影响、时变结构抗力退化规律、既有工程结构可靠度分析、工程结构的动力灾变理论等课题相继成为研究热点，并有了诸多有意义的以标准、规程、规范等形式颁布实施的研究成果，如《建筑结构检测技术标准》（GB/T 50344—2004）、《既有建筑物结构检测与评定标准》（DG/TJ 08-804—2005（2010））、《火灾后建筑结构鉴定标准》（CECS 252:2009）等。

　　《工程结构检测鉴定与加固》的主编苗吉军教授自1996年就读同济大学结构工程专业硕士研究生以来，在我国结构工程专业的前辈专家也是我的导师张誉教授的引领下进入了土木工程结构鉴定加固研究领域，20多年来一直从事工程结构鉴定加固研究工作，较为有影响的工程项目有：原上海大世界工程结构质量纠纷、上海市近代优秀保护建筑长海医院第二医技楼、山东青岛近海某住宅小区混凝土爆裂剥落项目、威海市某渔业公司厂房火灾后工程结构性能评估、日照市某沿街底框结构爆炸后工程结构鉴定等。《工程结构检测鉴定与加固》的副主编中国海洋大学的蒋济同教授、山东建筑大学的张鑫教授、山东科技大学的王海超教授都是山东省结构工程领域的专家。如蒋济同教授擅长沿海混凝土结构工作性能分析，张鑫教授在建筑移位改造领域曾获得教育部科技进步一等奖，王海超教授则专注于混凝土结构、钢结构氯离子侵蚀后结构受力性能研究。他们四位在专业领域内的配合应该是相得益彰的，也为本教材的架构提供了较为丰富的素材，可适合不同高校的专业教学特点。

新世纪

　　本教材着重于对土木工程专业学生综合能力的培养，而不限于相关规程、标准、规范的介绍。力图将土木工程专业高年级学生所学的专业基础课及专业课，如"工程结构荷载与结构设计方法""混凝土结构基本原理""钢结构基本原理""工程结构抗震""砌体结构""建筑结构试验""结构力学"等，通过不同的工程案例分析，将其中涉及的专业知识点有机串联起来，使学生明白如何利用所学专业知识来解决实际工程问题，让学生明白什么是工程结构中的科学问题，什么是工程结构中的工程问题。如此，试图通过这样一种逻辑分析能力的培养，来提高学生的工程师素养，这是本教材显著区别于同类教材的一个重要特征，也是本教材的一个亮点和创新点所在。

　　望本教材能够将土木工程专业当前的研究热点和重点在不久的将来，在教材再版时能有所体现和介绍，这既是一个方向，也是一种期待！

同济大学　顾祥林

2019 年 9 月

前　言

　　《工程结构检测鉴定与加固》(第二版)是新世纪普通高等教育教材编审委员会组编的土木工程类课程规划教材之一。

　　随着我国城市化进程加快,居民的生活条件及居住环境得到极大改善和提高。然而,早期建设的城市住宅结构逐渐进入老龄化,部分建筑服役期已经超过其设计基准期而有待加固。再者,我国又有较多的建筑存在安全储备不足的问题,急需进行既有建筑的检测鉴定与加固改造。同时,由于地震、火灾等灾害的影响,既有建筑检测鉴定与抗震加固改造已成为我国基本建设急需解决的重大问题。我国建筑业正处于世界建筑业发展趋势中的"大规模新建阶段"以及"新建与维修加固并重阶段"。为引导、规范和促进既有建筑综合改造技术在全国建筑工程中推广应用,结合我国既有建筑的实际和潜在需求,"十一五"科技支撑计划项目"既有建筑综合改造关键技术研究与示范""十二五"科技支撑计划项目"既有建筑绿色化改造关键技术研究与示范"以及"城乡建设抗震防灾'十三五'规划"相继立项。截至 2018 年,全国既有建筑面积总计近 550 亿 m^2,估计有 30%～50% 的建筑物将会出现安全性降低或进入功能衰退期。为揭示工程结构的潜在危险,避免事故的发生,需对既有工程结构的作用效应、结构抗力及其可靠性进行检测、鉴定与评价,对于不满足设计文件或者国家相关规范、规程、标准最低要求的结构需要给出维修及加固建议,通过结构补强措施使其达到预期的功能要求。

　　本教材结合国家和行业的现行规范,重点阐述了砌体结构、混凝土结构、钢结构、桥梁结构的检测、鉴定与加固的基本原理,并对结构动力检测及长期健康监测的现状及发展进行了介绍。为适应土木工程专业人才培养的要求,在编写过程中力求做到概念明确、内容简明、讲述清楚、理论联系实际。本教材力求培养学生综合运用已学的专业课程(如混凝土结

新世纪

构基本原理、钢结构基本原理、工程结构抗震、建筑结构试验等)解决实际工程问题的能力,试图通过工程问题的解决,来提高学生的力学分析能力和结构常识的运用能力。本教材主要章节配有适当数量的例题,有利于学生理解和掌握相关知识;还给出了小结、习题与思考题,以便自学和巩固所学内容。本教材可作为高校土木工程专业的必修或者选修教材,也可供相关工程技术人员参考。

本版教材的编者,特别是主编和副主编,他们不仅长期在高校任教,而且一直从事工程结构检测、鉴定与加固方面的工作,很多工程案例就是他们工程实践的经验总结。本版教材由青岛理工大学苗吉军任主编,中国海洋大学蒋济同、山东建筑大学张鑫、山东科技大学王海超任副主编,青岛理工大学刘玮玮、杨厚明、杨建、尹晓文、刘才玮、刘延春、程健、田俊、王光云、赵玉亮参加了编写工作。具体编写分工如下:第1章由苗吉军、刘玮玮编写;第2章由王海超、杨厚明编写;第3章由蒋济同、杨建编写;第4章由张鑫、尹晓文编写;第5章由刘才玮、刘延春编写;第6章由程健、田俊编写。全书由苗吉军统稿并定稿,解立波、吴霞、王光云参与了教材的绘图、校对等工作。同济大学土木工程学院院长顾祥林教授审阅了全部书稿并提出了许多宝贵意见,在此谨致谢忱。

在编写本教材的过程中,编者参考、引用和改编了国内外出版物中的相关资料以及网络资源,在此表示深深的谢意!相关著作权人看到本教材后,请与出版社联系,出版社将按照相关法律的规定支付稿酬。

尽管我们在教材特色的建设方面做出了许多努力,但限于水平,教材中仍可能存在一些疏漏之处,恳请各教学单位和读者在使用本教材时多提宝贵意见,以便下次修订时改进。

编　者
2019 年 9 月

所有意见和建议请发往:dutpbk@163.com
欢迎访问高教数字化服务平台:http://hep.dutpbook.com
联系电话:0411-84708445　84708462

目　录

第1章　工程结构检测鉴定与加固概论

学习目标

(1)了解工程结构检测鉴定与加固的原因。

(2)了解现行工程结构检测鉴定与加固的国家规范、规程、标准的应用。

(3)了解工程结构检测鉴定与加固行业的研究现状及发展前景。

工程结构检测鉴定与加固的实质就是对既有工程结构的可靠性进行复核,审查其是否达到设计文件及国家相关规范、规程、标准的最低要求。它同结构设计的区别在于工程结构检测鉴定时所用到的荷载数据及结构抗力数据乃至结构承重体系本身需要通过一定的检测方法或者现场试验确定,而不是简单的套用设计文件;同时,要对检测鉴定的工程结构真实性能做出评价。对于不满足设计文件或者国家相关规范、规程、标准最低要求的结构需要给出维修及加固建议,通过结构补强措施使其达到预期的功能要求。

1.1　工程结构检测鉴定与加固的目的和意义

设计、施工、材料、环境影响、使用不当及自然损耗等多方面的原因,使得工程结构的安全性得不到保障或使用功能不能满足要求,这就需要对其进行诊断、鉴定、加固与修复处理。

近年来,结构补强与加固越来越受到有关科研和工程技术人员的重视。补强与加固的目的就是提高结构及构件的强度、刚度、延性、稳定性和耐久性,满足安全要求,改善使用功能,延长结构寿命。

1.我国建筑业的发展阶段

我国建筑业的发展具体可以划分为以下四个阶段[1]:

(1)1958～1960年"大跃进"时期,特点是主观行事、不遵循客观规律,房屋建造质量差。

(2)"十年动乱"时期,"三边"建筑(边勘察设计、边预算、边施工),在施工过程中的不可预见性较大,工程质量和安全隐患突出,工期不能保证。

(3)2002年新规范实行前,设计、施工及监理处于初级阶段,可靠度有所提高,大量预应力结构开始应用,整体性差。

(4)2002年新规范实行后～目前,工程勘察设计、施工水平不断提高,工程质量大幅提高,可靠度进一步提高,材料应用更加合理。

2.目前我国建筑业的主要特点

我国建筑业正处于世界建筑业的发展趋势中的"大规模新建阶段"以及"新建与维修加

固并重阶段"。随着社会的发展,我国建筑业的状况也发生了改变,主要特点如下:

(1)建筑工程质量稳中有升,但不少工程存在严重隐患,质量通病普遍存在,如混凝土出现蜂窝、麻面、墙体开裂等,如图1-1、图1-2所示。

图1-1　混凝土出现蜂窝、麻面　　　　　　　　　　　　　图1-2　墙体开裂

(2)建筑工程事故依然存在。2009年2月,CCTV配楼因在施工工地组织大型礼花燃放,致使礼花弹爆炸后的高温星体引燃检修道内壁易燃材料引发火灾,如图1-3所示。2009年6月,上海莲花河畔景苑小区在建居民楼由于大楼两侧存在压力差使土体产生水平位移,致使结构从根部断开而整体倒塌[2],如图1-4所示。

图1-3　CCTV配楼起火　　　　　　　　　　　　　图1-4　上海莲花河畔在建小区倒塌

(3)自然灾害造成的建筑事故频频发生,灾后检测鉴定与加固工程增多。这几年,国内先后经历了汶川、玉树、舟曲、雅安等多次特大地震灾害,很多建筑严重受损,但仍未完全破坏,可通过检测鉴定对结构或者局部构件的受力性能进行评估,并加以修复。

(4)新规范不断修订,已有建筑不能满足要求。从1952年我国规范立项开始至今,各类规范已多次修订,一些关系到建筑安全的技术要点不断提高,见表1-1。按照当时规范设计的建筑现在有些已不能满足要求,有必要对这些建筑进行一轮检测与加固,使之满足新的使用要求。

表1-1　各期混凝土结构设计规范对构件不出现裂缝设计控制要求验算公式的比较

规范类别	裂缝控制要求	验算公式(钢筋混凝土)
66	使用上不允许出现裂缝的构件,应进行抗烈度验算	轴心受拉构件　$N^b \leqslant 2.0R_l(A_h + 2nA_g)$; 受弯构件　$M^b \leqslant 2.0R_l W_{h.g}$
74	使用上不允许出现裂缝的构件,应进行抗烈度验算,区分一般要求与严格要求,以抵抗安全系数 K_f	轴心受拉构件　$K_f N \leqslant R_f(A_h + 2nA_g)$; 受弯构件　$K_f M \leqslant rR_l W_0$。 使用中一般要求不出现裂缝的 K_f 不应小于1.25,对裂缝要求较高的尚应提高

（续表）

规范类别	裂缝控制要求	验算公式（钢筋混凝土）
02(89)	应根据使用要求选用裂缝控制等级（一级、二级）进行构件受拉边缘应力验算	一级——严格要求不出现裂缝的构件，在荷载效应标准组合下 $\sigma_{ck}-\sigma_{pe}\leqslant 0$　(1) 二级——一般要求不出现裂缝的构件，在荷载效应标准组合下 $\sigma_{ck}-\sigma_{pe}\leqslant f_{tk}$　(2) 在荷载效应准永久组合下 $\sigma_{ck}-\sigma_{pe}\leqslant 0$　(3)
10	应根据使用要求选用裂缝控制等级（一级、二级、三级）进行构件受拉边缘应力验算	一级——同 2002 年版规范； 二级——同 2002 年版规范； 三级——允许出现裂缝的构件，按荷载的短期效应组合并考虑长期效应组合 $\omega_{max}\leqslant\omega_{lim}$

注：①表中符号及公式编号均与相应规范一致。

②1989 年版规范式(2)中 f_{tk} 为 $a_{ct}\gamma f_{tk}$，其余各式与 2002 年版规范基本相同。

1.2　工程结构检测鉴定与加固的现状

1.2.1　我国工程结构的现状

1.工程质量逐步提高，主要表现在：

(1)设计理论不断发展及相关规范、规程逐渐完善。

(2)第三方监理执行的工程管理水平显著提高。

(3)先进施工理论及技术的创新及其应用。

(4)新材料的研制及应用。

2.对工程结构安全性的高度重视与适用性、耐久性的认识不足，导致在实际工程中往往由于耐久性不足最终导致结构失效，如图 1-5、图 1-6 所示。

 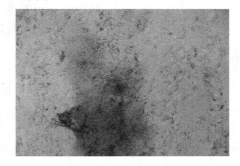

图 1-5　钢结构锈蚀　　　　　　　　图 1-6　混凝土碳化

3.工程结构在偶然作用（强震、爆炸、撞击、强风、风暴潮等）下的结构动力灾变及其设计施工理论不完善，工程结构存在安全隐患。

1.2.2 目前我国工程结构检测鉴定与加固存在的问题

1. 要求偏低

我国工程结构抵御地震、火灾作用的设计要求相对偏低,而且抵抗其他灾害(风暴潮、爆炸)的设计要求偏少甚至没有;针对结构动力灾变下的设计理论不完善,结构性能研究不深入、不系统。

2. 现有的检测标准与鉴定规范不协调

检测方法的不同会导致不同的检测结果[3],如针对混凝土强度检测,可分别依据行业、地方、国家规范得出不同的检测结果,进而影响鉴定结论。

3. 结构承载能力验算在我国仍然沿用设计规范

我国《民用建筑可靠性鉴定标准》[4]规定,当验算被鉴定结构或构件的承载能力时,结构上作用组合、作用分项系数及组合值系数,应按现行国家标准《民用建筑可靠性鉴定标准》[5]的规定执行,而其规定的作用分项系数及作用组合系数是以拟建结构为研究对象确定的,对既有建筑结构并不适合。

4. 检测仪器设备落后

检测仪器在结构鉴定检测中扮演着重要的角色。与先进国家相比,我国的检测仪器设备在总体上存在着明显的差距,尤其在数字化检测仪器设备方面。

5. 缺乏对既有建筑结构剩余使用寿命的预测

既有建筑结构的寿命评估涉及结构的耐久性问题,但实际工程缺乏对使用若干年后的结构,在限定使用条件和正常维护条件下,无须采取补强、加固等措施,结构仍能继续保持其预定功能的剩余寿命预测。

1.3 工程结构检测鉴定与加固的一般流程

工程结构进行检测鉴定的目的是了解结构的安全性、适用性和耐久性是否满足要求,对结构做出正确的评价,为工程结构进行维修或加固提供理论依据。

一般来说,在下列情况下要对工程结构进行检测鉴定:

(1)对于使用荷载产生变化或材料强度不足的建筑,需要进行检测鉴定。

(2)对于历史优秀保护建筑,需要定期检测鉴定。

(3)烂尾楼工程二次开工时,其工程质量水平无法确定,整体结构需要进行检测鉴定。

(4)施工质量资料不全或设计资料不全的房屋、工业厂房,在确权(申请房产证)或竣工验收前,需对整体结构进行检测鉴定。

(5)对出现质量问题的工程、行政主管部门抽检不合格的工程、出现耐久性问题的工程、工程地质条件发生改变的工程(如地基不均匀沉降),进行工程结构的检测鉴定。

(6)工程结构受到爆炸、撞击、火灾、地震等偶然作用后,需对整体结构的受力性能进行检测鉴定。

(7)建筑结构使用功能改变,无法确定其安全性,需要对工程结构进行检测鉴定。如民用建筑改为工业建筑使用;在旧楼房基础上进行加层;或在原有结构上增加荷载的情况。

（8）工程建设甲、乙双方出现工程质量纠纷时，需要对工程结构进行检测鉴定。

以上检测鉴定项目，若不满足国家相应规范、规程、标准及设计文件的要求，则应给出相应的加固及维修方案。

工程结构检测鉴定与加固的一般流程如图 1-7 所示。

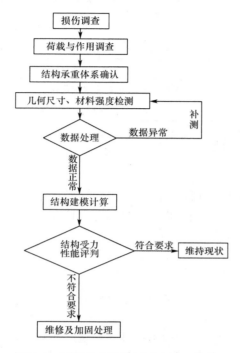

图 1-7　工程结构检测鉴定与加固的一般流程

另外，结构的动力检测以及桥梁检测与普通静力检测存在较大区别，具体内容参见 1.4、1.5。

1.3.1　损伤调查

1. 调查内容

损伤调查直接影响到结构的计算分析模型和可靠性评估结论。因此，在对建筑物结构进行检测鉴定之前，需要初步调查了解建筑结构的损伤程度。主要包括结构外观情况、内部缺陷、裂缝情况、挠度、变形、位移等。正常使用阶段的损伤调查内容见表 1-2[6]。

表 1-2　　　　　　　　　　　　　损伤调查内容

结构形式	损伤调查内容
混凝土结构	混凝土裂缝的形态、分布；构件的几何尺寸；钢筋锈蚀；结构变形与位移；节点损伤调查
砌体结构	砌体结构的裂缝、块体和砂浆的粉化、腐蚀
钢结构	钢材涂装与锈蚀、构(杆)件变形、裂缝、连接的变形及损伤等、防火措施的有效性和完备性(对有防火要求的构件)
木结构	木材疵病；裂缝和腐蚀；构件及构件连接点的损伤
桥梁结构	混凝土裂缝、碳化及钢筋锈蚀、剥蚀、结构局部构造的破坏

2. 损伤检测方法

损伤调查的常用检测方法见表 1-3。

表 1-3 损伤调查的常用检测方法

检测项目		主要检测方法
构件外观缺陷		采用目测与尺量的方法检测;对裂缝深度,可采用超声法检测(必要时可钻取芯样予以验证,对于仍在发展的裂缝应进行定期观测,提供裂缝发展速度的数据)
构件内部缺陷		采用超声法、冲击反射法等非破损方法(必要时可采用局部破损方法对非破损的检测结果进行验证)
构件变形	构件挠度	激光测距仪、水准仪、拉线等
	结构倾斜	经纬仪、激光定位仪、三轴定位仪或吊锤等
	基础沉降	水准仪、全站仪、GPS 定位等

1.3.2 荷载与作用调查

1. 调查目的

对既有建筑物的结构构件进行承载能力复核,首要任务是提供符合实际情况的荷载(作用)。因此应尽量通过调查或实测对作用在结构上的荷载与作用情况予以核实和确定,以保证后期建模计算结果的准确性。

2. 采用方法

(1)荷载调查

荷载包括恒荷载和活荷载,应根据建筑物现在、未来的使用状况确定[6]。

①恒载标准值取值规定

a. 材料和构件的自重标准值,应根据构件和连接的实际尺寸,按材料和构件的单位自重标准值计算确定。材料或构件的单位自重标准值应按现行国家标准《建筑结构荷载规范》[5]的规定采用。

b. 对现行国家标准《建筑结构荷载规范》[5]中尚未规定单位自重标准值的材料或构件,或者对该材料或构件的单位自重标准值有怀疑时,应通过现场实测确定材料或构件的单位自重。

c. 采用现场实测方法确定材料或构件的单位自重时,样本应具有代表性,试样切取方法和材料力学性能检测试样切取类似,抽样数不应少于五个。

②活荷载取值规定

a. 对于古建筑或者投入使用时间较长的工程荷载需要调查结构荷载的历史沿革,当无过大堆载时,可采用《建筑结构荷载规范》[5]的具体规定取值,否则按最不利荷载取值。

b. 民用建筑、工业建筑楼(屋)面活荷载、吊车荷载、基本风压以及基本雪压应按《建筑结构荷载规范》[5]的具体规定取值。

(2)作用效应调查

作用是指能够引起结构内力、变形等效应的非直接作用因素,如地震、温度变化、基础不均匀沉降、焊接等。下面主要介绍地震、撞击、爆炸的调查统计。

①地震

应按建筑抗震设计规范[7]确定。

相应于不同目标服役期的抗震设防烈度,水平地震影响系数的最大值可按式(1-1)确定,水平地震影响系数最大值的目标服役期修正系数 $k_{T\alpha}$ 及地震加速度时程曲线最大值目标服役期修正系数取值参见表 1-4、表 1-5。

$$\alpha_{\max}^{T} = k_{T\alpha} \cdot \alpha_{\max} \tag{1-1}$$

表 1-4　　　　　　　水平地震影响系数最大值的目标服役期修正系数 $k_{T\alpha}$

目标服役期 T/年	10	20	30	40	50
多遇地震	0.450	0.686	0.825	0.925	1.000
罕遇地震	—	0.686	0.825	0.925	1.000

注:①本条适用于既有一般工程、小型工程及临时工程的抗震性能评估。

②对表中未列出的中间值,可按线性插值确定,当 $T<10$ 年时,取 $T=10$ 年,相应于不同目标服役期的抗震设防烈度,时程分析所用地震加速度时程曲线的最大值为

$$g_{\max}^{T} = k_{Tg} \cdot g_{\max}$$

表 1-5　　　　　　地震加速度时程曲线最大值目标服役期修正系数 k_{T}^{g}　　　　　cm/s²

目标服役期 T/年	10	20	30	40	50
多遇地震	0.450	0.686	0.825	0.925	1.000
罕遇地震	—	0.686	0.825	0.925	1.000

注:①本条适用于既有一般工程、小型工程及临时工程的抗震性能评估。

②表中未列出的中间值,可按线性插值确定,当 $T<10$ 年时,取 $T=10$ 年。

②撞击

a.电梯竖向撞击荷载标准值可在电梯总重力荷载的 4~6 倍范围内选取。

b.汽车撞击的荷载、直升机非正常着陆的撞击荷载可参照《建筑结构荷载规范》[5] 取值。

③爆炸

a.由爆炸、燃气、粉尘等引起的爆炸荷载宜按等效静力荷载采用。

b.在常规爆炸动荷载作用下,结构等效均布静力荷载标准值的计算公式为

$$q_{ce} = K_{dc} p_{c} \tag{1-2}$$

式中　　q_{ce}——作用在结构构件上的等效均布静力荷载标准值;

　　　　K_{dc}——动力系数,根据构件在均布荷载作用下的动力分析结果,按最大内力等效的原则确定;

　　　　P_{c}——作用在结构构件上的均布荷载最大压力。

c.对于具有通口板的房屋结构,当通口板面积 A_{v} 与爆炸空间体积 V 之比为 0.05~0.15 且体积 V 小于 1 000 m³ 时,燃气爆炸的等效均布静力荷载 p_{k} 可按式(1-3)、式(1-4)计算并取其较大值,即

$$p_{k} = 3 + p_{v} \tag{1-3}$$

$$p_{k} = 3 + 0.5 p_{v} + 0.04 (A_{v}/V)^{2} \tag{1-4}$$

式中　　p_{v}——通口板的额定破坏压力;

　　　　A_{v}——通口板面积;

　　　　V——爆炸空间的体积。

1.3.3 结构承重体系确认

1. 确认目的

结构分析采用的计算模型应符合既有建筑物结构的实际工作状况和结构状况。由于结构在荷载作用下的静力分析与计算简图有关,因此需要确定好结构的形式,明确结构竖向、水平方向传力体系。

2. 采用方法

(1)有原始设计图纸

由于施工中变更、使用过程中维修和改造等原因,既有建筑物的建筑布置、建筑构造可能有别于原始设计图纸。因此,即使有原始设计图纸,也应根据建筑物的实际情况对其进行复核,最终根据综合信息确定结构类型和传力体系。

(2)无原始设计图纸

应进行现场测绘,尤其对近代优秀保护建筑和古建筑。

现场测绘结构的图纸内容应以能了解结构布置、主要结构尺寸、配筋、连接节点构造,便于建立结构计算分析模型为主要目标。由于结构构件的截面尺寸直接影响到构件的承载力和使用性能,因此主要构件宜全部测量。

节点的构造直接影响到结构计算简图中的节点形式(铰接、刚接或半刚接),对计算分析结果影响重大,需要重点检查确认。

1.3.4 几何尺寸、材料强度检测

1. 检测目的

结构构件的几何尺寸及截面尺寸、结构材料强度直接关系到构件的刚度和承载力。正确测量构件尺寸、测定材料强度可为结构受力性能评估提供依据。

2. 采用方法

结构构件的几何尺寸检测包括构件截面尺寸、标高、轴线尺寸、预埋件位置、构件垂直度、表面平整度等。结构构件的尺寸应以设计图纸规定的尺寸为基准确定尺寸的偏差,尺寸的检测方法和尺寸偏差的允许值应按相关规范确定。对于受到环境侵蚀和灾害影响的构件,其截面尺寸应在损伤最严重部位量测,在检测报告中应提供量测的位置和必要的说明。

材料强度检测方法见表 1-6。

表 1-6 材料强度检测方法

结构类型	材料强度检测方法
混凝土结构	采用超声回弹综合法、回弹法等非破损方法进行检测,也可采用钻心法进行检测
砌体结构	可分为直接法和间接法。直接法在现场直接检测砌体的抗压和抗剪强度。间接法通过检测砌筑块材和砂浆的强度来计算砌体的强度
钢结构	优先采用在结构中切取试样直接试验的方法,若无法切取试样,也可采用表面硬度法等非破损或微破损法进行检测
木结构	可根据树种和产地按照《木结构设计规范》[8]的有关规定确定。当木材的材质或外观与同类木材有显著差异时或树种、产地不能确定且结构上可以取样时,应取样检测,确定木材的材料强度

1.3.5　实验室数据处理

1. 处理目的

结构检测结果正确与否直接影响到评定结果,进而影响到结构加固处理意见的正确性。因此,检测数据的处理必须严格按照国家相应规范、规程、标准进行。

2. 采用方法

(1)建筑部分缺少图纸,需根据检测数据将结构平、立、剖面图及节点详图画出。结构部分缺少图纸,需将结构平面布置图、承重构件配筋图、楼梯配筋图、基础配筋图画出。存在设计图纸,但与设计图纸、使用功能不符的地方,应根据实际情况进行修正。

(2)建模的数据整理:根据前期尺寸检测进行尺寸数据的汇总和处理,最终确定结构的尺寸以及构件的截面尺寸。

根据荷载的统计数据,按照《建筑结构荷载规范》[5]进行荷载组合,最终确定最不利的荷载(作用)数值。

根据材料强度测定的数据参照相应的技术规程[9~12]进行整理,最终评定得出材料的实际强度值。

根据损伤调查结果,确定工程结构的外观情况、裂缝位置及形状、挠度、变形、位移等具体内容。

1.3.6　工程结构建模计算

1. 计算目的

通过前期测得的结构损伤、荷载及作用、结构形式、尺寸及材料强度以及后期的数据处理,尽量合理地建立与实际情况接近的模型,进而得到结构体系的内力包络图(轴力、弯矩、剪力、扭矩等),计算出构件的承载力、裂缝宽度、挠度,作为结构受力性能评定的依据。

2. 采用方法

(1)对单个构件,可以采取手算的方法;在整个结构或者结构形式比较复杂的情况下可以采用电算的方法。如计算结构内力可参照结构力学知识或采用中国建筑科学研究院开发应用的 PKPM 结构计算软件。

(2)建筑结构按承载能力极限状态复核时,按前面计算的荷载和作用,对单构件最不利截面进行截面承载力复核、挠度、裂缝计算。

(3)在所有情况下均应对结构的整体进行分析。结构中的重要部位、形状突变部位以及内力和变形有异常变化的部位,必要时应做详细的局部分析。

(4)为了真实反映既有结构的受力性能,结构的几何、物理参数应尽量采用实测值。各种简化和近似假定应有理论和试验依据。

(5)当无法通过计算得出可靠的结构分析结果时,可辅助现场结构试验。

(6)通过检测确定环境对结构的影响程度以及结构的损伤状况时,应对结构的理论计算模型做必要修正,以考虑环境和初始损伤对结构性能的影响。

1.3.7　结构受力性能评判

1. 评判目的

通过前期建模计算、结构分析对建筑物结构进行可靠性能评定,得出结构的工作状态。

当其不符合正常使用状态或承载能力状态时,需要进行维修加固处理,否则可以维持现状。评定时应充分利用已有的数据及既有结构的特点,参照相应规范进行判定。

2.采用方法

(1)混凝土结构

混凝土结构构件的安全性评级应按承载能力、构造、不适于继续承载的位移(或变形)和裂缝等四个检查项目进行评级,取其中最低一级作为该构件安全性等级。

①当混凝土结构构件的安全性按承载力进行等级评级时,应按表1-7的规定执行。

表 1-7   混凝土结构构件承载能力等级的评级

构件类别	$R/(\gamma_0 S)$			
	a_u级	b_u级	c_u级	d_u级
主要构件	$\geqslant 1.0$	$\geqslant 0.95$ 且 <1.0	$\geqslant 0.90$ 且 <0.95	<0.90
一般构件	$\geqslant 1.0$	$\geqslant 0.90$ 且 <1.0	$\geqslant 0.85$ 且 <0.90	<0.85

注:①γ_0为结构重要性系数,应按验算所依据的国家相应设计规范选择安全等级,并确定本系数的取值。

②结构倾覆、滑移、疲劳、脆断的验算,应符合国家现行有关规范的规定。

②当混凝土结构构件的安全性按构造、不适于继续承载的位移(或变形)或裂缝进行评级时,可参照《民用建筑可靠性鉴定标准》[4]或《工业厂房可靠性鉴定标准》[13]的相关规定进行。

③当混凝土结构构件的安全性按正常使用性能进行评级时,应按位移和裂缝两个检查项目进行评定,取其中较低一级作为该构件的正常使用性等级。评定时,可参照《民用建筑可靠性鉴定标准》[4]或《工业厂房可靠性鉴定标准》[13]的相关规定进行。

(2)砌体结构

砌体结构构件的安全性评级应按承载能力、构造、不适于继续承载的位移(或变形)和裂缝等四个检查项目进行评级,取其中最低一级作为该构件安全性等级。

①当砌体结构构件的安全性按承载力进行等级评级时,应按表1-8的规定执行。

表 1-8   砌体结构构件承载能力等级的评级

构件类别	$R/(\gamma_0 S)$			
	a_u级	b_u级	c_u级	d_u级
主要构件	$\geqslant 1.0$	$\geqslant 0.95$	$\geqslant 0.90$	<0.90
一般构件	$\geqslant 1.0$	$\geqslant 0.90$	$\geqslant 0.85$	<0.85

注:①γ_0为结构重要性系数,应按验算所依据的国家相应设计规范选择安全等级,并确定本系数的取值。

②结构倾覆、滑移、疲劳、脆断的验算,应符合国家现行有关规范的规定。

③当材料的最低强度等级不符合《砌体结构设计规范》[14]的要求时,即使验算结果定为c_u级,也应定为d_u级。

②当砌体结构构件的安全性按构造、不适于继续承载的位移或裂缝进行评级时,可参照《民用建筑可靠性鉴定标准》[4]或《工业厂房可靠性鉴定标准》[13]的相关规定进行。

③当砌体结构构件的安全性按正常使用性能进行评级时,应按位移、非受力裂缝和风化(或粉化)三个检查项目分别进行评定,取其中较低一级作为该构件的正常使用性等级。

(3)钢结构

对于钢结构构件的安全性评级应按承载能力、构造、不适于继续承载的位移(或变形)等三个检查项目进行评级,取其中最低一级作为该构件安全性等级。

①当钢结构构件的安全性按承载力进行等级评定时,应按表 1-9 的规定执行。

表 1-9　　　　　　　　　钢结构构件承载能力等级的评级

构件类别	$R/(\gamma_0 S)$			
	a_u 级	b_u 级	c_u 级	d_u 级
主要构件	≥1.0	≥0.95 且<1.0	≥0.90 且<0.95	<0.90
一般构件	≥1.0	≥0.90 且<1.0	≥0.85 且<0.90	<0.85

注:①结构倾覆、滑移、疲劳、脆断的验算,应符合国家现行有关规范的规定。

②当构件或连接出现脆性断裂或者疲劳断裂时,应直接定为 d_u 级。钢结构构件的安全性按构造、不适于继续承载的位移(或变形)进行评级时,参照《民用建筑可靠性鉴定标准》[4] 或《工业建筑可靠性鉴定标准》[13] 的相关规定进行。

②当钢结构构件的安全性按构造、不适于继续承载的位移或裂缝进行评级时,可参照《民用建筑可靠性鉴定标准》[4] 或《工业厂房可靠性鉴定标准》[13] 的相关规定进行。

③当钢结构构件的安全性按正常使用性能进行评级时,应按位移和锈蚀(腐蚀)两个检查项目分别进行评定,取其中较低一级作为该构件的正常使用性等级,评定时可参照《民用建筑可靠性鉴定标准》[4] 或《工业厂房可靠性鉴定标准》[13] 的相关规定进行。

(4)木结构

木结构构件的安全性应分别按承载能力、构造、不适于继续承载的位移(或变形)、裂缝、危险性的腐朽和虫蛀等六个项目进行评定,取其中最低一级作为构件的安全性等级。

①当木结构构件及其连接的安全性按承载力进行等级评定时,应按表 1-10 的规定执行。

表 1-10　　　　　　　　　木结构构件承载能力等级的评级

构件类别	$R/(\gamma_0 S)$			
	a_u 级	b_u 级	c_u 级	d_u 级
主要构件	≥1.0	≥0.95	≥0.90	<0.90
一般构件	≥1.0	≥0.90	≥0.85	<0.85

注:表中 R 和 S 分别为结构构件的抗力和作用效应,应按相应规范要求确定;γ_0 为结构重要性系数,应按验算所依据的国家相应设计规范选择安全等级,并确定本系数的取值。

②当木结构构件的安全性按构造、不适于继续承载的位移或裂缝或危险性的腐朽和虫蛀等进行评级时,可参照《民用建筑可靠性鉴定标准》[4] 的相关规定进行。

③当木结构构件的安全性按正常使用性能进行评级时,应按位移、干缩裂缝和初期腐朽三个检查项目进行评定,取其中较低一级作为该构件的正常使用性等级,评定时可参照《民用建筑可靠性鉴定标准》[4] 相关规定进行。

1.3.8　维修加固处理方案

1. 处理目的

根据既有建筑工程结构安全性检测鉴定结果,对不符合正常使用极限状态或承载能力极限状态的结构提出原则性的处理措施和建议。对加固后的结构应重新进行建模计算,直到符合要求。

2. 采用方法

常规减小结构内力的方法如下:

(1)减小结构上的荷载。

（2）加固或更换构件。

（3）临时支顶。

（4）停止使用。

（5）拆除部分结构或全部结构。

常规增大承载力的加固维修方法见表 1-11。

表 1-11 常规增大承载力的加固维修方法

结构类型	加固维修方法
混凝土结构	加大截面法；化学灌浆加固法；外包混凝土加固法；外包钢加固法；粘贴钢板加固法；预应力加固法；全焊接补筋法；套筋加固法；喷射混凝土补强加固法；植筋法；局部修补加固法；粘贴碳纤维复合材料加固法；增加构件法；FRP 加固技术
砌体结构	扶壁柱加固法；钢筋水泥砂浆加固法；加大截面法；外包钢筋混凝土柱加固法；外包钢加固法；圈梁加固法
钢结构	改变结构计算简图法；加大截面法；加强连接法等。当有成熟的经验时，也可采用其他的加固法
木结构	增大约束法；增大截面法；增设钢拉杆法；销栓加固法；纤维束加固法
桥梁结构	桥面补强层法；体外预应力法；增加构件法；改变受力体系法；粘贴钢板法；粘贴纤维复合材料法；增大截面法和配筋法

1.4 工程结构的动力特性检测与结构健康监测

1.4.1 动力特性检测

工程结构的动力特性检测可分为静态检测和动力检测，二者对比见表 1-12，工程结构动力检测的基本流程如图 1-8 所示。

表 1-12 静态检测与动力检测对比

分项对比	静态检测	动力检测
基本原理	通过直接量取结构及构件的尺寸测量材料的强度（通常采用回弹法和取样试验法等手段），进行结构分析以确定结构工作性能与可靠性水平	结构的动力响应（频率、振型等）和结构物理特性（质量、阻尼、刚度）之间存在函数变化关系，结构物理特性的变化将在结构的动力响应上得到反映
量测对象	结构及构件尺寸、材料强度、裂缝宽度及挠度	结构的振动信号（如速度或加速度信号）
主要仪器	回弹仪、钻孔取芯机、游标卡尺、裂缝观测仪、全站仪等	速度传感器、加速度传感器、数据采集系统等
适用范围	单个构件、简单结构的整体评定	整体结构，特别是大型复杂结构（高层、超高层、大跨桥梁及空间结构等）的整体评定

分项对比	静态检测	动力检测
优、缺点	测试数据处理较为简单,测量结果直接且较为可靠;但对于大型复杂结构,除工作量巨大外,对于其中的隐蔽部分无法进行量测,存在应用条件限制和工作效率相对较低的缺点,且无法满足结构损伤检测的实时性	结构的振动信号的测试较为容易,不受结构规模和隐蔽的限制,且目前高效模块化、数字化的动力响应量测技术为其提供了坚实有效的技术支持,可以进行结构特别是大型复杂结构的长期及实时检测;但动力测试数据处理较为复杂,不直观,某些理论算法尚待改进

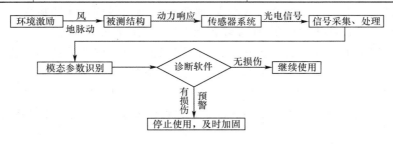

图 1-8　工程结构动力检测的基本流程

1.4.2　结构健康监测的定义及基本流程

结构的检测可分为在线、动态、实时的检测和离线、静态、定期的检测。在线、动态、实时的检测又称为监测,即对运营阶段的结构及其工作环境进行实时监测,并根据监测得到的信息分析结构的健康状况,实时、动态地了解结构的静、动力性能,对结构的安全性做出及时的评估。监测可以实现长期、实时对结构的使用状态的跟踪,相对成本较高;而离线、静态、定期的检测相对周期短、应用比较普遍,成本较低。

结构健康监测(Structural Health Monitoring,SHM)是指用现场的、无损伤的监测方式获得结构内部信息,分析包括结构反应在内的各种特征,以便了解结构因损伤或者退化而造成的性能改变[15]。结构健康监测技术是一个多领域、跨学科的综合性技术,它包括土木工程、动力学、材料学、传感技术、测试技术、信号处理、网络通信技术、计算机技术、模式识别等多方面的知识[16]。结构健康监测的基本流程如图 1-9 所示。

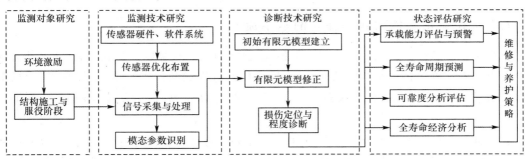

图 1-9　结构健康监测的基本流程

1.4.3 结构健康监测与无损监测的异同

结构健康监测与无损检测(上文的检测鉴定技术)都是用来对结构或结构部件进行检测和性能评估的方法,结构健康监测借鉴了大量无损检测的方法,但两者之间还是有所区别的,主要表现在如下几个方面:

(1)结构健康监测利用已同结构材料集成在一起的功能元件实现对结构状态的监测,一旦功能材料集成进结构后,这些功能元件就被固定,只能用来监测该结构的安全。而无损检测则采用外部设备元件进行结构检测,检测对象可多种多样。

(2)结构健康监测主要强调监测的概念,而无损检测则强调检测的概念;监测的含义更多是对结构进行实时、在线的检测;而大多数无损检测无法体现这一点。

(3)结构健康监测系统一般设备复杂,但是可以进行大范围的整体结构监测;而无损检测系统一般检测区域有限,需要人工参与且校检工作较多。

(4)无损检测技术不需要记录历史数据,其诊断结果在很大程度上取决于测量设备的分辨率和精度;而历史记录数据对于结构的健康监测技术至关重要,其识别精度强烈地依赖于传感器与解释算法。

(5)结构健康监测技术是一门新兴技术,有待于进一步的发展;而无损检测技术则相对较成熟。

1.5 桥梁承载能力检测评定

1.5.1 桥梁承载能力检测评定的目的及意义

桥梁承载能力反映了结构抗力效应与荷载效应的对比关系,就桥梁结构而言这种关系往往是不确定的,是不断变化的。评定的主要目的是为了维持现有桥梁安全或可靠水平在规范的要求之上或能满足当前荷载的要求,了解桥梁的真实承载性能,综合分析、判断桥梁结构的承载能力和使用条件[17]。

1.5.2 桥梁承载能力检测评定的基本流程

桥梁结构承载能力检测评定主要包括桥梁现场的检查、检算以及荷载试验,通过外观的检查可以基本上确定桥梁结构物的使用状况,然后通过现场的检查数据、检算结果、现场荷载试验数据,综合评定桥梁的承载力。桥梁承载能力检测评定的基本流程如图 1-10 所示[17]。

在根据桥梁外观检查和有关无损检测结果对桥梁的承载能力进行评定时,结合旧桥的特点,通过的各项检测结果的分析、评价及计算对结构或构件的承载能力进行评定。此外,在公路桥梁设计规范的基础上,引入桥梁检算系数、承载力恶化系数、截面折减系数和活载影响修正折减系数,分别对极限状态方程中结构抗力效应和荷载效应进行修正,并通过比较判定结构或构件的承载能力状况。

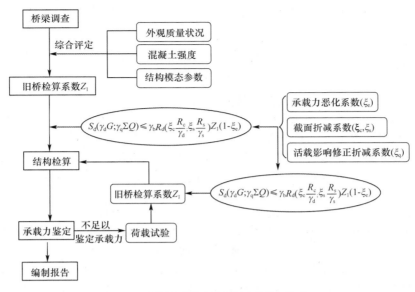

图 1-10　桥梁承载能力检测评定的基本流程

1.5.3　无损检测与桥梁检测的对比

无损检测与桥梁检测的对比见表 1-13。

表 1-13　　　　　　　　　　无损检测与桥梁检测的对比

分项对比	无损检测	桥梁检测
基本原理	通过直接量取结构及构件的尺寸、测量材料的强度(通常采用回弹法和取样试验法等手段),进行结构分析以确定结构工作性能与可靠性水平	通过对桥梁缺损状况检查以及材质状况、状态参数等检测,得到检算系数,进行结构检算,评定桥梁承载能力,必要时进行荷载试验,得到检算系数
量测对象	结构及构件尺寸、材料强度、裂缝宽度及挠度	氯离子含量、电阻率、结构固有模态参数、索力、墩台与基础变位等
主要仪器	回弹仪、钻孔取芯机、游标卡尺、裂缝观测仪、全站仪等	索力测试仪、钢筋锈蚀仪、超声波探测仪、混凝土氯离子含量测定仪等

1.6　小　结

工程结构的检测鉴定与加固涉及很多内容,包括了检测、鉴定、加固三个方面。

建筑结构的检测应强调实践性环节,掌握对常用仪器、设备的使用方法,学会对检测数据的整理和成果的计算。

建筑结构的鉴定应重点了解鉴定标准的主要条文,包括评定等级的方法、依据和标准等。

建筑结构的加固设计理论及计算很复杂,需要注意以下问题:

(1)要结合相关规范掌握荷载及其他作用的计算方法和组合方法,使荷载及作用计算相对准确,为进行正确的结构计算打下良好的基础。

(2)要正确选用结构计算模型。计算模型的选取要考虑最主要的因素,忽略次要因素,既要使计算结果能正确反映主要受力的特点,又要使计算方法简单易掌握。

（3）要采用简单可行的结构分析方法，既能使分析方法简单、省时省力，又能使结构分析准确可靠。

习题与思考题

1.1 我国建筑结构检测鉴定与加固存在哪些问题？

1.2 建筑结构形式的确认应注意什么？

1.3 论述建筑结构加固的程序。

1.4 维修加固时采用的设计理论"结构抗力大于荷载效应"与正常设计时有什么区别？

1.5 结构健康监测与通常的结构检测有什么区别？除了本教材的说明之外，还有别的异同吗？

1.6 为什么要对桥梁承载能力进行评定？评定的基本流程是什么？

1.7 维修加固时减小工程结构内力的方法有哪些？还可以从哪些角度进行考虑？

参考文献

[1] 张立人.建筑结构检测、鉴定与加固[M].武汉：武汉理工大学出版社，2003：1—6.

[2] 马见仁.结合上海倒楼事件浅谈土的抗剪强度在工程建设中的应用[J].应用科技，2011(5)：85—102.

[3] 梁超荣.浅析建筑结构检测及其常见安全问题[J].工程技术，2009(12)：157—163.

[4] GB 50292—2015.民用建筑可靠性鉴定标准[S].北京：中国建筑工业出版社，2015.

[5] GB 50009—2012.建筑结构荷载规范[S].北京：中国建筑工业出版社，2012.

[6] DG/TJ 08-804—2005.既有建筑物结构检测与评定标准[S].上海：同济大学出版社，2005.

[7] GB 50011—2010.建筑抗震设计规范（2016 年版）[S].北京：中国建筑工业出版社，2016.

[8] GB 50005—2017.木结构设计标准[S].北京：中国建筑工业出版社，2017.

[9] JGJ/T 23—2011.回弹法检测混凝土抗压强度技术规程[S].北京：中国建筑工业出版社，2007.

[10] JGJ/T 136—2017.贯入法检测砌筑砂浆抗压强度技术规程[S].北京：中国建筑工业出版社，2017.

[11] JGJ/T 384—2016.钻芯法检测混凝土强度技术规程[S].北京：中国建筑工业出版社，2017.

[12] GB 700—2006.碳素钢结构[S].北京：中国计划出版社，2006.

[13] GB 50144—2008.工业厂房可靠性鉴定标准[S].北京：中国建筑工业出版社，2008.

[14] GB 50003—2011.砌体结构设计规范[S].北京：中国建筑工业出版社，2011.

[15] Housner G W, et a1. Structural control：past，present and future [J]. Journal of Engineering Mechanics，ASCE，123(9)：897—971，1997.

[16] 沈雁彬.基于动力特性的空间网格结构状态评估方法及检测系统研究[D].杭州：浙江大学学报，2007.

[17] 程寿山.桥梁承载能力检测评定[R].交通运输部公路局：交通运输部公路科学研究院，2010.

第2章 砌体结构工程检测鉴定与加固

学习目标

(1)掌握砌体结构常用的现场检测鉴定与加固技术。

(2)熟悉 GB/T 50315—2011《砌体工程现场检测技术标准》、GB 50702—2011《砌体结构加固设计规范》等相关规范的有关规定。

(3)了解砌体结构检测鉴定与加固的原因、研究现状及发展前景。

2.1 引　言

在我国既有建筑中,砌体结构房屋所占比重很大,新建的住宅建筑仍有相当部分采用砌体结构。由于设计、施工、使用不当及发生突发性事件等原因,造成砌体结构发生损伤的案例较多。因此,砌体结构工程的检测鉴定与加固的工作量很大,应当给予足够的重视。当检测单位接受委托时,首先应明确检测内容,然后进行工程损伤原因的调查,针对工程实际情况确定检测方案后进行现场检测,最后以检测报告的形式给出检测结果和鉴定结论,而且对不满足安全性要求的结构或构件,给出加固建议与详细方法。

砌体结构检测的主要原因通常有以下几个方面:

(1)荷载变化(堆载过大、加层、改造、用途变更等)。

(2)爆炸、火灾、地震等突发事件造成砌体构件发生较大损伤。

(3)受业主委托进行安全性鉴定。

(4)确权(申请房产证)与工程纠纷处理。

砌体结构检测内容包括砌筑块材、砌筑砂浆、砌体强度、砌筑质量与构造以及变形与损伤等。现场检测技术有冲击法、扁顶法、轴压法、单砖双剪法、取芯法、顶推法、推出法、砂浆片剪切法、砌体通缝单剪法、筒压法、点荷法、拉拔法、应力波法、射钉法等十多种,目前现场强度检测常用砖回弹法和砂浆回弹法。当建筑物堆载过大、加层等造成使用荷载发生较大变化时,需要对建筑物的安全性进行检测鉴定。

砌体结构的损伤机理

2.2 砌体结构的损伤机理

2.2.1 造成砌体承载力不足的原因

1. 设计不当

设计不当的主要表现有:采用的截面偏小、使用的砖或砂浆的强度等级偏低、钢筋混凝土大梁支座处未设置梁垫、把大梁架在门窗洞上而没有设置托梁以及砌体的高厚比等构造不符合规范规定等。之所以发生这些问题,是由于设计和制图人员的工作疏忽,如对建筑物的使用目的了解不深入,采用的计算荷载偏小,或计算出现差错,制图、描图时注错尺寸、强度等级不足而未发现等。

2. 施工错误

(1)砖的质量不合格

砖砌体强度与砖和砂浆的强度直接相关。因此,在施工中使用了强度等级低于设计要求的砖,必然会降低砌体的强度,从而影响其承载力。除了砖的强度等级对砌体的承载力有影响外,砖的形状、焙烧情况、制砖黏土成分等,对砌体强度也有影响。

(2)砂浆强度偏低

砂浆强度直接影响砌体强度的大小,砂浆强度偏低,必然会降低砌体的强度。

造成砂浆强度偏低的主要原因有:使用了不合格的水泥,如存放时间过长,降低了活性,或受潮、有结块,或是地方水泥厂生产的水泥,强度不稳定等;施工配比不准确,少放了水泥,多放了砂子和掺和料;常温施工不润砖,砌筑时砂浆中的水分很快被砖吸干,造成水泥脱水,不能充分水化;使用了质量不符合要求的掺和料,如黏土混合砂浆用的黏土细度不合格,含有有害成分等。

(3)灰缝砂浆饱满度不够

砖砌体使用砂浆将砖块黏结在一起,其强度不仅取决于砖和砂浆的实际强度等级,而且和灰缝砂浆饱满度有关。由于砌砖为手工操作,在砌体中,砖块之间的砂浆不可能铺得非常均匀、饱满、密实,砂浆和砖表面不可能很均匀地接触和黏结,存在一些空隙、孔洞,因此在砌体受压时,砌体中的砖块不是单纯地均匀受压,而是处于受压、受弯、受剪等复杂的受力状态之下。在使用同一种强度的砖和砂浆的情况下,砌体的实际强度随砂浆饱满度的变化而变化,灰缝砂浆饱满度高的,砌体中空隙、孔洞就少,砌体的强度就高一些;反之,砂浆饱满度低的,砌体强度也低一些。国家标准从有利于保证工程质量角度出发,并考虑到实际施工的可能性,规定砖砌体的水平灰缝的砂浆饱满度不得低于80%。竖缝砂浆的饱满度对砌体的抗压强度影响较小,但对砌体的抗剪强度有明显影响,故规范要求竖缝用挤浆或加浆方法施工,使其砂浆饱满。若砌体灰缝砂浆饱满度偏低,则其强度将达不到设计要求,从而降低了砌体的承载力。

造成砌体灰缝砂浆饱满度偏低的主要原因是:砖的形状未满足标准要求,如有的砖尺寸偏大,使灰缝厚度偏小,砌砖时,遇到砂浆里有较粗的颗粒时,砖块不容易把灰缝挤实。有的砖挠曲变形,使灰缝厚度不均匀,也不容易挤实;砂浆和易性不好。如砂浆拌得太干,或骨料太粗,或没有掺入塑化料等,使砂浆和易性不好而挤不实;施工时不润砖,砌筑时砖块很快把砂浆中的水分吸走,使砂浆失去和易性,因而也不能做到饱满、密实;操作方法不当,有的地区习惯采用瓦刀砌法,这种方法不易保证砂浆的饱满度。

（4）组砌不合理

砖砌体是由砂浆将单个的砖块黏结在一起而形成的。如果组砌不合理,就会降低砌体的承载能力。在施工中,较普遍存在的问题是砖墙转角处及纵、横墙交接处没有同时砌筑,留了直槎,接槎时不注意导致咬接不严,尤其是纵、横墙交接处,大多形成通缝。这样的砌体,纵、横墙不能形成一个整体,大大降低了砌体的稳定性,遇到水平地震作用时很容易被拉开。有时,施工单位为了节约材料,把一些半砖头用到砌体上,用量太多,太集中,也降低了砌体的承载力。

（5）随意打洞或留洞位置不适当

为了安装水、暖、电管线,在已经砌好的砖墙、砖洞上随意开槽打洞,这样会严重破坏砌体结构,使其承载能力大大降低。

2.2.2　砌体结构的变形

1. 沿墙面的变形

砌体结构沿墙面水平方向的变形称为倾斜,沿墙面垂直方向的变形称为弯曲。

（1）由施工不良造成的倾斜

造成这种倾斜的原因有:灰缝厚薄不均;砌筑砂浆的质量不符合规定,如砂浆流动性太大,受压后砂浆被挤出;砖的砌法不符合规定,以致砖互相咬合不好而发生倾斜,此时墙面有竖向裂缝;砌体采用冻结法施工,但未严格遵守规定要求,如砂浆材料中混入了冰块、采用无水泥砂浆、砌筑砂浆的强度等级未按规定提高、灰缝的厚度超过 10 mm、未做砌体解冻时承载能力的验算,以致解冻时强度不足等。

（2）由地基不均匀沉降造成的倾斜

造成这种倾斜的原因主要有:地质不均匀、荷载不均匀造成的倾斜,如图 2-1 所示。由荷载均匀、地质不均匀造成的倾斜如图 2-2 所示。

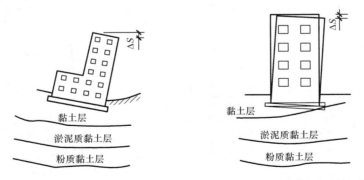

图 2-1　由荷载不均匀造成的倾斜　　　　图 2-2　由地质不均匀造成的倾斜

（3）由横墙侧向刚度不足造成的倾斜

横墙由于高度大于宽度或开洞太多而侧向刚度不足,在水平荷载作用下侧移超过规范规定的允许值,其侧移中有相当一部分是塑性变形,即外荷载取消后,侧移并不完全消失。图 2-3

所示单层房屋的 $B<H$，产生较大的侧移；图 2-4 所示的横墙开洞较多，产生较大的侧移。

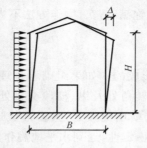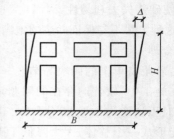

图 2-3　单层房屋的 $B<H$ 　　　　　　图 2-4　横墙开洞较多

（4）沿墙平面的弯曲

由施工不良造成的弯曲原因同前，由基础不均匀沉降造成的弯曲原因如下：荷载不均匀或地质不均匀均有可能导致房屋的弯曲，包括向上或向下的弯曲；即使荷载与地质都均匀，但如果地基是高压缩性的，也会产生房屋向下弯曲的沉降。这是由于基底应力的扩散，导致房屋纵向中点下地基的实际应力为最大且越向两端越小。基底中点下地基受到比附近更大的压应力，因而中点的沉降也必然比附近大，造成基础呈圆弧形地向下弯曲，从而带来上层建筑相同的弯曲变形。

2.出墙面的变形

垂直于墙面的变形称为出墙面的变形。变形后，原来的竖向平面变成曲面或斜平面。例如弯曲、倾斜等。

（1）由施工不良造成的变形

操作技术不良、墙体两侧的灰缝厚度不均匀会造成弯曲或倾斜。当砌到一定高度后再发现，强行校正，此时灰缝实际厚薄仍然不均匀，在受到较大压力时，仍然恢复到原来的弯曲或倾斜状，如图 2-5 所示。

冻结法施工在解冻时，受阳光照射的一面先解冻，在一定的竖向压力下，向阳面的灰缝压缩较大。承重墙表现为层间弯曲。越向下弯曲度越大。非承重墙由于冻结法施工未能设置钢筋混凝土圈梁，水平方向刚度极差，仅靠连系墙牵制，在向阳面倾斜时，为平面弯曲，如图 2-6 所示。当倾斜更严重时，非承重墙与连系墙的连接破坏，以致整个墙体倒塌。

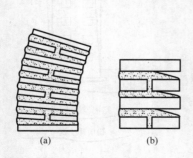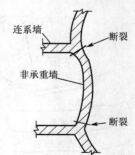

　　（a）　　　　　　　（b）

图 2-5　灰缝厚度不均匀 　　　　　图 2-6　非承重墙的平面弯曲

端横墙与纵墙连接处的砌筑咬合不好，在横墙受到楼盖的偏心荷载时，墙面呈外凸的趋势。此时连接处将会发生断裂，端横墙就会发生向外凸的变形，如图 2-7 所示。

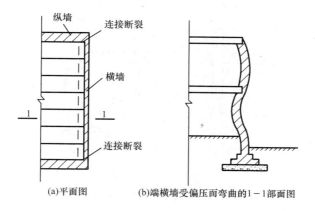

(a)平面图　　　　　(b)端横墙受偏压而弯曲的1-1部面图

图 2-7　端横墙出墙面弯曲

（2）由墙身刚度不足引起的变形

高厚比过大，超过规范规定的允许值，即设计错误。非承重墙表现为：向水平面投视时可见其向外弯曲，向竖直面投视时可见其向外倾斜。承重墙特别是端部承重墙表现为：水平投视可见其向外弯曲，竖直面投视也可见其向外弯曲，如图 2-8 所示。当纵墙缺少与楼盖的拉结时，在风力的作用下会产生向外的倾斜。

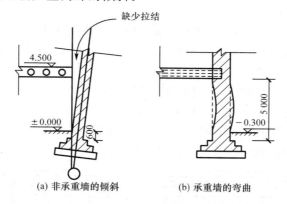

(a) 非承重墙的倾斜　　　(b) 承重墙的弯曲

图 2-8　竖向弯曲

（3）框架填充墙与排架围护墙的出墙面变形

框架填充墙的稳定性依靠两侧柱的拉结筋与上、下顶连接，要求预埋在柱内的插筋位置必须在灰缝处。此外在砌到梁底时不允许与下面一样平砌，而应斜侧砌与斜立砌，并使砖角上下顶紧。

排架围护墙依靠从排架柱预埋锚固筋的伸出与围护墙加强联系。同时，承墙梁必须装配成连续梁，其上、下间距也不宜大于 4.0 m。

（4）由出墙面强度不足引起的变形

这种变形多发生在外墙与偏心受压墙，无论侧视或俯视，均可见出墙面的弯曲，而且大多向外弯曲，多发生在偏心受压的情况下。

（5）由地基不均匀沉降引起的出墙面变形

墙体缺少水平方向的拉结，在受到风吸力或楼盖的挤压后向外倾斜，造成基底外侧的应力偏大，基础随之转动，如图 2-9 所示。

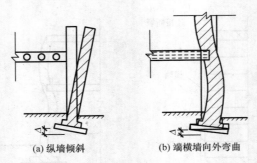

(a) 纵墙倾斜　　　　(b) 端横墙向外弯曲

图 2-9　由地基不均匀沉降引起的出墙面变形

　　墙基的一侧有较大的长期荷载,该侧的地基压缩变形比另一侧大,基础发生转动,造成墙体出平面的变形。

　　在靠近墙基的一侧挖土,或深度超过墙基使该侧的地基遭到扰动。或深度相同但由于"流砂"现象使该侧的地基土粒流失,造成基础倾斜并导致墙体倾斜。

2.2.3　砌体结构的裂缝

　　砌体结构发生裂缝的情况很普遍,主要原因大致可以分为以下六个方面:

1. 地基不均匀沉降

　　由地基不均匀沉降引起的裂缝比较常见。这类裂缝与工程地质条件、基础构造、上部结构刚度、建筑体形以及材料和施工质量等因素有关。常见裂缝有以下类型:

　　(1)斜裂缝

　　斜裂缝是最常见的一种裂缝。建筑物中间沉降大,两端沉降小(正向挠曲),墙上出现"八"字形裂缝,反之则出现倒"八"字形裂缝,如图 2-10 所示。多数裂缝通过墙对角,在紧靠窗口处裂缝较宽。在等高长条形房屋中,两端比中间裂缝多。这种裂缝的主要原因是地基不均匀变形,使墙身受到较大的剪切应力,造成了砌体的主拉应力破坏。

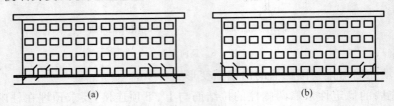

(a)　　　　　　　　　　　(b)

图 2-10　由地基不均匀沉降引起的裂缝

　　(2)窗间墙上水平裂缝

　　窗间墙上水平裂缝一般成对地出现在窗间墙的上、下对角处,沉降大的一边裂缝在下,沉降小的一边裂缝在上,靠窗口处裂缝较宽。裂缝的主要原因是地基不均匀沉降,使窗间墙受到较大的水平剪力。

　　(3)竖向裂缝

　　竖向裂缝一般产生在纵墙顶部或底层窗台墙上。墙顶竖向裂缝多数是建筑物反向挠曲,使墙顶受拉而开裂。底层窗台上的裂缝多数是由于窗口过大起了反梁作用而引起的。两种竖向裂缝都是上面宽,向下逐渐缩小。

（4）单层厂房与生活间连接墙处的水平裂缝

这种裂缝多数是由温度变形造成的,但也存在由于地基不均匀沉降使墙身受到较大的来自屋面板的水平推力而产生的裂缝。

（5）底层墙的水平裂缝

这类裂缝比较少见,主要是由地基局部陷落造成的。

2. 温度变形

由温度变化引起砖墙、砖柱开裂的情况比较普遍。最典型的是位于房屋顶层墙上的"八"字形裂缝,如图 2-11 所示。其他还有女儿墙角裂缝、女儿墙根部的水平裂缝、沿窗边（或楼梯间）贯穿整个房屋的竖直裂缝、墙面局部的竖直裂缝、单层厂房与生活间连接处的水平裂缝以及比较空敞高大的房间窗口上、下水平裂缝等。

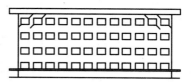

图 2-11　由温度变化引起的裂缝

产生温度收缩的主要原因有:砖混结构主要由砖墙、钢筋混凝土楼盖和屋盖组成,钢筋混凝土的线膨胀系数为$(0.8 \sim 1.4) \times 10^{-5} / ℃$,砖砌体为$(0.5 \sim 0.8) \times 10^{-5} / ℃$,钢筋混凝土的收缩值为$(15 \sim 20) \times 10^{-5}$,而砖砌体收缩不明显。当环境温度变化或材料收缩时,两种材料的膨胀系数和收缩率不同,因此将产生各自不同的变形。当建筑物一部分结构发生变形而又受到另一部分结构的约束时,必然在结构内部产生应力。温度变化时,结构内部的应力大于砌体的抗拉能力,就会产生斜裂缝。贯穿的竖直裂缝的发生原因往往是房屋太长或伸缩缝间距太大。

3. 结构受力

砖砌体受力后开裂的主要特征是:一般轴心受压或小偏心受压的墙、柱的裂缝方向是垂直的;在大偏心受压时,可能出现水平方向的裂缝。裂缝位置常在墙、柱下部 1/3 位置,上、下两端除了局部承压强度不足外,一般很少有裂缝,裂缝宽度为 0.1～0.3 mm 不等,中间宽、两端细。通常在楼盖（屋盖）支撑拆除后立即可见裂缝,也有少数在使用荷载突然增大时开裂。在梁底,由于局部承压能力不足也可能出现裂缝,其特征与上述类似。砖砌体受力后产生裂缝的原因比较复杂,设计断面过小,稳定性不够,结构构造不良,砖及砂浆的标号低等均可能引起开裂。

4. 建筑构造

建筑构造不合理也可能造成砖墙裂缝的发生。最常见的是在扩建工程中,新、旧建筑砖墙如果没有适当的构造措施而砌成整体,在新、旧结合处往往发生裂缝。其他如圈梁不封闭、变形缝设置不当等均可能造成砖墙局部裂缝。

5. 施工质量

砖墙在砌筑中由于组砌方法不合理,重缝、通缝多等施工质量问题,在混水墙往往出现无规则的较宽裂缝。另外,断砖集中使用、砖砌平拱中砂浆不饱满等也易引起裂缝的发生。

6. 相邻建筑的影响

在已有建筑临近新盖多层、高层建筑的施工中,开挖、排水、人工降低地下水位、打桩等都有可能影响原有建筑地基基础和上部结构,从而造成砖墙开裂,如图 2-12 所示。另外,因新建工程的荷载造成旧建筑物地基应力和变形加大,使旧建筑产生新的不均匀沉降,导致砖墙等处产生裂缝。

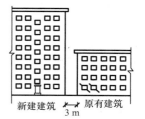

图 2-12　由相邻建筑物引起的裂缝

2.3 检测项目及检测方法

砌体结构检测可分为对砌筑块材、砌筑砂浆、砌体强度、砌筑质量与构造、变形及损伤等项目进行的检测。

砌体结构的检测项目及检测方法见表 2-1。

表 2-1 砌体结构的检测项目及检测方法

序号	检测类型	检测项目	检测方法
1	砌筑块材	(1)块材强度; (2)尺寸偏差和外观质量(缺棱、掉角、弯曲、裂纹); (3)抗冻性能; (4)块材品种	(1)采用在结构上取样、回弹法或钻芯法检测砌体块材的强度;石材强度可采用钻芯法或切割立方体试件的方法检测; (2)取样检测或现场检测
2	砌筑砂浆	(1)抗压强度; (2)抗冻性能; (3)氯离子含量	(1)按 GB/T 50315—2011《砌体工程现场检测技术标准》检测砂浆强度,如推出法、筒压法、点荷法、砂浆片剪切法; (2)采用非破损方法检测砂浆抗压强度,如回弹法、射钉法、贯入法、超声法、超声回弹综合法; (3)按 JGJ 70—2009《建筑砂浆基本性能试验方法》检测砂浆抗冻性能; (4)检测砂浆的氯离子含量
3	砌体强度	(1)砌体抗压强度; (2)砌体抗剪强度	(1)采用现场切割试件的方法检测砌体抗压强度; (2)采用原位法检测砌体强度; (3)采用双剪法或原位单剪法检测砌体抗剪强度
4	砌筑质量与构造	(1)砌筑方法:上下错缝、内外搭砌是否符合要求; (2)灰缝质量:厚度、饱满度、平直度; (3)砌体偏差:砌筑偏差、放线偏差、留槎及洞口; (4)砌体构造:高厚比、垫梁、壁柱、锚固措施、局部尺寸等	(1)砌筑方法:在剔除抹灰面后目视检查; (2)灰缝质量按 GB 50203—2011《砌体工程施工质量验收规范》检测; (3)砌体结构构造:在剔除抹灰面后量测检测; (4)砌体中钢筋:按混凝土结构的检测方法检测
5	变形与损伤	(1)裂缝:测定裂缝的位置、长度、宽度、数量,必要时绘裂缝分布图; (2)结构的垂直度; (3)基础的不均匀沉降; (4)结构损伤(环境、灾害、人为)	(1)检测裂缝、基础不均匀沉降,同时检测砌筑方法、留槎、洞口、管线及预制构件对裂缝的影响; (2)环境侵蚀损伤应确定侵蚀源、侵蚀度和侵蚀速度,冻融损伤应确定冻融度、面积等

2.4　砌体结构加固方法简介

砌体结构加固方法简介

实用的砌体结构加固分为直接加固与间接加固两类,设计时,可根据实际条件和使用要求选择适宜的方法。以下介绍几种砌体结构常见的加固方法。

2.4.1　适用于砌体结构的直接加固方法

1. 扩大砌体截面加固

(1)加固方法

此法适用于砌体承载力不足但裂缝尚轻微,要求扩大面积不是很大的情况。一般的墙体砖柱均可采用此法。加大截面的砖砌体中,砖的强度等级常与原砌体相同,砂浆应比原砌体中的砂浆等级提高一级,且不小于 M2.5。加固后考虑到要求新、旧砌体有良好的结合,为达到共同工作的目的,常采用两种方法:

第一种方法:新、旧砌体咬槎结合,如图 2-13(a)所示。在旧砌体上每隔 4～5 皮砖剔去旧砖,形成 120 mm 深的槽,砌筑扩大砌体时应仔细连接,形成锯齿形咬槎,保证共同工作。

第二种方法:钢筋连接。在原有砌体上每隔 5～6 皮砖在灰缝内打入钢筋,砌筑新砌体时,钢筋嵌于灰缝之中,如图 2-13(b)所示。

无论是咬槎连接还是插筋连接,原砌体上的面层必须剥去,凿口后的粉尘必须冲洗干净并湿润后再砌扩大砌体。

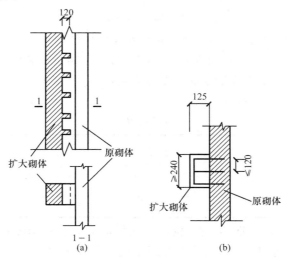

图 2-13　扩大砌体截面加固

(2)加固后承载力计算

考虑到原砌体已处于承载状态,后加砌体存在着应力滞后,在原砌体达到极限应力状态时,扩大砌体一般达不到强度设计值,为此,对扩大砌体的强度设计值 f 应乘以一个 0.9 的系数。于是加固后砌体的承载力的计算公式为

$$N \leqslant \varphi(fA + 0.9f_1A_1) \tag{2-1}$$

式中　N——荷载产生的轴向力设计值；

　　　　φ——由高厚比及偏心距 e 查得的承载力影响系数；

　　　　f、f_1——原砌体、扩大砌体的抗压强度设计值；

　　　　A、A_1——原砌体、扩大砌体的截面面积。

但在验算加固后的高厚比及正常使用极限状态时，不考虑扩大砌体的应力滞后的影响，可按一般砌体计算公式进行计算。

2. 钢筋混凝土外加层加固法

该法属于复合截面加固法的一种。其优点是施工工艺简单、适应性强，砌体加固后承载力有较大提高，并具有成熟的设计和施工经验；适用于柱、带壁墙的加固；其缺点是现场施工的湿作业时间长，对生产和生活有一定的影响，且加固后的建筑物净空有一定的减小。

3. 钢筋水泥砂浆外加层加固法

在墙体表面去掉粉刷层后，附设 4～8 mm 组成的钢筋网，然后喷射砂浆（或细石混凝土）或分层抹上密实的砂浆层。这样使墙体形成组合墙体，俗称夹板墙。夹板墙可大大提高砌体的承载力及延性。如图 2-14 所示。

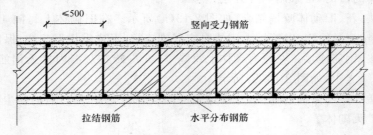

图 2-14　钢筋水泥砂浆外加层加固的砖墙

钢筋水泥砂浆面层厚度宜为 30～45 mm，若面层厚度大于 45 mm，则宜采用细石混凝土。面层砂浆的强度等级一般可用 M7.5～M15，面层混凝土的强度等级宜用 C15 或 C20。面层钢筋网需用 4～6 mm 的穿墙拉筋与墙体固定，间距不宜大于 500 mm。受力钢筋的保护层厚度不宜小于表 2-2 中的值。

表 2-2　　　　　　　　　　　　　　　　保护层厚度　　　　　　　　　　　　　　　　mm

构件类别	环境条件	
	室内正常环境	露天或室内潮湿环境
墙	15	25
柱	25	35

受力钢筋宜用 HPB300 钢筋，对于混凝土面层也可采用 HRB335 钢筋。受压钢筋的配筋率，对砂浆面层不宜小于 0.1%；对于混凝土面层不宜小于 0.2%。受力钢筋可选用直径≥8 mm 的钢筋，横向钢筋按构造设置，间距不宜大于 20 倍受压主筋的直径及 500 mm，但也不宜过密，应≥120 mm。横向钢筋遇到门窗洞口时，宜将其弯折 90°并锚入墙体内。

喷抹水泥浆面层前，应先清理墙面并加以湿润。水泥砂浆应分层抹，每层厚度不宜大于 15 mm，以便压密压实。原墙面如有损坏或酥松、碱化部位，应拆除后修补好。

钢筋网砂浆面层适于加固大面积墙面。但不宜用于下列情况：孔径大于 15 mm 的空心砖墙及 24 mm 厚的空斗砖墙；砌筑砂浆强度等级小于 M0.4 的墙体；墙体严重酥松或油污、碱化层不易清除,难以保证面层的黏结质量。

该法属于复合截面加固法的一种。其优点与钢筋混凝土外加层加固法相近,但提高承载力不如前者;适用于砌体墙的加固,有时也用于钢筋混凝土外加层加固带壁柱墙时两侧穿墙箍筋封闭。

2.4.2 适用于砌体结构的间接加固方法

1.外包钢加固法

外包钢加固具有快捷、高强度的优点。用外包钢加固施工速度快且不需要养护期,可立即发挥作用。外包钢加固可在基本上不增大砌体尺寸的条件下,较多地提高结构的承载力。用外包钢加固砌体还可大幅提高其延性,在本质上改变砌体结构的脆性特征。

（1）加固方法

外包钢常用来加固砖柱和窗间墙。具体做法是,首先用水泥砂浆把角钢粘于被加固砌体的四角,并用卡具临时夹紧固定,然后焊上缀板而形成整体。随后去掉卡具,外面粉刷水泥砂浆,既可平整表面,又可防止角钢生锈,如图 2-15 所示。对于宽度较大的窗间墙,当墙的高厚比大于 2.5 时,宜在中间增加一缀板（条）,并用穿墙螺栓拉结。外包角钢不宜小于∟50×5,缀板（条）可用 35 mm×5 mm 或 60 mm×12 mm 的钢板。但需注意,加固角钢下端应可靠地锚入基础,上端应有良好的锚固措施,以保证角钢有效地发挥作用。

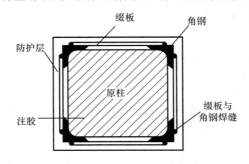

图 2-15　外包钢加固法

该法属于传统加固方法,其优点是施工简便、现场工作量和湿作业少,受力较为可靠;适用于不允许增大原构件截面尺寸、却又要求大幅度提高截面承载力的砌体柱的加固;其缺点为加固费用较高,并需采用类似于钢结构的防护措施。

（2）承载力计算

经外包钢加固后,砌体变为组合砖砌体,缀板和角钢对砖柱的横向变形起到了一定的约束作用,使砖柱的抗压强度有所提高。参考混凝土组合砖柱以及网状配筋砖砌体的计算方法,可得出承载力计算公式:

对于加固后为轴心受压的砖柱,计算公式为

$$N \leqslant \varphi_{\text{com}}\left[fA + \alpha f_{\text{a}}'A_{\text{a}}'\right] + N_{\text{av}} \tag{2-2}$$

对于加固后为偏心受压的砖柱,计算公式为

$$N \leqslant fA' + \alpha f_{\text{a}}'A_{\text{a}}' - \sigma_{\text{a}}A_{\text{a}} + N_{\text{av}} \tag{2-3}$$

式中　f_{a}'——加固钢的抗压强度设计值;

　　　A_{a}'、A_{a}——受压、受拉加固型钢的截面面积;

f——原砖砌体的抗压强度设计值；

σ_a——受拉肢型钢 A_a 的应力；

A——原砖砌体的截面面积；

A'——原砖砌体受压部分的截面面积；

φ_{com}——轴心受压稳定系数。按《砌体结构加固设计规范》(GB 50702—2011)有关表取用；

N_{av}——缀板和角钢对砖柱的约束，使砖砌体强度提高而增大的砖柱承载力。

N_{av} 的计算公式为

$$N_{av}=2\alpha\varphi_{com}\rho_{av}f_{av}A(1-2e/y)/100 \tag{2-4}$$

式中　y——截面重心到轴向力所在偏心方向截面边缘的距离；

　　　ρ_{av}——体积配箍率，当取单肢缀板的截面面积为 A_{av1}、间距为 s 时，

$$\rho_{av}=2A_{av1}(a+b)/abs \tag{2-5}$$

式中　f_{av}——缀板的抗拉强度设计值；

　　　e——轴向力偏心距；

　　　a、b——缀板在砌体柱两边方向的长度；

　　　α——材料强度折减系数，它与原砖柱的受力状态有关，当加固前原砖柱未损坏时，取 $\alpha=0.9$，部分损坏或应力较高时，取 $\alpha=0.7$。

2. 预应力撑杆加固法

该法能较大幅度地提高砌体柱的承载能力，且加固效果可靠，适用于加固处理高应力、高应变状态的砌体结构的加固。

2.4.3 砌体结构构造性加固与修补

1. 增设圈梁加固

当圈梁设置不符合现行设计规范要求，或纵、横墙交接处咬槎有明显缺陷，或房屋的整体性较差时，应增设圈梁进行加固。

2. 增设梁垫加固

当大梁下砖砌体被局部压碎或大梁下墙体出现局部竖直裂缝时，应增设梁垫进行加固。

3. 砌体局部拆砌

当房屋局部破裂但在查清其破裂原因后尚未影响承重及安全时，可将破裂墙体局部拆除，并按提高砂浆强度一级用整砖填砌。

4. 砌体裂缝修补

在进行裂缝修补前，应根据砌体构件的受力状态和裂缝的特征等因素，确定造成砌体裂缝的原因，以便有针对性地进行裂缝修补或采用相应的加固措施。有水泥砂浆填缝修补、配筋水泥砂浆填缝修补、灌浆修复等方法。

2.5　混合结构房屋的砌体结构基本计算原理简介

2.5.1 混合结构房屋的静力计算方案

在水平荷载作用下，屋盖跨中最大水平位移（挠度）为 u_1，横墙顶的水平位移设为 u_2，则

外纵墙顶处总的水平位移为 $u_s = u_1 + u_2$。因房屋结构为空间变形协调的工作模式,故 u_s 必然比没有横墙时平面排架柱顶位移 u_p 小很多。通常用"空间性能影响系数 $\eta = u_s / u_p$"来反映空间作用的大小,η 小说明房屋的空间刚度大,空间作用大。

通常,横墙的侧向刚度很大,故 u_2 是很小的,于是 u_s 主要取决于楼盖或屋盖在自身内的弯曲变形 u_1。影响 u_1 的主要因素是横墙间距 S 和楼盖的类别。S 较小,楼盖或屋盖在自身平面内的弯曲刚度大,u_1 就较小,即 u_s 较小。

将空间工作的侧移 u_s 与平面受力的侧移 u_p 进行比较,混合结构房屋的静力计算,根据房屋的空间工作性能分为刚性方案、弹性方案和刚弹性方案三类。

(1)刚性方案

当 $u_s \approx 0$ 时,可近似认为房屋没有侧移,其计算简图如 2-16(a)所示。

(2)弹性方案

当 $u_s \approx u_p$ 时,可近似认为不考虑房屋的空间受力性能,其计算简图如图 2-16(b)所示,为铰接排架。

(3)刚弹性方案

当 $0 < u_s < u_p$ 时,可近似认为楼盖或屋盖是外纵墙的弹性支座,其计算简图如图 2-16(c)所示。

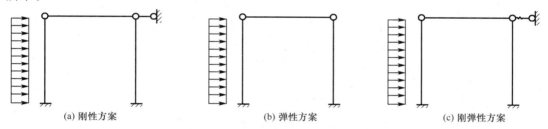

| (a) 刚性方案 | (b) 弹性方案 | (c) 刚弹性方案 |

图 2-16　混合结构房屋三类静力计算方案的计算简图

为了简便,GB 50003—2011《砌体结构设计规范》根据楼盖或屋盖的类别和横墙间距 S,直接给出了划分三类静力计算方案的设计用表,见表 2-3(a)、表 2-3(b)。

表 2-3(a)　　　　　　　　　　房屋的静力计算方案

序号	屋盖或楼盖类别	刚性方案	刚弹性方案	弹性方案
1	整体式、装配整体式和装配式无檩体系钢筋混凝土屋盖或钢筋混凝土楼盖	$S < 32$	$32 \leqslant S \leqslant 72$	$S > 72$
2	装配式有檩体系钢筋混凝土屋盖、轻钢屋盖和有密铺望板的木屋盖或木楼盖	$S < 20$	$20 \leqslant S \leqslant 48$	$S > 48$
3	瓦材屋面的木屋盖和轻钢屋盖	$S < 16$	$16 \leqslant S \leqslant 36$	$S > 36$

注:①表中 S 为房屋的横墙间距,其长度单位为 m。
②对无山墙或伸缩缝处无横墙的房屋,应按弹性方案考虑。

表 2-3(b)　　　　　　　　　　房屋各层的空间性能影响系数

屋盖或楼盖类别	横墙间距 S/m													
	16	20	24	28	32	36	40	44	48	52	56	60	64	68	72
1	—	—	—	—	0.33	0.39	0.45	0.50	0.55	0.60	0.64	0.68	0.71	0.74	0.77
2	—	0.35	0.45	0.54	0.61	0.68	0.73	0.78	0.82	—	—	—	—	—	—
3	0.37	0.49	0.60	0.68	0.75	0.81	—	—	—	—	—	—	—	—	—

刚性和刚弹性房屋的横墙应符合下列规定：

(1)横墙中有开洞时,洞口的水平截面面积不应超过横墙截面面积的50%。

(2)横墙的厚度不宜小于180 mm。

(3)单层房屋的横墙长度不宜小于其高度,多层房屋的横墙长度不宜小于$H/2$(H为横墙总高度)。

2.5.2 墙柱高厚比验算

砌体结构中的墙、柱是受压构件,除要满足截面承载力外,还必须保证其稳定性。墙、柱高厚比验算是保证砌体结构在施工阶段和使用阶段稳定性和房屋空间刚度的重要构造措施。

进行高厚比验算时,要求墙、柱实际高厚比小于允许高厚比。墙、柱高厚比是在考虑了以往的实践经验和现阶段的材料质量及施工水平的基础上确定的。影响允许高厚比的因素很多,如砂浆的强度等级、横墙的间距、砌体的类型及截面形式、支撑条件和承重情况等,这些因素通过修正允许高厚比或对计算高度进行修正来体现。

1. 墙、柱高厚比验算

墙、柱高厚比的验算公式为

$$\beta = H_0/h \leqslant \mu_1 \mu_2 [\beta] \tag{2-6}$$

式中　$[\beta]$——墙、柱的允许高厚比,应按表2-4采用;

　　　H_0——墙、柱的计算高度,应按表2-5采用;

　　　h——墙厚或矩形柱与H_0对应的边长;

　　　μ_1——自承重墙允许高厚比修正系数;

　　　μ_2——有门窗洞口墙允许高厚比修正系数,即

$$\mu_2 = 1 - 0.4 b_s/S \tag{2-7}$$

式中　b_s——在宽度s范围内门窗洞口的总宽度,如图2-17所示;

　　　S——相邻窗间墙或壁柱之间的距离。

对于厚度$h \leqslant 240$ mm的自承重墙,允许高厚比修正系数μ_1按下列规定采用:$h = 240$ mm时,$\mu_1 = 1.2$;$h = 90$ mm时,$\mu_1 = 1.5$;90 mm$< h < 240$ mm时,μ_1按插入法取值;

按式(2-7)计算的μ_2值小于0.7时,应采用0.7。当洞口高度等于或小于墙高的1/5时,可取$\mu_2 = 1.0$。

当洞口高度大于或等于墙高的4/5时,可按独立墙段验算高厚比。

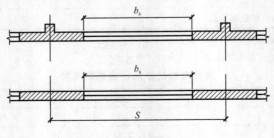

图2-17　门窗洞口宽度

表 2-4　　　　　　　　　　　　　　　　墙、柱的允许高厚比 $[\beta]$

砌体类型	砂浆强度等级	墙	柱
无筋砌体	M2.5	22	15
	M5.0 或 Mb5.0、Ms5.0	24	16
	≥M7.5 或 Mb7.5、Ms7.5	26	17
配筋砌块砌体	—	30	21

注：①毛石墙、柱的允许高厚比应按表中数值降低 20%。
　　②带有混凝土或砂浆面层的组合砖砌体构件的允许高厚比，可按表中数值提高 20%，但不得大于 28。
　　③验算施工阶段砂浆尚未硬化的新砌体构件高厚比时，允许高厚比取 14，对柱取 11。
　　④普通砂浆强度等级用 M 表示，混凝土普通砖、混凝土多孔砖、单排孔混凝土砌块和煤矸石混凝土砌块砌体采用的砂浆强度等级用 Mb 表示；蒸压灰砂普通砖和蒸压粉煤灰普通砖采用的专用砌筑砂浆强度等级用 Ms 表示。

表 2-5　　　　　　　　　　　　　　　　受压构件的计算高度 H_0

房屋类别			柱		带壁柱墙或周边拉结的墙		
			排架方向	垂直于排架方向	$S \geq 2H$	$H < S < 2H$	$S \leq H$
有吊车的单层房屋	变截面柱上段	弹性方案	$2.5H_u$	$2.5H_u$	$2.5H_u$		
		刚性方案、刚弹性方案	$2.0H_u$	$1.25H_u$	$2.5H_u$		
	变截面柱下段		$1.0H_l$	$0.8H_l$	$2.5H_u$		
无吊车的单层和多层房屋	单跨	弹性方案	$1.5H$	$1.0H$	$2.5H_u$		
		刚弹性方案	$1.2H$	$1.0H$	$2.5H_u$		
	多跨	弹性方案	$1.25H$	$1.0H$	$2.5H_u$		
		刚弹性方案	$1.1H$	$1.0H_u$	$2.5H_u$		
	刚性方案		$1.0H$	$1.0H$	$1.0H$	$0.4S+0.2H$	$0.6S$

注：①表中 H_u 为变截面柱上段高度；H_l 为变截面柱下段高度。
　　②对于上段为自由端的构件，$H_0 = 2H$。
　　③独立砖柱，当无柱间支撑时，柱在垂直于排架方向的 H_0 应按表中数值乘以 1.25 后采用。
　　④S 为房屋横墙间距。
　　⑤自承重墙的计算高度应根据周边支撑或拉接条件确定。

2. 带壁柱或构造柱墙高厚比验算

对于带壁柱墙，既要保证墙和壁柱作为一个整体的稳定性，又要保证壁柱之间墙体本身的稳定性，其高厚比验算应按下列规定进行：

(1)按式(2-6)验算高厚比，公式中 h 取为折算厚度 $h_T = 3.5i$，在确定回转半径 i 时，墙截面的翼缘宽度 b_f 按以下规定采用：

多层房屋，当有门窗洞口时，可取窗间墙宽度；当无门窗洞口时，每侧翼缘宽度可取壁柱高度(层高)的 1/3，但不应大于相邻壁柱间的距离。

单层房屋，可取壁柱宽加 2/3 墙高，但不应大于窗间墙宽度和相邻壁柱间距离。

计算带壁柱墙的条形基础时，可取相邻壁柱间的距离。

当确定带壁柱墙的计算高度 H_0 时，S 应取与之相交相邻墙之间的距离。

(2)当构造柱截面宽度不小于墙厚时，可按式(2-6)验算带构造柱墙的高厚比，此时公式中 h 取墙厚；当确定带构造柱墙的计算高度 H_0 时，S 应取相邻横墙间的距离；墙的允许高厚

比$[\beta]$可乘以修正系数μ_c，μ_c的计算公式为

$$\mu_c = 1 + \gamma b_c / l \tag{2-8}$$

式中　　γ——系数，对细料石砌体，$\gamma=0$；对混凝土砌块、混凝土多孔砖、粗料石、毛料石及毛
石砌体，$\gamma=1.0$；对其他砌体，$\gamma=1.5$；

b_c——构造柱沿墙长方向的宽度；

l——构造柱的间距。

当$b_c/l > 0.25$时，取$b_c/l = 0.25$；当$b_c/l < 0.25$时，取$b_c/l = 0$。

（3）按式（2-6）验算壁柱间墙或构造柱间墙的高厚比时，s应取相邻壁柱间构造柱间的
距离。

2.5.3　墙体的计算

1. 刚性房屋墙体的计算

（1）多层房屋的承重纵墙计算

首先考虑竖向荷载作用下纵墙的计算。

①计算简图

混合结构的纵墙通常比较长，计算时可取其中有代表性的一段进行计算。一般取一个
开间的窗洞中线间距内的竖向墙带作为计算单元，如图 2-18 所示。

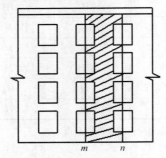

图 2-18　外墙计算单元

刚性方案房屋中屋盖和楼盖可以视为纵墙的不动铰支点，因此，竖向墙带就好像一个承
受各种纵向力的竖向连续梁，被支承于与楼盖及屋盖相交的支座上，其弯矩图如图 2-19（a）
所示，但考虑到在楼盖大梁支承处墙体截面被削弱，而偏于安全地可将大梁支承处视为铰
接。在底层砖墙与基础连接处墙体虽未被削弱，但由于多层房屋上部传来的轴向力与该处
弯矩相比大很多，因此，底端也可认为是铰接。这样，墙体在每层高度范围内就成了两端铰
支的竖向构件，其偏心荷载引起的弯矩如图 2-19（b）所示。

外墙在水平荷载作用下的计算方法可分为两种情况：第一种情况是对于采用刚性方案
多层房屋的外墙，当洞口水平截面面积不超过全截面面积的 2/3 时，其层高和总高度不超过
表 2-6 的规定，且屋面自重不小于 0.8 kN/m² 时，可不考虑风荷载的影响，仅按竖向荷载进
行计算；第二种情况是当必须考虑风荷载时，墙带产生的弯矩如图 2-19（c）所示，此时由于在
楼板支承处产生外侧受拉的弯矩，故要按竖向连续梁计算墙体的承载力。这时，可近似取墙
带跨中及支座弯矩为

$$M = \omega H_i^2 / 12 \tag{2-9}$$

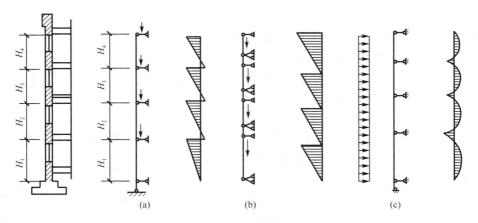

图 2-19　外墙计算图形

式中　ω——沿楼层高均布风荷载设计值;

　　　　H_i——楼层高度。

表 2-6　　　　　　　　　　刚性方案多层房屋不考虑风荷载影响时的最大高度

基本风压值/(kN·m⁻²)	层高/m	总高/m
0.4	4.0	28
0.5	4.0	24
0.6	4.0	18
0.7	3.5	18

注:对于多层砌块 190 mm 厚的外墙,当层高不大于 2.8 m,总高不大于 19.6 m,基本风压不大于 0.7 kN/m² 时,可不考虑风荷载的影响。

②控制截面的位置及内力计算

对每一层墙体一般有下列几个截面起控制作用:所计算楼层墙面上端楼盖大梁底面、窗口上端、窗台以及墙下端亦即下层楼盖大梁底稍上的截面。为偏于安全,当上述几处的截面面积均以窗间墙计算时,把图 2-20(a)中的截面Ⅰ—Ⅰ、Ⅳ—Ⅳ作为控制截面,此时截面Ⅰ—Ⅰ处作用有轴向力 N 和弯矩 M,截面Ⅳ—Ⅳ只有轴向力 N 作用,内力图如图 2-20(b)所示。

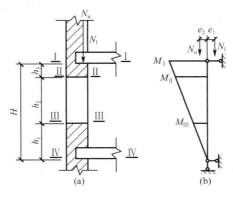

图 2-20　外墙最不利截面计算位置及内力图

③截面承载力计算

按最不利荷载组合,确定控制截面的轴向力 N 和轴向力偏心距 e 之后,就可按受压构件承载力计算公式进行计算。

水平风荷载产生的弯矩应与竖向荷载作用下的弯矩进行组合,风荷载取正风压还是取负风压应以组合后弯矩的代数和来决定。

当风荷载、永久荷载、可变荷载进行组合时,尚应按 GB 50009－2012《建筑结构荷载规范》的有关规定考虑组合系数。

（2）多层房屋的承重横墙计算

刚性方案房屋由于横墙间距不大,在水平风荷载作用下,纵墙传给横墙的水平力对横墙的承载力计算影响很小。因此,横墙只需计算竖向荷载作用下的承载力。

①计算简图

因为楼盖和屋盖的荷载沿横墙一般都是均匀分布的,所以可以取 1 m 宽的墙体作为计算单元,如图 2-21 所示。一般楼盖和屋盖构件均搁在横墙上,和横墙直接连系,因而楼板和屋盖可视为横墙的侧向支承。另外,由于楼板深入墙身,削弱了墙体在该处的整体性,为了简化计算,可把该处视为不动铰支点。中间各层的计算高度取层高(楼板底至上层楼板底高度);顶层如为坡屋顶,则取层高加山尖的平均高度;底层墙柱下端支点取至条形基础顶面,当基础埋深加大时,一般可取地坪标高(± 0.000)以下 300～500 mm。

横墙承受的荷载有所计算截面以上各层传来的荷载 N_u 及本层两边楼盖传来的竖向荷载 N_1、N_1'。N_u 作用于墙截面重心处;N_1 及 N_1' 均作用于距墙边 $0.4a_0$ 处。当横墙两侧开间不同或者仅在一侧的楼面上有活荷载时,N_1 及 N_1' 的数值并不相等,墙体处于偏心受压状态。但由于偏心荷载产生的弯矩通常都较小,轴向压力较大,故在实际计算中,各层均可按轴心受压计算。

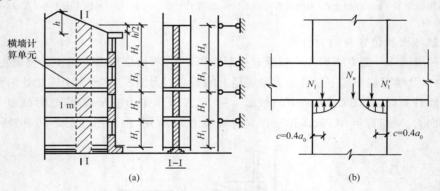

图 2-21　承重墙计算单元

②控制截面位置及内力计算

由于承重横墙是按轴心受压计算的,所以应取每层轴向力最大的下部截面作为控制截面进行计算。

③截面承载力计算

在求得每层控制截面处的轴向力后,即可按受压构件承载力计算公式确定各层块体和砂浆强度等级。

（3）单层房屋的墙、柱计算

在竖向荷载和水平荷载作用下,单层房屋的墙、柱可视为上端不动铰支于屋盖,下端嵌固于基础的竖向构件。纵墙下端可认为嵌固于基础顶面,在水平风荷载及竖向偏心力作用下分别计算内力,两者叠加就是墙、柱最终的内力图。

2. 弹性房屋墙体的内力计算

弹性方案房屋可按屋架、大梁与墙(或柱)铰接、不考虑空间工作的平面排架或框架计算。对于单层弹性方案房屋,与钢筋混凝土及钢结构排架一样,其计算简图考虑以下两条假定:

(1)屋架或屋面梁与墙(柱)顶端的连接,可视为能传递竖向力和水平剪力的铰结点,墙或柱下端则嵌固于基础顶面。

(2)把屋架或屋盖大梁视作一刚度无限大的水平杆件,在荷载作用下无轴向变形,即这时横墙两端的水平位移相等。

3. 刚弹性房屋墙体的内力计算

属于刚弹性方案的房屋在水平荷载作用下,两横墙之间中部水平位移较弹性方案房屋小,且随着梁横墙间距的减小,房屋空间刚度增大,该水平位移不断减小,但又不能忽略。

刚弹性房屋的计算简图可按屋架或大梁与墙(或柱)铰接并考虑空间作用的平面排架或框架计算。为了考虑排架的空间作用,计算时引入房屋各层的空间性能影响系数 η_i,η_i 是通过对建筑物实测及理论分析而确定的,其大小和横墙间距及屋面结构的水平刚度有关,见表 2-3(b)。

刚弹性房屋墙体内力分析可按下列步骤进行:

(1)在各层横梁与柱连接处加水平铰支杆,计算在水平荷载下无侧移时的支杆反力 R_i,并求相应的内力图,如图 2-22(a)所示。

(2)把以求出的支杆反力 R_i 乘以由表 2-3(b)查出的相应空间性能影响系数,并反向作用于节点上,求出这种情况的内力图,如图 2-22(b)所示。

(3)将上述两种情况下的内力图叠加即得最后内力图。

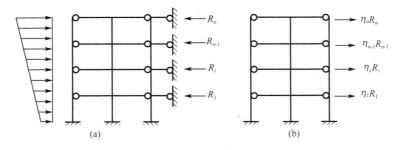

图 2-22　刚弹性房屋的静力计算简图

2.5.4　无筋砌体受压构件承载力计算

1. 与钢筋混凝土受压构件不同的是,在砌体结构中,受压构件的长细比是用高厚比 β 来表示的,$\beta \leqslant 3$ 时为短柱,$\beta > 3$ 时为长柱。

当偏心受压构件的偏心距较大时,受压面积相应减小,构件的刚度和稳定性也随之削弱,最终导致构件的承载力明显降低,结构既不安全也不经济、合理。因此《砌体结构设计规范》[3]规定:轴向力偏心距 e 计算值不应超过 $0.6y$,(y 为截面重心到轴向力所在偏心方向截面边缘的距离)。若设计中超过以上限值,则应采取减小轴向力偏心距的措施。

砌体构件的整体性较差,因此砌体构件在受压时,纵向弯曲对砌体构件承载力的影响较其他整体构件显著;同时又因为荷载作用位置的偏差、砌体材料的不均匀性以及施工误差,使轴心受压构件产生附加弯矩和侧向挠曲变形。《砌体结构设计规范》[3]规定,把轴向力偏心距 e 和构件的高厚比 β 对受压构件承载力的影响采用同一系数 φ 来考虑。

不论是短柱还是长柱,轴心受压还是偏心受压,对无筋砌体受压构件的受压承载力的计算公式均为

$$N_u = \varphi f A \tag{2-10}$$

式中 N_u——无筋砌体受压构件的受压承载力设计值;

   φ——高厚比 β 和轴向力偏心距 e 对受压构件承载力的影响系数;

   f——砌体抗压强度设计值;

   A——截面面积,对各类砌体均按毛截面计算。

计算影响系数 φ 时,构件高厚比 β 为

$$\beta = \gamma_\beta H_0 / h \tag{2-11}$$

式中 γ_β——不同砌体材料构件的高厚比修正系数,按表 2-7 采用,该系数主要考虑不同砌体种类受压性能的差异性;

   H_0——受压构件计算高度;

   h——矩形截面轴向力偏心方向的边长,当轴心受压时为截面较小边长,若为 T 形截面,则 $h = h_T$,h_T 为 T 形截面的折算厚度,可近似按 $3.5i$ 计算,i 为截面回转半径。

表 2-7   高厚比修正系数 γ_β

砌体材料种类	γ_β
烧结普通砖、烧结多孔砖砌体、灌孔混凝土砌块	1.0
混凝土、轻骨料混凝土砌块砌体	1.1
蒸压灰砂砖、蒸压粉煤灰砖、细料石和半细料石砌体	1.2
粗料石、毛石	1.5

2.受压构件承载力影响系数 φ

(1)短柱

试验表明,对于高厚比 $\beta \leqslant 3$ 的矩形、T 形、十字形和环形截面的偏心受压短柱,其受压构件承载力影响系数 φ 和偏心距 e 与截面回转半径 i 的比值大概接近于反二次抛物线的关系。因此,对于矩形截面

$$\varphi = 1/[1 + (e/i)^2] \tag{2-12}$$

$$\varphi = 1/[1 + 12(e/h)^2] \tag{2-13}$$

式中 e——轴向力偏心距,$e = M/N$,M、N 分别为计算截面的弯矩设计值和轴向压力设计值;

   i——矩形截面回转半径,适用于矩形截面 φ 的表达式,见式(2-13);

   h——矩形截面轴向力偏心方向的边长,当轴心受压时为截面较小边长。

对于矩形截面受压构件,当轴向力偏心方向的截面边长大于另一方向的截面边长时,除了按偏心受压计算外,还应对较小边长方向按轴心受压进行验算,取两者中的小值作为承载力。

对于 T 形截面构件

$$\psi = 1/[1+12(e/h_T)^2] \tag{2-14}$$

式中　h_T——T 形截面的折算厚度,可近似按 $3.5i$ 计算,i 为截面回转半径。

（2）长柱

对于高厚比 $\beta > 3$ 的长柱,其受压构件承载力影响系数 ψ 不仅与偏心距 e 有关,还与高厚比 β 有关,这时 β 对 ψ 的影响体现在考虑纵向弯曲引起的附加偏心距 e_i 中。

对于矩形截面

$$\psi = 1/\{1+12[(e+e_i)/h]^2\} \tag{2-15}$$

研究表明,e_i 主要与轴心受压构件的稳定系数 ψ_0 有关,即

$$e_i = h(1/\psi_0 - 1)^{1/2}/(12)^{1/2} \tag{2-16}$$

将式(2-16)代入式(2-13),得

对矩形截面

$$\psi = 1/\{1+12[e/h+(1/\psi_0-1)^{1/2}/(12)^{1/2}]\} \tag{2-17}$$

对 T 形截面

$$\psi = 1/\{1+12[e/h_T+(1/\psi_0-1)^{1/2}/(12)^{1/2}]\} \tag{2-18}$$

$$\psi_0 = 1/(1+\alpha\beta^2) \tag{2-19}$$

式中　e_i——轴向受压构件考虑纵向弯曲引起的附加偏心距,$\beta \leqslant 3$ 时,$e_i = 0$;

ψ_0——轴心受压构件的稳定系数;

α——与砂浆强度等级有关的系数;当砂浆强度等级大于或等于 M5 时,$\alpha = 0.0015$;当砂浆强度等级等于 M2.5 时,$\alpha = 0.002$;当砂浆强度等级等于 0 时,$\alpha = 0.009$。

2.5.5　无筋砌体局部受压承载力计算

1. 砌体局部均匀受压

砌体在局部压应力作用下,一方面压应力向四周扩散,另一方面,没有直接承受压力的部分向套箍一样约束其横向变形,使该处砌体处于三向受压状态,从而使局部受压强度高于砌体的抗压强度。

根据试验结果,砌体局部均匀受压承载力计算公式为

$$N_1 \leqslant \gamma f A_1 \tag{2-20}$$

$$\gamma = 1+0.35[(A_0/A_1)-1]^{1/2} \tag{2-21}$$

式中　N_1——局部受压面积上轴向力设计值;

A_1——局部受压面积;

γ——砌体局部抗压强度提高系数;

f——砌体的抗压强度设计值,局部受压面积小于 $0.3\ \text{m}^2$ 时可不考虑强度调整系数 γ_a 的影响;

A_0——影响砌体局部抗压强度的计算面积,按表 2-8 确定。

2. 梁端局部受压

梁端砌体的局部受压承载力的计算公式为

$$\psi N_0 + N_1 \leqslant \eta\gamma f A_1 \tag{2-22}$$

$$\psi = 1.5-0.5A_0/A_1 \tag{2-23}$$

$$N_0 = \sigma_0/A_1 \tag{2-24}$$

$$A_1 = a_0 b \tag{2-25}$$

$$a_0 = 10(h_c/f)^{1/2} \tag{2-26}$$

式中　ψ——上部荷载的折减系数,当 A_0/A_1 大于或等于 3 时,应取 ψ 等于 0;

N_0——局部受压面积内上部轴向力设计值;

N_1——梁端支承压力设计值;

σ_0——上部平均压应力设计值;

η——梁端底面压应力图形完整系数,应取 0.7,对于过梁和墙梁应取 1.0;

a_0——梁端有效支承长度,当 a_0 大于 a 时,应取 a_0 等于 a,a 为梁端实际支承长度。

b——梁的截面宽度;

h_c——梁的截面高度;

f——砌体的抗压强度设计值。

此外,无筋砌体构件局部受压承载力的计算还包括梁端下设有刚性垫块的砌体的局部受压计算和梁下设有长度大于 πh_0 的垫梁时的砌体局部受压承载力计算等[3]。

表 2-8　　　　　　　　　　　　计算面积 A_0 与 γ 的最大值

情况	示意图	A_0	γ 的最大值	
			普通砌体	灌孔的混凝土砌块砌体
情况 1	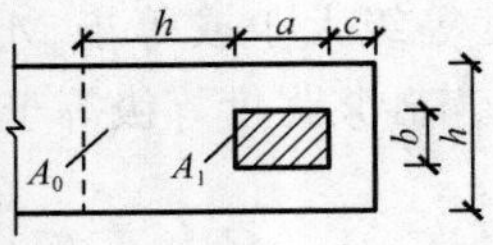	$h(a+c+h)$	$\leqslant 2.5$	$\leqslant 1.5$
情况 2	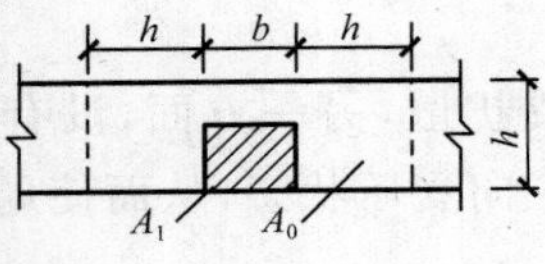	$h(b+2h)$	$\leqslant 2.0$	$\leqslant 1.5$
情况 3	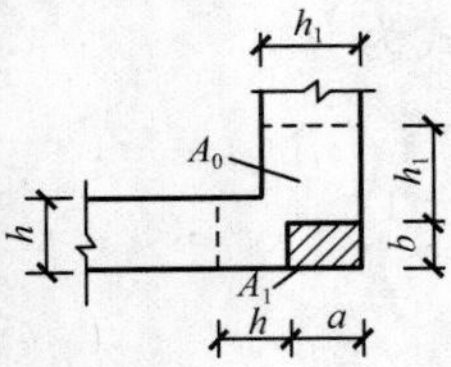	$h(a+h)+h_1$ $(b+h_1-h)$	$\leqslant 1.5$	$\leqslant 1.5$
情况 4	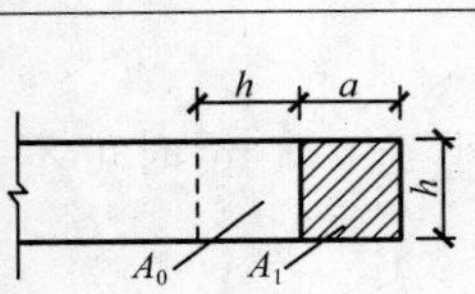	$h(a+h)$	$\leqslant 1.25$	$\leqslant 1.25$

2.5.6　过梁承载力计算

过梁是墙体中承受门、窗洞口上部墙体和楼盖重力的构件。严格上来讲,过梁应该是偏心受拉构件。因为跨度和荷载均较小,一般都按跨度为净跨径为 l_n 的简支梁进行内力和强度计算。

砖砌平拱过梁受弯承载力

$$M \leqslant f_{\text{tm}} W \tag{2-27}$$

钢筋砖过梁受弯承载力

$$M \leqslant 0.85 h_0 f_{\text{y}} A_{\text{s}} \tag{2-28}$$

受剪承载力 $\qquad V \leqslant f_{\text{v}} b z \tag{2-29}$

式中　M——按简支梁计算的跨中弯矩设计值；

$\qquad W$——砖砌平拱过梁的截面抵抗矩，对矩形截面，$W = b h^2$；

$\qquad b$——砖砌平拱过梁的截面宽度；

$\qquad h$——过梁截面计算高度，取过梁底面以上墙体的高度，但不大于 $l_{\text{n}}/3$；当考虑梁板传来的荷载时，按梁板下的墙体高度采用；

$\qquad f_{\text{tm}}$——砌体弯曲抗拉强度设计值；

$\qquad h_0$——钢筋砖过梁的有效高度，$h_0 = h - a_{\text{s}}$；

$\qquad a_{\text{s}}$——受拉钢筋重心到截面下边缘的距离；

$\qquad f_{\text{y}}$——受拉钢筋强度设计值；

$\qquad z$——截面内力臂，$z = 2h/3$；

$\qquad f_{\text{v}}$——砌体的抗剪强度设计值。

2.5.7　墙梁承载力计算

　　墙梁是由钢筋混凝土托梁和梁上计算范围内的砌体墙组成的组合构件。参与墙梁承重作用的墙体计算高度 h_{w} 只取托梁顶面一层高 l_{0i}，即满足 $h_{\text{w}} \leqslant l_{0i}$。墙梁的计算简图如图 2-23 所示。

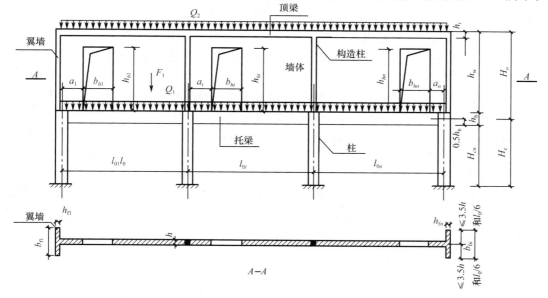

图 2-23　墙梁的计算简图

$l_{0i}(l_0)$—墙梁计算跨度；h_{w}—墙体计算高度；h—墙体厚度；

H_0—墙梁跨中截面计算高度；b_{fi}—翼墙计算宽度；H_{c}—框架柱计算高度；

b_{hi}—洞口宽度；h_{hi}—洞口高度；a_i—洞口边缘至支座中心的距离；

Q_1、F_1—承重墙梁的托梁顶面的荷载设计值；Q_2—承重墙梁的墙梁顶面的荷载设计值

1. 墙梁的计算荷载

(1)使用阶段的荷载,应按下列规定采用:

①承重墙梁的托梁顶面的荷载设计值,取托梁自重及本层楼盖的恒荷载和活荷载。

②承重墙梁的墙梁顶面的荷载设计值,取托梁以上各层墙体自重以及墙梁顶面以上各层楼(屋)盖的恒荷载和活荷载;集中荷载可沿作用的跨度近似视为均布荷载。

③自承重墙梁顶面的荷载设计值,取托梁自重以及托梁以上全部墙体自重。

(2)施工阶段托梁上的荷载,应按下列规定采用:

①托梁自重及本层楼盖的恒荷载。

②本层楼盖的施工荷载。

③墙体自重,可取高度为 $l_{0max}/3$ 的墙体自重,开洞时尚应按洞顶以下实际分布的墙体自重复核;l_{0max} 为各计算跨度的最大值。

2. 墙梁的截面承载力计算

墙梁应分别进行托梁使用阶段正截面承载力和斜截面受剪承载力计算、墙体受剪承载力和托梁支座上部砌体局部受压承载力计算,以及施工阶段托梁的承载力验算。自承重墙梁可不验算墙体受剪承载力和砌体局部受压承载力。

(1)墙梁的托梁正截面承载力计算

①跨中截面

托梁取跨中最大弯矩处的截面为计算截面。在此截面上作用有轴向拉力和弯矩,应按偏心受拉构件计算。其弯矩 M_{bi} 及轴向拉力 N_{bti} 分别为

$$M_{bi} = M_{1i} + \alpha_M M_{2i} \tag{2-30}$$

$$N_{bti} = \eta_N M_{2i} / H_0 \tag{2-31}$$

式中　M_{1i}——荷载设计值 Q_1、F_1 作用下的简支梁跨中弯矩或按连续梁或框架分析的托梁各跨跨中的最大弯矩;

　　　　M_{2i}——荷载设计值 Q_2 作用下的简支梁跨中弯矩或按连续梁、框架分析的托梁第 i 跨跨中最大弯矩;

　　　　η_N——考虑墙梁组合作用的托梁跨中轴力系数可按式(2-34)或式(2-37)计算,但对自承重简支墙梁应乘以折减系数 0.8;当 $h_w/l_{0i} > 1$ 时,取 $h_w/l_{0i} = 1$;

　　　　α_M——考虑墙梁组合作用的托梁跨中弯矩系数,按式(2-32)或式(2-35)计算,但对自承重简支墙梁应乘以 0.8;当式(2-32)中的 $h_b/l_0 > 1/6$ 时,取 $h_b/l_0 = 1/6$;当式(2-35)中的 $h_b/l_{0i} > 1/7$ 时,取 $h_b/l_{0i} = 1/7$;当 $\alpha_M > 1$ 时,取 $\alpha_M = 1$。

托梁跨中弯矩系数 α_M 按式(2-32)计算,但当式(2-32)中 $h_b/l_0 > 1/6$ 时,取 $h_b/l_0 = 1/6$;当式(2-35)中的 $h_b/l_{0i} > 1/7$ 时,取 $h_b/l_{0i} = 1/7$;当式(2-34)和式(2-37)中 h_w/l_0 或 $h_w/l_{0i} > 1$ 时,取 h_w/l_0 或 $h_w/l_{0i} = 1$。

对简支墙梁

$$\alpha_M = \psi_M (1.7 h_b/l_0 - 0.03) \tag{2-32}$$

$$\psi_M = 4.5 - 10 a/l_0 \tag{2-33}$$

$$\eta_N = 0.44 + 2.1 h_w/l_0 \tag{2-34}$$

对连续墙梁和框支墙梁

$$\alpha_M = \psi_M (2.7 h_b/l_{0i} - 0.08) \tag{2-35}$$

$$\psi_M = 3.8 - 8 a_i/l_{0i} \tag{2-36}$$

$$\eta_N = 0.8 + 2.6 h_w / l_0 \qquad (2\text{-}37)$$

式中 ψ_M——洞口对托梁跨中截面弯矩的影响系数,对无洞口墙梁取 $\psi_M = 1$,对有洞口墙梁分别按式(2-33)、式(2-36)计算;

a_i——洞口边至墙梁最近支座的距离,当 $a_i > 0.35 l_{0i}$ 时,取 $a_i = 0.35 l_{0i}$。

②支座截面

对于连续墙梁和框支墙梁的支座截面应按混凝土受弯构件计算托梁的正截面承载力,第 j 支座的弯矩设计值 M_{bj} 为

$$M_{bj} = M_{1j} + \alpha_M M_{2j} \qquad (2\text{-}38)$$
$$\alpha_M = 0.75 - a_j / l_{0j} \qquad (2\text{-}39)$$

式中 M_{1j}——荷载设计值 Q_1、F_1 作用下连续梁或按或框架分析的托梁第 j 支座截面的弯矩设计值;

M_{2j}——荷载设计值 Q_2 作用下连续梁或按或框架分析的托梁第 j 支座截面的弯矩设计值;

α_M——考虑墙梁组合作用的托梁支座截面弯矩系数,无洞口墙梁取 0.4,有洞口墙梁可按式(2-39)计算。

墙体受压一般不产生弯曲受压破坏,故无须对墙体进行弯压强度验算。

(2)墙梁的墙体和托梁受剪承载力计算

①墙体斜截面受剪承载力

$$V_2 \leqslant \xi_1 \xi_2 (0.2 + h_b / l_{0i} + h_t / l_{0i}) f h h_w \qquad (2\text{-}40)$$

式中 V_2——在荷载设计值 Q_2 作用下墙梁支座边缘截面剪力的最大值;

ξ_1——翼墙影响系数,对单层墙取 1.0,对多层墙梁,当 $b_f / h = 3$ 时,取 1.3,当 $b_f / h = 7$ 时或设置构造柱时,取 1.5,当 $3 < b_f / h < 7$ 时,按线性插入取值;

ξ_2——洞口影响系数,无洞口墙梁取 1,单层有洞口墙梁取 0.6,多层有洞口墙梁取 0.9;

h_t——墙梁顶面圈梁截面高度。

②托梁斜截面受剪承载力

按钢筋混凝土受弯构件计算,其剪力 V_{bj} 为

$$V_{bj} = V_{1j} + \beta_v V_{2j} \qquad (2\text{-}41)$$

式中 V_{1j}——荷载设计值 Q_1、F_1 作用下按简支梁、连续梁或框架分析的托梁第 j 支座边缘截面剪力设计值;

V_{2j}——荷载设计值 Q_2 作用下按简支梁、连续梁或框架分析的托梁第 j 支座边缘截面剪力设计值;

β_v——考虑墙梁组合作用的托梁剪力系数,无洞口墙梁边支座截面缘截面取 0.6,中支座截面取 0.7;有洞口墙梁边支座取 0.7,中支座截面取 0.8;对自承重墙梁,无洞口时取 0.45,有洞口时取 0.5。

(3)托梁支座上部砌体局部受压承载力计算

托梁支座上部砌体局部受压的计算公式为

$$Q_2 \leqslant \zeta h f \qquad (2\text{-}42)$$
$$\zeta = 0.25 + 0.08 b_f / h \qquad (2\text{-}43)$$

式中 ζ——局部受压系数。

(4)施工阶段承载力验算

施工阶段托梁按钢筋混凝土受弯构件进行受弯承载力验算与受剪承载力验算。由前述施工阶段托梁上的荷载来确定托梁的内力。

2.6 工程实例1 荷载变化后砌体结构检测

荷载变化引起砌体结构可靠性发生的常见变化有砌体结构上部堆载过大以及砌体结构上部加层两种情况。

这两种情况下砌体结构检测程序如下:

(1)进行损伤调查,确定砌体结构是否产生裂缝、产生裂缝的位置以及裂缝的宽度和长度等。

(2)检测砌体结构的砌块强度、砂浆强度以及是否存在偏心等。

(3)承载力计算。取 1 m 宽的墙体进行承载力计算,截面尺寸为 $b \times h$,计算高度为 H_0,按《砌体结构设计规范》[3]受压构件计算。

(4)根据检测结果进行加固。

2.6.1 堆载过大工程实例

某医院住院部大楼建筑面积为 2 403 m²,共 3 层,层高为 3.6 m,结构为纵、横墙混合承重体系[1]。采用 MU10 单排孔混凝土小型空心砌块、Mb5 混合砂浆砌筑,施工质量控制等级为 B 级。该医院引进大型设备后发现部分墙体开裂,需验证产生裂缝的墙体能否满足承载力要求。

1. 损伤调查

经调查,墙体开裂始于大型设备安装后,该设备放置在第 2 层,导致首层部分墙体产生竖向裂缝,如图 2-24 所示。

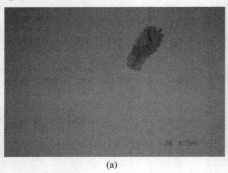 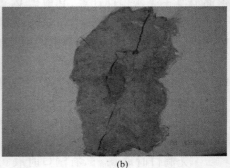

(a)   (b)

图 2-24 现场裂缝

2. 现场检测

该处墙体与上部圈梁存在偏心距 $e = 30$ mm。将抹灰层剥除,根据《砌体工程现场检测技术标准》[2],通过抽样检测评定施工用砌块强度等级为 MU10,通过砂浆回弹评定施工用砂浆强度等级为 Mb5 混合砂浆。

3. 承载力计算

首层承受轴向力设计值 $N=150\ \text{kN}$[1]。取 1 m 宽的墙体进行承载力计算，截面尺寸 $b \times h = 1\ 000\ \text{mm} \times 190\ \text{mm}$，计算高度 $H_0 = 3.6\ \text{m}$；按《砌体结构设计规范》[3]运用受压构件计算过程，见表 2-9。

表 2-9　　　　　　　　　　　　　墙承载力计算过程

$A = b \times h/\text{m}^2$	$\gamma_a = 0.7 + A$	$\beta = \gamma_\beta H_0/h$	ψ	$N_u = \psi \gamma_a f A/\text{kN}$	结论
$1.0 \times 0.19 = 0.19$	$0.7 + 0.19 = 0.89$	$1.1 \times 3\ 600/190 = 20.84$	0.352	$0.352 \times 0.89 \times 2.22 \times 0.19 \times 10^3 = 132.14$	$N_u < N$

注：由 β 值及 $e/h = 30/190 = 0.158$，经查表可得 $\psi = 0.352$[1]。表中 A 为截面面积，对各类砌体均应按毛截面计算，b、h 分别为计算墙体截面宽、高；γ_a 为砌体强度调整系数，根据《砌体结构设计规范》3.2.3 条采用；β 为高厚比；γ_β 为高厚比修正系数，$\gamma_\beta = 1.1$；f 为砌体抗压强度设计值，根据《砌体结构设计规范》表 3-2.1~4 采用，$f = 2.22$。

因此，设备安装后导致荷载增大，超过了其承载能力，产生受压裂缝，不满足目前荷载要求。

4. 加固方案

首先应将表面抹灰层清理干净，对裂缝处进行处理，如图 2-25 所示，采用双面挂钢筋网抹水泥砂浆的办法进行加固[4]，如图 2-26 所示。

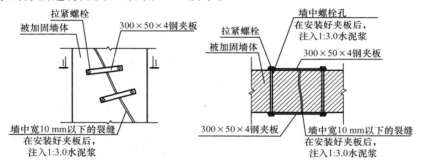

图 2-25　墙体裂缝部位处理设计

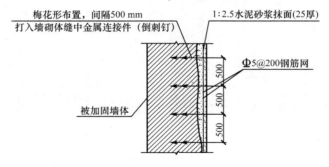

图 2-26　墙体挂钢筋网加固

2.6.2　上部加层后开裂工程实例

某幼儿园教学楼原为 3 层砖混结构建筑物，楼板和楼梯均为装配式结构，屋面板为现浇混凝土结构，平面尺寸如图 2-27 所示。抗震设防烈度为 6 度，场地类别为二类。楼层层高均为 3 m。内、外墙均采用 240 mm 厚实心黏土砖，强度等级为 MU10，砂浆强度等级为 M5。原设计基础持力层为粉质黏土层，基础类型为毛石混凝土组成的墙下条形基础。由于学校发展需要,在原3层教学楼上按相同的楼面布置增加1层,层高为3 m。同时,屋面为幼儿园室外活动场地,并且在屋面上方右半部加设了轻钢结构顶篷(⑤~⑨轴线区域)[5]。上部加层后,墙体出现多处裂缝,需对开裂墙体的安全性进行检测鉴定。

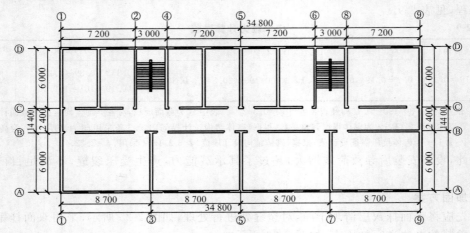

图 2-27　建筑物标准层平面图

1. 损伤调查

该砌体结构在房屋多处存在墙体裂缝,裂缝首现于上部加层完工后。裂缝主要分布在结构 D/⑤~⑨轴线范围的外墙区域,且1~4层均有,裂缝走向大致为45°,裂缝指向房屋端部山墙,且裂缝宽度最大约为3 mm,经粉刷装修处理后再次开裂,且继续变宽、变长。在该处墙体外侧地面,发现有1处600 mm×600 mm的积水井,积水井周围混凝土地面已部分塌陷,井深约为3 m,内砌砖块之间缝隙较大,多处有砂粒渗出,且积水井外接市政污水管道。该积水井距该外墙仅1.5 m,该积水井和上部加层同时建造。另外还发现在顶层的内纵墙(B轴和C轴线处内纵墙)两端部位也存在少量的45°斜裂缝。如图2-28所示。

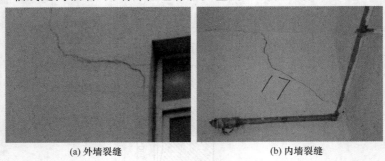

(a) 外墙裂缝　　　　　　　　　　　(b) 内墙裂缝

图 2-28 墙体裂缝

2. 现场检测

经检测,该结构仅在1层和3层楼板标高处设置圈梁,圈梁尺寸为240 mm×240 mm,内置纵筋4Φ12。同时,仅在房屋结构的四角布置有构造柱,且构造柱尺寸为240 mm×240 mm,内置纵筋4Φ14。对该结构的砌体(无裂缝区域砌体)强度进行原位测试检测,对构造柱和楼屋面板混凝土进行碳化深度检测,对构造柱和楼板混凝土强度进行回弹试验,最后对构造柱和楼板钢筋进行扫描。结果表明砌体强度和混凝土强度均能满足原设计要求,同时钢筋扫描结果也说明钢筋间距和数量符合原设计要求。另外,构造柱和楼屋面板混凝土碳化深度为2~8 mm。对裂缝分布严重的区域(轴线 D/⑤~⑨范围)地质情况进行钻孔勘查,探

孔位于积水井边,得出场地地质条件(自上而下)如下:

(1)杂填土(松散~稍密,层厚为 1.0 m,f_{ak}＝70 kPa)。

(2)粉质黏土(硬塑,层厚为 1.5 m,f_{ak}＝170 kPa)。

(3)中砂(中密,层厚为 6.0 m,f_{ak}＝160 kPa)。

(4)砾砂圆砾交互层(稍密~中密,层厚为 8.50 m,f_{ak}＝280 kPa)。

(5)强风化泥质粉砂岩(属软岩,层厚为 2.70 m)。

(6)中风化泥质粉砂岩(属软岩,最大厚度为 12.30 m)。

3. 原因分析

砖混房屋结构中墙体裂缝通常可分为受力裂缝和变形裂缝。在一般情况下,受力裂缝是由砌体构件抗压强度不足而产生的竖向裂缝,而变形裂缝是由于温度变形或地基不均匀沉降使墙体产生附加应力,其主拉应力达到砌体抗拉强度时产生与主拉应力方向垂直的墙体裂缝。其中,D/⑤~⑨轴外墙裂缝 1~4 层均有,且始于底层,结合补充勘查的地质条件表明,该建筑物在开裂墙体区域的土层分布均匀。但由于积水井中的流水将土层的中砂层的砂粒带走使得地基沉陷,形成地基不均匀沉降,从而导致上部墙体开裂。因此外墙裂缝属于地基不均匀沉降引起的墙体裂缝。内纵墙(B 和 C 轴线墙体)两端部位的裂缝仅在顶层出现,为温度变形为主的斜裂缝。

经过计算分析表明,上部结构能满足《砌体结构设计规范》[3]要求,但整体抗震能力不满足《建筑抗震鉴定标准》[6]要求,基础部分验算结果满足《建筑地基基础设计规范》[7]要求。

4. 加固方案

(1)为提高结构整体抗震性能,采用了增设构造柱(加固砖护壁柱)与圈梁(预应力拉杆)的方法。

①张拉预应力筋代替圈梁加固,原结构仅在 1~3 层墙体中的第 1 层和第 3 层设置了圈梁,按照现行抗震规范的要求,砌体结构每层均需要设置圈梁,考虑加固的简便及操作的可行性,在纵、横墙增设钢拉杆代替圈梁以增加房屋的整体刚度,如图 2-29 所示。

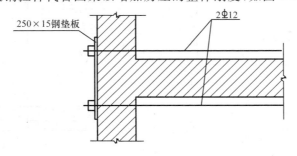

图 2-29　增设预应力筋拉杆加固

图 2-29 中钢拉杆采用 2Φ12,端部钢垫板采用 Q235 钢,规格为 250 mm×15 mm。施工中钢拉杆应张紧,不得下垂和弯曲,同时,张拉应力不应过大。外露铁件应涂刷防锈漆并采用钢筋混凝土封锚。

②钢筋混凝土加固砖壁柱,按照《建筑抗震设计规范》[8]要求,在需要增设构造柱的位置,采用钢筋混凝土加固砖壁柱,如图 2-30 所示。需要增设构造柱的位置主要有:大开间教室的内、外墙交接处,楼梯间的四角,外墙的四角和对应的转角。采用砖扶壁柱加固时,竖向高度每隔 500 mm 布置一道闭合箍,其间则布置开口箍。对于转角处加固,采用新增构造柱外露的加固方式处理。

(2)积水井的存在使得地基土中的中砂层的砂粒随着水流外渗流失,导致地基发生不均

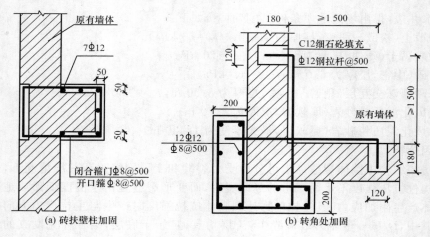

图 2-30 钢筋混凝土加固砖壁柱

匀沉降,墙体产生裂缝,必须将积水井填埋移位重建;同时,采取增设浅埋式基础的加固措施,由于其承担部分上部荷载,可以相对减轻原有基础底部压力,从而逐步稳定沉降裂缝。房屋基础加固处理的具体方法如图 2-31 所示。

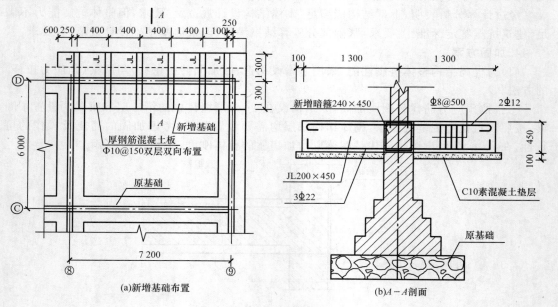

图 2-31 基础加固图

新增设的浅埋式基础混凝土强度等级为 C25,离原基础顶部 1 300 mm,新增基础为厚度为 200 mm、宽度为 2 600 mm 的钢筋混凝土筏板,筏板配筋为双层双向Φ8@500。另外在筏板内每隔 1 400 mm 设置基础挑梁,挑梁尺寸为 200 mm×450 mm,顶部配置通长 2Φ12 钢筋,底部配置 3Φ22 钢筋。施工中应注意分段凿除原外墙墙体,分段施工新增筏板基础。并对原有该部位外墙墙体进行适当加固处理,具体措施为沿 D 轴线墙体增设 240 mm×450 mm 暗箍,墙体两侧各布置 2Φ12 钢筋,箍筋为Φ6@200。

(3)开裂墙体加固:对所有开裂墙体,沿裂缝两边各凿除粉刷层 1 000 mm 宽后清洗墙面,在墙体两侧各贴Φ4@100 钢筋网片,按梅花形布点设穿墙拉结筋Φ6@400,后用 M15 水泥砂浆粉刷墙面 20～30 mm 厚。加固处理措施如图 2-32 所示。

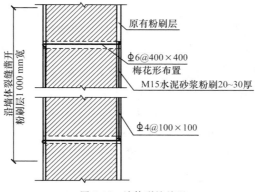

图 2-32　墙体裂缝处理

5. 小结

经过上述加固处理后，该结构使用至今，裂缝不再发展，也没有出现新的裂缝，房屋结构完好。

2.7　工程实例 2　火灾后砌体结构检测

某公司水产食品城冷库车间主体建于 2007 年 3 月 31 日，结构形式为砌体结构，主要为横墙承重（结构尺寸及布置如图 2-33 所示），屋面板采用 YTSa184 型预应力混凝土双 T 板，10 个车间建筑面积约为 6 600 m²。2007 年 9 月 29 日该车间失火，火灾从 13：00 直到 22：00，持续近 9 h，火灾起火点可能在（三）车间或（四）车间，现场绝大部分车间墙面保温层被烧毁，墙面被烧黑[9]。经甲方委托，为确保火灾后车间结构的安全性和适用性，对水泥地面、屋面预应力混凝土双 T 板以及砖墙等建筑设施进行了检测。

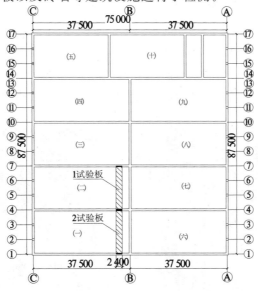

图 2-33　结构平面布置

（一）～（十）车间编号。

2.7.1 损伤调查

现场绝大部分车间墙面保温层全部被烧毁,少数车间墙面保温层表面被烧焦,部分车间屋板已被清除,屋盖底大部分钢管因受高温而变形,部分车间钢管变形较大,形如 S,如图 2-34 所示。屋顶用悬吊照明灯钢丝线被烧断。根据各受火车间混凝土地面以下保温层烧伤程度每隔一定距离进行检测,发现混凝土地面以下保温层一定程度被烧坏,检测最严重区域保温层烧坏水平深度距墙边缘约 1.8 m。双 T 预应力混凝土板混凝土颜色为灰白色略显浅黄色,钢管出现一定的变形,判断过火温度超过 900 ℃。(一)车间、(二)车间、(三)车间、(四)车间、(五)车间、(八)车间、(九)车间、(十)车间墙面保温层几乎全部被烧尽;(六)车间、(七)车间墙面保温层被烧焦,如图 2-34 所示。经过对各个车间混凝土构件进行普查,用钢刷刷掉混凝土表面的黑灰层,混凝土表面颜色为灰白色略显浅黄色。(二)车间和(四)轴线板底圈梁出现龟裂。

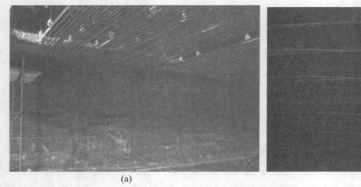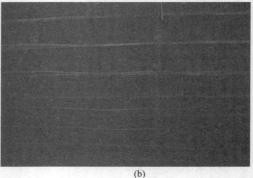

(a)   (b)

图 2-34　车间内损伤情况

2.7.2 现场检测及数据处理

1.砂浆强度检测

采用砂浆贯入法评定车间各墙体砌筑砂浆强度[10],如图 2-35、图 2-36 所示。现场测得砂浆受火后其损伤深度约为 10 mm。因此沿墙体高度方向布置测区检测墙体砂浆强度,检测结果见表 2-10,各车间墙体砌筑砂浆强度均低于设计强度。此外,门、窗通风口附近及楼板底圈梁以下墙段因受火温度较高致使砂浆失水较多,强度低。

图 2-35　砂浆贯入法测点　　　　　　　　　　　图 2-36　现场取芯

表 2-10　　　　　　　　　　砌筑砂浆强度抽样检测结果

检测位置	测点距地面高度/m	平均换算强度/MPa	结论
未受火区	0.8	6.4	砌体砂浆强度低于设计强度 7.5 MPa
	1.6	5.8	
	2.4	5.7	
	3.2	6.3	
	4.0	7.2	
受火区	0.8	4.3	
	1.6	4.4	
	2.4	3.4	
	3.2	2.9	
	4.0	2.7	
门窗洞口	3.6	1.7	

2. 混凝土强度检测

经现场抽查检测混凝土圈梁、双 T 板腹板碳化深度,量测碳化深度为 6 mm。通过在适当的位置对车间混凝土地面板进行取芯抽样的方法来评定混凝土强度,芯样检测结果见表 2-11。检测结果显示混凝土抗压强度低于设计要求。

表 2-11　　　　　　　　　地面混凝土板芯样强度检测结果

检测位置	芯样平均强度/MPa	设计强度	结论
①	25	C30	混凝土强度修正值为 28.7 MPa,低于设计强度 30 MPa
②	26		
③	23		
④	35		
⑧	30		
⑨	33		

3. 预应力混凝土板静力试验

选择 1～2 个具有代表性的板进行加载试验,考虑损伤的程度和试验所要求的工作面两个因素,本次选择①、②车间的屋面板进行试验。为保证试验的安全性及加载的需要,①、②车间均选择靠近 B 轴的第 2 块板进行试验(图 2-33)。①车间试验板为 1 号试验屋面板、②车间试验板为 2 号试验屋面板。

(1)试验方案　混凝土应变和构件各截面挠度是评定结构工作状况、确定板承载能力两个重要的指标,因此根据结构的受力情况对跨中截面在试验荷载下的挠度(测点位置如图 2-37所示)以及混凝土板跨中截面、支座边界截面在试验荷载下的应变(测点位置如图 2-38所示)进行检测,为保证该试验屋面板独立受载,将板与板间的找平砂浆、保温层切除。

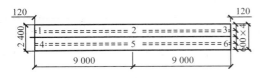

图 2-37　挠度测点位置布置(1～6 为测点位置)

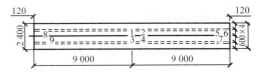

图 2-38　应变测点位置布置(1～9 为测点位置)

（2）加载制度　每块板纵向均匀分布 8 个加载区以保证其均布受载（图 2-39），均采用两级荷载连续加载，其中 1 号板一级荷载为 27 kN，二级荷载为 54 kN；2 号板一级荷载为 16 kN，二级荷载为 26 kN，挠度均为持荷 10 min 时的读数。

图 2-39　静载试验现场

（3）试验现象　1 号试验板在加载过程中出现"嘭"的异响，说明预应力钢筋已发生明显滑移。54 kN 荷载全部作用 10 min 后板跨中混凝土应变达到 100×10^{-6}，支座混凝土最大应变达到 180×10^{-6} 且继续增长。

2 号试验板当荷载作用到 26 kN 时，15 min 后各截面混凝土应变已超过混凝土的开裂应变。

（4）试验结果分析　以 2 号板为例进行分析，结构所用预应力双 T 板型号为 YTSa184，混凝土设计强度等级为 C45，弹性模量 $E = 3.35 \times 10^4$ MPa。梁截面几何特性计算结果见表2-12。

表 2-12　　　　　　　　　　　梁截面几何特性计算结果

计算截面	I/m^4	y_a/m	y_b/m
端部	0.003 24	0.125	0.375
跨中	0.007	0.228	0.542

注：y_a 为中性轴至截面上缘的距离，y_b 为中性轴至截面下缘的距离。

试验模拟均布荷载下板的受力状态，加载砂袋总重量为 25.48 kN，分两级加载。计算出各级荷载作用下板控制截面的理论挠度值和应变值，根据《预应力混凝土双 T 板》[11]图集规定，对于 YTSa 型板集中荷载不应布置在距双 T 板端部 800 mm 范围内，故该板的实际计算长度取 16.4 m，计算结果汇总于表 2-13 中。

表 2-13　　　　　　　　　　　跨中截面挠度分析

荷载	截面弯矩/(kN·m⁻¹)	挠度计算公式	计算值/mm	实测值/mm
一级	38.42	$f = qaL^3[1 - a^2/2L^2 + a^3/8L^3]/(48EI)$	6.125	1.97
二级	62.43		9.938	5.53

板跨中挠度校验系数为 0.95，跨中测点最大挠度为 5.53 mm，且板的最大挠度小于计算跨径的 1/600，满足要求。应变测试及分析结果见表 2-14。

表 2-14　　　　　　　　跨中截面应变测试及分析结果

荷载	截面弯矩/(kN·m⁻¹)	计算公式	截面	应变计算值/με	应变实际值/με
一级	38.42	$\varepsilon = \dfrac{My}{EI}$	下	89	72
二级	62.43		下	144	221

通过对试验数据的分析,结构在二级荷载作用下混凝土应变值远远超过理论计算值,结构已明显进入非线性状态,即混凝土已开裂。且试验 2 号屋面板所加荷载远远小于《预应力混凝土双 T 板》[11] 图集中规定的预应力双 T 板 YTSa184 抗裂荷载允许值 $[Q_{cr}]=6.69$ kN/m²,因此受损结构已不满足正常使用极限状态。

(5)墙体高厚比验算　按照高厚比计算公式 $\beta = \dfrac{H_0}{h} \leqslant \mu_1 \mu_2 [\beta]$ 对墙体高厚比进行验算,结果见表 2-15。

表 2-15　　　　　　　　墙体高厚比验算　　　　　　　　　　　　　　mm

墙体	实际高厚比	允许高厚比
无洞口	4 500/370＝12.16	1×1×24＝24
有洞口	4 500/370＝12.16	1×(1−0.4×6/12)×24＝19.2

2.7.3　修复加固方案

根据结构的检测结果,充分发挥火灾后构件剩余承载能力,尽量多地保留原结构,减少拆除工程,同时考虑施工的方便及可操作性,结合现场构件烧损程度、剩余承载能力计算结果及构件重要性,有针对性地提出不同加固方案。具体处理措施见表 2-16。

表 2-16　　　　　　　　构件处理措施

构件	处理措施
①～⑦圈梁	在混凝土圈梁表面凿毛并用清水冲洗后刷水泥砂浆一道;圈梁截面 45°方向植筋,钢筋选用 6,植筋深度 15d(d 为植筋直径),最后浇筑 100 mm C30 细石厚混凝土,如图 2-40、图 2-41 所示
①车间其余墙体及②～⑤车间	凿除表面 10 mm 厚墙体,铺设双向 6@200 钢筋网,再抹一道 20 mm 厚 M10 高强度水泥砂浆并找平,最后重新进行保温层施工
⑥车间、⑦车间	凿除表面 10 mm 厚墙体,铺设双向 6@200 钢筋网,再抹一道 20 mm 厚 M10 高强度水泥砂浆并找平,最后重新进行保温层施工

拆除重建构件:①～⑨预应力双 T 屋面板;Ⓐ～Ⓑ/⑩轴线横墙;①车间Ⓒ/①～④、⑧～⑨车间Ⓐ/⑦～⑬、(B)/⑦～⑩轴线纵墙

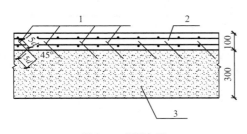

图 2-40　圈梁加固

1—ϕ6 间距 300 mm;2—新浇筑混凝土;3—原圈梁

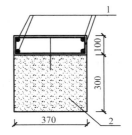

图 2-41　4—4 剖面示意

1—ϕ10 钢筋;2—原圈梁

地面混凝土板以下保温层根据水平烧伤深度向外延伸 500 mm,切除保温层烧伤区的混凝土地面重做保温层。然后植筋重新浇筑混凝土地面,植入钢筋锚固深度不小于22d。由于②、③、④车间保温层水平烧伤深度较深,地面拆除重建。此外,由于冷库的特殊性,需保证保温层施工质量,避免冷、热空气频繁接触,致使墙体保温层导热不均匀,产生热桥效应。

2.7.4 小 结

从该案例中对工程火灾后的检测、鉴定及处理,应充分认识到火灾对建筑结构影响的严重性,主要体现在混凝土强度及弹性模量降低、钢筋力学性能变差、钢筋混凝土之间的黏结性变差、混凝土碳化等。这些影响均具有不确定性,难于直接、准确地评估,因此火灾后对结构的检测鉴定需要多种检测手段相结合。

2.8 工程实例 3 砌体结构安全性检测鉴定

2.8.1 工程概况

某小学教学楼于 1992 年 11 月开工建设,1993 年 8 月竣工,建筑面积为 3 227.2 m²。该建筑南立面如图 2-42 所示。该楼墙体产生多处裂缝,为保证在校学生的安全,应甲方要求对房屋结构整体进行安全性鉴定。

图 2-42 教学楼南立面

该教学楼建筑主体结构形式为五层砖混结构,标准层结构平面布置如图 2-43 所示。混凝土强度除引用图集的按图集规定外,其余混凝土设计强度等级为 C20,承重墙体采用机制砖 MU10,为 240 墙,砌筑砂浆采用 M5.0 混合砂浆;承重墙下基础采用毛石基础,框架柱采用混凝土柱下独立基础;楼板采用预制 LG404 预应力楼板;教学楼设两道板式楼梯,混凝土设计强度等级为 C20,平台梁采用现浇混凝土,混凝土设计强度等级为 C20。

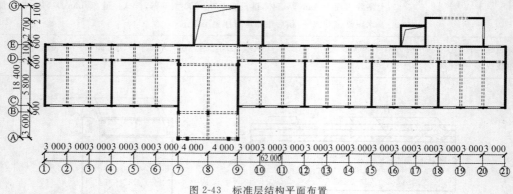

图 2-43 标准层结构平面布置

2.8.2 检测内容

根据工程概况及甲方委托,检测内容如下:

(1)损伤调查 调查结构在使用过程中出现的各种裂缝、变形、沉降状况。

(2)荷载调查及结构形式确认 设计荷载、使用荷载、荷载传递路线、结构形式。

(3)几何尺寸检测 测量平面轴线位置、主要受力构件截面尺寸。

(4)材料强度检测 砌块强度、砂浆强度、混凝土强度、钢筋强度、配置及保护层厚度。

(5)对结构安全现状分析评定 根据结构中各种承载构件的实测尺寸、实测强度、损伤状况,按照国家相关规范对结构安全性进行分析评定。

2.8.3 损伤调查结果

经检测,教学楼在使用过程中主要损伤状况如下:

1 层板接缝处(C-D)/1-4 处有渗水(图 2-44)。

4 层(1-2)/C 外墙窗上角至墙角出现斜裂缝(图 2-45)。

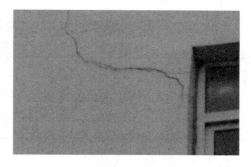

图 2-44 (C-D)/1-4 处板缝   图 2-45 (1-2)/C 外墙窗上角至墙角出现斜裂缝

采用 DS$_3$ 型微倾水准仪检测主体相对不均匀沉降,测点和站点布置如图 2-46 所示,图中字母 A、B、C、D、E、F 分别表示水准仪的 6 个观测点,数字代表建筑主体的被观测点,主体相对不均匀沉降检测结果如图 2-47 所示,以 51 点作为坐标原点,图中纵坐标 Z 代表建筑相对于 17 点的不均匀沉降量,虚线为各检测点的相对沉降量(单位为 mm),X、Y 坐标分别代表建筑主体的纵向和横向。

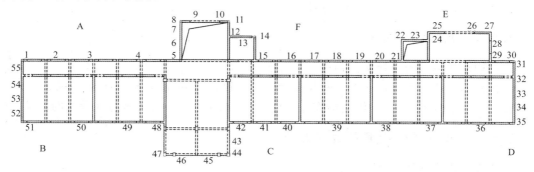

图 2-46 测点和站点布置

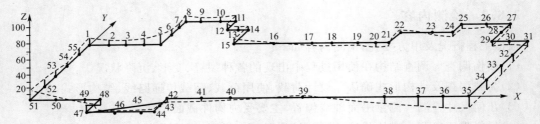

图 2-47　主体相对不均匀沉降量

根据损伤检测数据可知：结构裂缝主要存在于在内、外墙体窗角，门角处，梁、板相交处，预制板块之间。其中墙体裂缝主要以 45°斜裂缝为主，裂缝宽度总体位于 0.3～1.5 mm，梁、板相交处裂缝及预制楼板之间的裂缝以水平裂缝为主，宽度位于 1～3 mm。

通过现场实测主体相对不均匀沉降量可以看出，建筑主要是南侧、东侧发生不均匀沉降，其中南侧沉降量较小，东侧沉降量较大，但由于相邻监测点沉降趋于均匀，沉降差较小，各测点倾斜量均未超出现行《民用建筑可靠性鉴定标准》[12]的规定限值。

2.8.4　荷载调查

查阅《建筑结构荷载规范》[13]，将该建筑物的荷载(标准值)列于表 2-17。

表 2-17　　　　　　　　　　　　荷载调查统计　　　　　　　　　　　　　　kN/m²

荷载	恒载		2.0
	活荷载	楼面	2.5
		屋面	0.5(不上人屋面)
		其他	3.5(走廊、楼梯间)

2.8.5　结构形式确认

该教学楼总建筑面积为 3 227.2 m²，砖混结构。结构主要特征如下：

1.结构(1—7)/(A—E)和(9—21)/(A—E)轴线范围内(教室内)，由墙体及 L—1 作为主要承重构件。

2.在(7—9)/(A—G)轴线范围内(楼内大厅处及主楼梯处)，由框架柱 Z—1、Z—3、KJL 及墙体作为主要承重构件。

3.结构总长为 62 m，未设置结构缝。

2.8.6　几何尺寸检测

1.结构轴线位置与设计文件相符。

2.结构的主要承重构件构造尺寸与设计文件一致，平面布置情况与原图纸一致。

3.构造柱设置不满足《砌体结构设计规范》[3]10.2.4 第一款有关构造柱设置的要求。

2.8.7　材料强度检测及数据处理

1.黏土砖强度检测

对该教学楼砌筑砖进行了抽样检测，检验方法严格按照《砌墙砖试验方法》[14]执行，检测结果列于表 2-18 中。

表 2-18　　　　　　　　烧结普通黏土砖抗压强度检测结果

编号	长度/mm	宽度/mm	面积/mm²	荷载/N	抗压强度/MPa
1	111	106	11 766	112 953.6	9.6
2	109	106	11 554	176 776.2	15.3
3	114	107	12 198	129 298.8	10.6
4	113	108	12 204	113 497.2	9.3
5	117	107	12 519	191 540.7	15.3
平均值	113	107	12 048	144 813.3	12.0

注：该标准砖的平均抗压强度为 12.0 MPa，其中最小值为 9.3 MPa，强度评定等级为 MU10。

以上标准砖强度检测结果用平均值-最小值法评定[14]。

2. 砂浆强度检测

本建筑结构设计中砂浆强度为 M5.0 混合砂浆，根据回弹法对砌筑砂浆进行强度检测，评定结果见表 2-19。

表 2-19　　　　　　砌筑砂浆强度检测评定结果　　　　　　　MPa

楼层	一层	二层	三层	四层	五层
砂浆强度推定	1.2	1.6	0.53	0.67	0.3

砂浆强度检测结果：该建筑砌体砂浆抗压强度不满足设计要求，不满足《建筑抗震鉴定标准》[6]5.3.4 条第一款有关砌体砂浆强度的要求。

3. 混凝土强度检测

检测结构为砖砌体混合结构，混凝土设计强度为 C20。对结构混凝土强度分别根据现场回弹检测[15]、混凝土碳化深度检测、现场混凝土取芯检测[16]对混凝土强度回弹值进行修正，混凝土强度回弹检测结果见表 2-20。

表 2-20　　　　　　　混凝土强度回弹检测结果　　　　　　　MPa

楼层	现龄期混凝土强度推定值	
	梁	柱
一层	30.52	34.25
二层	29.52	27.2
三层	22.47	26.2
四层	22.98	30.95
五层	28.24	20.12

现场随机抽取 10% 混凝土构件，采用酚酞试剂对混凝土碳化深度进行抽样检测，混凝土碳化严重，深度超过 6 mm。

采用取芯法对该工程柱取芯抽样检测混凝土抗压强度，经现场抽样检测，柱混凝土芯样抗压强度检测结果见表 2-21。芯样取样过程中出现切割破碎。芯样检测混凝土抗压强度平均值与回弹法检测的混凝土抗压强度基本一致。

表 2-21 混凝土柱芯样抗压强度检测结果 MPa

类型	强度换算值
一层	26.0
二层	24.8
三层	27.0
四层	27.6
五层	22.3

根据混凝土强度回弹检测及混凝土取芯法强度检测数据,依据《混凝土强度检验评定标准》[17]进行强度评定:混凝土现龄期强度达到设计强度 C20。

4.钢筋位置、直径、间距、保护层厚度检测

现场对结构框架部分主要受力构件进行抽查,抽查内容包括箍筋间距、直径;纵筋数量、间距、直径及保护层厚度;检测结果见表 2-22。

表 2-22 主要受力构件钢筋配置情况检测结果

构件属性	检测位置	箍筋	主筋	检测方法
梁跨中	一层 5~(C−D)	箍筋间距偏差为 0.8~3.7 cm;箍筋直径 $\phi8$ 或 $\phi6$ 与设计文件一致;保护层厚度为 0.9~3.3 cm;箍筋加密区符合设计文件要求	间距偏差为 0.4~2.0 cm;主筋数量、直径与设计文件一致;保护层厚度为 2.0~3.5 cm;钢筋无锈蚀	采用 KON-RBL(D)型钢筋位置测定仪检测;采用破除保护层的方法进行抽样复核
	一层 14~(C−D)			
	二层 2~(C−D)			
	二层 17~(C−D)			
	三层 14~(C−D)			
	三层 20~(C−D)			
	四层 5~(C−D)			
	四层 13~(C−D)			
	五层 19~(C−D)			
构造柱	一层 4−E 轴			
	二层 13−E 轴			
	三层 15−E 轴			
	四层 18−E 轴			
	五层 15−E 轴			
框架柱	一层 1/C−7 轴			
	一层 1/C−9 轴			

2.8.8 建模计算

1.结构计算参数

根据结构中主要受力构件的实际数量、截面尺寸、实际材料强度按照国家现行规范进行计算机分析,其参数见表 2-23。

表 2-23　　　　　　　　　　　　　　　　结构计算参数

项目名称	结构计算参数取值			
总体信息	上部结构类型	砌体结构	基础形式	墙下条形基础
	建筑物安全等级	二级	建筑抗震设防类别	乙类
	地震设防烈度	7 度	设计地震分组	第二组
	基本风压	0.4 kN/m²	地面表面粗糙度	C
	结构抗震等级	/	场地土类别	Ⅱ 类
荷载	恒载		2.0 kN/m²	
	活荷载	楼面	2.5 kN/m²	
		屋面	不上人屋面取 0.5 kN/m²	
		其他	走廊 3.5 kN/m²，楼梯间 3.5 kN/m²	
混凝土强度取值	二～顶层梁		C20	
砂浆强度取值	一层墙		1.2 MPa	
	二层墙		1.6 MPa	
	三层墙		0.53 MPa	
	四层墙		0.67 MPa	
	五层墙		0.3 MPa	
砌体材料取值	一～五层		MU10	
构件尺寸取值	墙、梁、板均按设计值取			
钢筋强度取值	HPB235 级钢筋	210 N/mm²	HRB335 级钢筋	300 N/mm²
结构计算软件	中国建筑科学研究院开发的 PKPM 系列软件			

注：①构件材料实测强度满足设计要求时按设计值取。

②框架梁实测值低于设计值的构件采用实测值。

③为了提高该楼抗震能力，鉴定时根据现行《建筑工程抗震设防分类标准》(GB 50223－2008)，该楼的抗震设防
类别采用乙类，即应按本地区抗震设防烈度确定其地震作用，且应按高于本地区抗震设防烈度 1 度即 8 度的要
求加强其抗震措施。

根据以上参数用 PKPM 对承重墙体承载力验算、墙体抗震计算、墙体抗压计算。

2.承重墙承载力验算

由于横墙受力较外纵墙有利，经验算也满足要求，故仅对 C 轴纵墙说明具体计算步骤。

(1)荷载统计(表 2-24)

表 2-24　　　　　　　　　　　　　　　　荷载统计

荷载类型		荷载标准值
屋面荷载	恒载标准值	$g_{1k}＝2.0$ kN/m²
	活荷载标准值(非上人屋面)	$q_{1k}＝0.5$ kN/m²
楼面荷载	恒载标准值	$g_{2k}＝2.0$ kN/m²
	活荷载标准值(教学楼)	$q_{2k}＝2.5$ kN/m²

续表

荷载类型		荷载标准值
梁自重	标准值(梁截面尺寸为 200 mm×500 mm)	$0.2 \times 0.5 \times 25 = 2.5$ kN/m
墙体与门窗	240 mm 墙体、双面粉刷	$0.24 \times 18 + 0.35 \times 2 = 5.02$ kN/m²
	木框玻璃窗	0.3 kN/m²

(2)静力计算方案及高厚比验算(表 2-25)

表 2-25   **静力计算方案及高厚比验算**

静力计算方案		高厚比验算						
s	$H_0 = 1.0H$	b_s/mm	S/mm	$\mu_2 = 1 - 0.4b_s/S$	μ_1	$\beta = H_0/h$	$\mu_1\mu_2[\beta]$	结论
9 m	3.3 m	1 200	3 000	$1 - 0.4 \times 1\,200/$ $3\,000 = 0.84$	1	$3.3/0.24 =$ 13.75	$1 \times 0.84 \times$ $24 = 20.16$	$\beta < \mu_1\mu_2[\beta]$

注:最大横墙间距 $s = 9$ m,由规范[3] 4.2.1 查得:$s < 32$ m,为刚性方案。各墙均为承重墙 $H = 3.3$ m,$s > 2H = 3.3 \times 2 = 6.6$ m;$H_0 = 1.0H = 3.3$ m;允许高厚比$[\beta] = 24$。

经上述验算可知,外墙高厚比满足要求。

内纵墙及横墙洞口尺寸小于外纵墙,其余条件与其相同,故内纵墙及横墙的高厚比满足要求,不需要再进行验算。根据《砌体结构设计规范》[3] 4.2.6 的规定及相关要求,可不考虑风荷载的影响。

(3)计算单元、控制截面的内力计算及验算

房屋梁、板布置,洞口大小及开间相同,且楼面活荷载相同,纵墙选择图 2-48 所示 C 轴斜线部分作为计算单元。

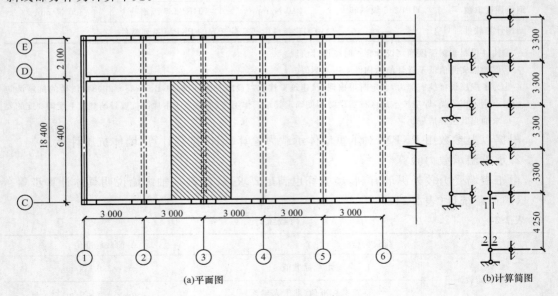

(a)平面图   (b)计算简图

图 2-48   计算单元平面图及计算简图

墙体截面相同、材料相同,可仅取底层墙体上部截面 1—1 及基础顶部截面 2—2 进行承载力验算。

活荷载折减按照《建筑结构荷载规范》[13] 5.1.2 的规定,对均布活荷载标准值为 2.5 kN/m² 的教室、食堂、餐厅、一般资料档案室等建筑在设计墙、柱和基础时,楼层活荷载

应乘以折减系数,见表 2-26。

表 2-26 活荷载按楼层数的折减系数

墙、柱、基础计算截面以上的层数	1	2~3	4~5	6~8	9~20	>20
计算截面以上各楼层活荷载总和的折减系数	1.00	0.85	0.70	0.65	0.60	0.55

按表 2-26 的规定,可取折减系数 0.7 进行底层墙体验算。

计算单元上的荷载取值见表 2-27。

表 2-27 计算单元上的荷载取值

荷载类型		荷载标准值
屋面传来 (考虑挑檐 500 mm)	恒载标准值	$2.0 \times 3.0 \times (3.2+0.5) + 2.5 \times 3.2 = 30.2$ kN
	活荷载标准值	$0.5 \times 3.0 \times (3.2+0.5) = 5.55$ kN
各楼面传来 (受荷范围 $3 \times 3.2 = 9.6$ m²)	恒载标准值	$2.0 \times 9.6 + 2.5 \times 3.2 = 27.2$ kN
	活荷载标准值	$2.5 \times 9.6 \times 0.7 = 16.8$ kN
二层以上每层墙体自重及窗重标准值		$(3 \times 3.3 - 2 \times 1.2) \times 5.02 + 2 \times 1.2 \times 0.3 = 38.37$ kN
楼面至梁底的一段墙		$3 \times (0.5+0.15) \times 5.02 = 9.79$ kN

①1—1 截面验算(图 2-49)

屋面、五层、四层及三层楼面及墙体传下的内力设计值 N_u 由《建筑结构荷载规范》[13] 确定:

$N_u = 1.2 \times$ 恒载 $+ 1.4 \times$ 活荷载

$= 1.2 \times (30.2 + 3 \times 27.2 + 4 \times 38.37 + 9.79) + 1.4 \times (5.55 + 16.8 \times 3) = 408.41$ kN

梁端传来:$N_1 = 1.2 \times$ 恒载 $+ 1.4 \times$ 活荷载 $= 1.2 \times 27.2 + 1.4 \times 16.8 = 56.16$ kN

受压承载力验算见表 2-28。

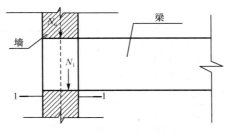

图 2-49 1—1 截面荷载

表 2-28 受压承载力验算表

$a_0 = 10\sqrt{\dfrac{h_c}{f}}$ /mm	$e = \dfrac{M}{N}$ /mm	$\dfrac{e}{h}$	$N = N_u + N_1$/kN	$\varphi A f$/kN
$10\sqrt{\dfrac{500}{1.5}} = 182$	$\dfrac{56.16 \times (120-72.8)}{408.41+56.16} = 5.70$	$5.70/240 = 0.024$	$408.41+56.16 = 464.57$	$0.73 \times 0.432 \times 10^6 \times 1.5 = 473.04$

注:$0.4a_0 = 0.4 \times 182 = 72.8$ mm;由《砌体结构设计规范》(GB 50003—2011)[3] 附录 D 查得影响系数 $\varphi = 0.73$;$A = 0.24 \times 1.8 = 0.432$ m² > 0.3 m²。

由表 2-28 可知,$N < \varphi A f$,故 1—1 截面受压承载力满足要求。

②2—2 截面验算

因底层窗及其以下墙体自重直接传至窗下基础,故

$N = 464.57 + 1.2 \times 5.02 \times 1.8 \times (4.25-0.65) = 503.61$ kN

受压承载力验算

$e=0$，查表可得，$\varphi=0.78$，故

$\varphi A f=0.78\times0.432\times10^6\times1.5\times10^{-3}=505.4\ \text{kN}>N=503.61\ \text{kN}$

满足要求。

3. 梁承载力验算

梁承载力验算结果表明：一层 19/C—D 梁、四层 5/C—D 梁、五层 10/C—D 梁不满足承载力要求，三层 14/C—D 梁、四层 13/C—D 梁、四层 19/C—D 梁、五层 15/E 构造柱不满足《混凝土结构设计规范》[18]4.1.2 条规定。

限于篇幅，取该工程其中一个净跨为 $l_n=1.2\ \text{m}$ 过梁验算其承载能力。

（1）荷载统计

均布恒载标准值为 7.0 kN/m，均布活荷载标准值为 4.0 kN/m。

（2）内力计算

$h_w=0.5\ \text{m}<l_n=1.2\ \text{m}$，故必须考虑梁、板荷载，经现场测量得梁的高度为 508 mm，为计算方便，取过梁计算高度为 500 mm。

过梁自重标准值（计入两面抹灰）为 $0.5\times(0.24\times19+2\times0.02\times17)=2.62\ \text{kN/m}$

按永久荷载效应控制时，由《建筑结构荷载规范》[13] 可知，作用在过梁上的均布荷载设计值为

$q=1.35\times\text{恒载}+1.4\times\text{活荷载}$

$=1.35\times(7.0+2.62)+1.4\times0.7\times4.0=16.91\ \text{kN/m}$

梁承载力验算流程见表 2-29。

表 2-29　　　　　　　　　　　　　梁承载力验算流程

$M=ql_{n2}/8/(\text{kN}\cdot\text{m})$	$V=ql_n/2/\text{kN}$	$M_u=0.85f_yA_sh_0/(\text{kN}\cdot\text{m})$	$V_u=f_vbz/\text{kN}$	结论
$16.91\times1.2^2/8=3.04$	$16.91\times1.2/2=10.15$	$0.85\times210\times57\times460\times10^{-6}=4.68$	$0.19\times240\times333\times10^{-3}=15.18$	$M_u>M,V_u>V$

注：$h_0=500-40=460\ \text{mm}$；经钢筋取样、试验可得钢筋的屈服强度为 216 MPa，计算时取 $f_y=210\ \text{MPa}$，$A_s=57\ \text{mm}^2$；根据现场实测得到的砌块强度和砂浆强度可查得 $f_v=0.19\ \text{MPa}$[3]；$z=2h/3=2\times500/3=333\ \text{mm}$。

可见，$M_u>M$、$V_u>V$，梁承载力满足要求。

4. 结构单元安全性评定结果

该结构单元安全性评定结果见表 2-30。

表 2-30　　　　　　　　　　　　结构单元安全性评定结果

鉴定子单元及内容			评定结果简述	子项评定等级	子单元评定等级	整体单元评定等级
结构整体安全性		地基基础	上部结构倾斜测量值在规范允许范围内；周围散水无裂缝且与主体结构无脱开或错位现象，建筑物门窗部位无变形，上部结构及填充墙体未发现因地基基础沉降引起的裂缝或变形，表明地基基础没有出现明显的不均匀沉降的迹象，地基基础工作正常	A_u		整体结构安全性等级评定为 D_{su}
	上部承重结构	构件	该建筑一~五层部分承重墙、梁不满足现有荷载作用下承载力要求	D_u	D_u	
		结构体系及构造措施	结构平面布置不规则，传力途径明确，部分构造柱设置不合理	C_u		
		结构侧向位移	结构侧向位移满足规范要求	A_u		

2.8.9　结构评判

结构单元安全性评定结果表明：该楼地基基础单元、上部承重结构单元、围护结构单元的安全性等级分别为 A_u 级、D_u 级，整体结构的安全性等级因此评定为 D_{su} 级，即"安全性严重不符合《民用建筑可靠性鉴定标准》[12]对 A_{su} 级的要求，显著影响整体承载，必须立即采取措施"。

根据《民用建筑可靠性鉴定标准》[12]10.0.2 条第 3 项处理建议："对于评定为 Csu—Dr、Dsu—Dr 和 Cu—Dr'、Du—Dr' 的鉴定单元和子单元（或其中某种构件），宜考虑拆建或者重建。"

2.9　工程实例 4　砌体结构抗震性能检测鉴定

2.9.1　工程概况

某教学楼于 1996 年开工建设，1997 年 3 月竣工，建筑面积约为 3 500 m^2。该房屋东立面、北立面如图 2-50、图 2-51 所示。该教学楼建筑主体结构形式为混合结构，框架 KJ-1 和 KJ-3 混凝土设计强度等级为 C30，框架 KJ-2 混凝土设计强度等级为 C25，其余混凝土设计强度等级为 C20，承重墙体采用普通烧结黏土砖 MU7.5，除后外墙为 370 墙外，其余均为 240 墙，砌筑砂浆采用 M5.0 混合砂浆；承重墙下基础采用毛石基础，框架采用混凝土柱下独立基础；除一、二、三层为现浇混凝土楼板外，其余楼板均采用预制空心板；教学楼设三道板式楼梯，混凝土设计强度等级为 C20，楼梯梁采用现浇混凝土浇筑，混凝土设计强度等级为 C25。

图 2-50　东立面

图 2-51　北立面

由于在墙体出现窗角斜裂缝，女儿墙与结构交接处出现水平裂缝，故此进行结构鉴定，以确保房屋的安全使用。

2.9.2　主体相对不均匀沉降量检测

采用全站仪检测主体相对不均匀沉降量，测点和站点布置如图 2-52 所示，图中字母 A、

B、C、D、E、F 分别表示 6 个水准观测点,数字代表建筑主体的被观测点,主体相对不均匀沉降量检测结果如图 2-53 所示,以 17 点作为坐标原点,图中纵坐标 Z 代表建筑相对于 17 点的不均匀沉降量,虚线为各检测点的相对沉降量(单位为 mm),X、Y 坐标分别代表建筑主体的纵向和横向。

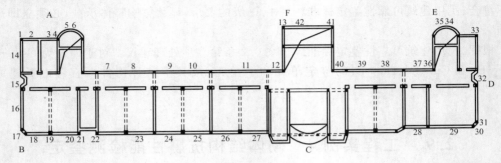

图 2-52 测点和站点布置

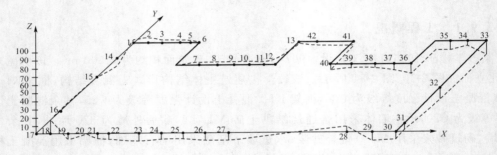

图 2-53 主体相对不均匀沉降量

通过现场实测主体相对不均匀沉降量可以看出,建筑主要是南侧、东侧发生不均匀沉降,其中南侧沉降较小,东侧沉降较大,但由于相邻监测点沉降量趋于均匀,沉降量差较小,故可以排除不均匀沉降对建筑的不利影响。

2.9.3 基础形式确认

该房屋结构的地基承载力标准值为 $f_k = 180$ kPa,承重墙下基础采用毛石基础,框架采用混凝土柱下独立基础。为了防止过度开挖基础对房屋结构造成不利影响,本次仅抽检承重墙体下毛石基础 2/A′ 以及框架 KJ-2 的(1/8)/A′ 基础,基础设计信息见表 2-31,现场进行开挖,开挖后基础如图 2-54 所示。

表 2-31 基础设计信息

基础类型	高度/mm	宽度/mm	台阶数	配筋	混凝土强度等级	
					设计	实测
Ⅷ(毛石基础)	2 850	1 340	三阶	无		
Z₂J₂(混凝土基础)	2 850	3 000	三阶	$\phi12@120$	C20	14.1 MPa

开挖后检测地基基础现状,未发现基础、基础梁有明显裂缝,经现场实测,毛石基础尺寸满足设计要求,KJ-2(1/8)/A′ 基础不满足设计要求,实测基础尺寸和设计尺寸相差悬殊。

(a) 2/A′毛石基础　　　　　　　　　　　　　(b) (1/8)/A′混凝土基础

图 2-54　开挖后基础

2.9.4　结构轴线尺寸校核及损伤普查

1.经现场勘察测量,教学楼纵、横向轴线尺寸基本满足设计要求。

2.教学楼建筑主体墙体出现窗角斜裂缝,女儿墙与结构层交接处出现水平裂缝,如图 2-55、图 2-56 所示。

图 2-55　女儿墙水平裂缝　　　　　　　　图 2-56　窗角斜裂缝

3.圈梁下砖墙出现裂缝,圈梁已用碳纤维加固,圈梁两侧粘贴碳纤维布,梁底未粘贴碳纤维布,碳纤维加固梁如图 2-67 所示。

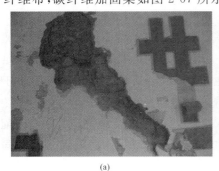 

(a)　　　　　　　　　　　　　　　　　　(b)

图 2-57　碳纤维加固梁

4.未发现混凝土构件及其节点局部剥落,未发现钢筋露筋现象。

2.9.5　构造部分检测

对现有建筑结构构造进行普查,普查内容及结果见表 2-32～表 2-34。

表 2-32 砌体结构基本信息

楼层	层高/mm	宽度/mm	墙厚/mm	承重横墙间距/mm	平面局部突出部分长度	层高1/2处门窗洞口所占的水平截面面积比例	
						纵墙	横墙
一层	3 600	9 000	240	9 300	6 500	53.6%	6.1%
二层	3 600	9 000	240	9 300	6 500	53.1%	6.1%
三层	3 600	9 000	240	9 300	6 500	53.1%	6.1%
四层	3 600	9 000	240	9 300	6 500	53.1%	6.1%
五层	3 600	16 000	240	9 500	6 500	63.2%	100%

表 2-33 圈梁、构造柱

位置	圈梁构造柱	截面尺寸/mm		配筋/mm			
				纵筋		箍筋	
		设计	实测	设计	实测	设计	实测
一层	(1/3)~4/A′	240×250	240×250	4 Φ 12	4 Φ 12	Φ 6@200	Φ 6@200
	1/A′~B	240×250	240×250	2 Φ12	2 Φ12	Φ 6@200	Φ 6@200
二层	10~11/(1/A′)	240×400	240×400	4 Φ 20	4 Φ 20	Φ 6@200	Φ 6@200
	10~11/B	240×400	240×400	4 Φ 16	4 Φ 16	Φ 6@200	Φ 6@200
四层	9/A~B	240×250	240×250	4 Φ 12	4 Φ 12	Φ 6@200	Φ 6@200
	(1/1)/C~D	240×250	240×250	4 Φ 12	4 Φ 12	Φ 6@200	Φ 6@200

表 2-34 纵、横墙,楼盖,屋盖的连接

位置	轴线位置	纵、横墙连接形式	楼盖、屋盖(空心板)支承长度/mm	
			墙上	梁上
二层	(1/8)/A′~B	马牙槎和混凝土构造柱	100	90
	10~(1/10)/(1/A′)~B	马牙槎和混凝土构造柱	60	
三层	(1/5)/A′~B	马牙槎和混凝土构造柱	100	90
	10~(1/10)/(1/A′)~B	马牙槎和混凝土构造柱	60	

经综合分析,满足《建筑抗震鉴定标准》5.2.1.1"房屋的高度与宽度(对外廊房屋,此宽度不包括其走廊宽度)之比不宜大于 2.2 且高度不大于底层平面的最长尺寸"的规定;满足《建筑抗震鉴定标准》5.2.1.2"当屋盖为装配式混凝土屋盖时,实心砖墙的墙体厚度不小于 240 mm,抗震设防烈度为 6 度时,抗震横墙最大间距不超过 11 m"的规定。

经现场检测,圈梁、构造柱截面特性满足设计要求,并满足《建筑抗震鉴定标准》5.2.3.3"装配式混凝土楼、屋盖(或木屋盖)的砖房的圈梁高度不应小于 120 mm,圈梁位置与楼、屋盖宜在同一标高或紧靠板底"的规定。

经现场检测,可以得出如下结论:

1.纵、横墙体连接满足《建筑抗震鉴定标准》5.2.3.1"纵横墙交接处应咬槎较好"的规定;当为马牙槎砌筑或有钢筋混凝土构造柱时;沿墙高每 10 皮砖(中型砌块每道水平灰缝)应有 2 Φ6 拉接钢筋。

2.横向楼板搭接长度不满足《建筑抗震鉴定标准》5.2.3.2"当楼盖为混凝土预制板时,混凝土预制板最小支撑长度墙上不应小于 100 mm,梁上不应小于 80 mm"的规定。

3.纵向楼板搭接长度满足《建筑抗震鉴定标准》5.2.3.2"混凝土预制板最小支承长度墙上不应小于 100 mm,梁上不应小于 80 mm"的规定。

2.9.6　混凝土框架箍筋检测

现场对结构框架部分进行抽查,根据检测结果可知:箍筋间距满足《混凝土结构设计规范》7.3.3"箍筋间距不应大于 400 mm,且不应大于构件截面短边尺寸"的规定,且符合《建筑抗震鉴定标准》6.2.3.2"在柱的上、下端,柱净高各 1/6 的范围内,箍筋直径不应小于 6,间距不应大于 200 mm"的规定。

箍筋配置现场检测情况如图 2-58 所示。

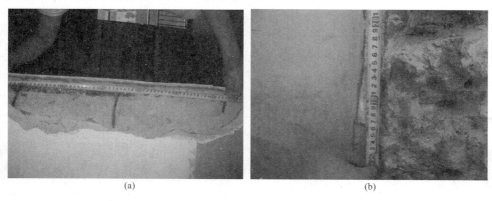

(a)   (b)

图 2-58　构件箍筋配置

2.9.7　混凝土碳化检测

现场随机抽取 10% 混凝土构件,采用酚酞试剂对混凝土碳化深度进行抽样检测(图 2-59),可知混凝土的碳化严重,深度超过 6 mm。

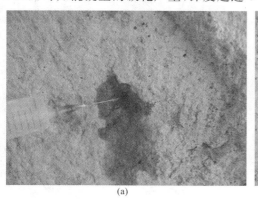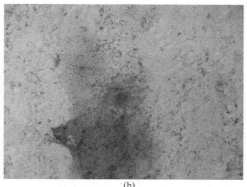

(a)   (b)

图 2-59　碳化深度抽检

2.9.8 混凝土保护层厚度检测及钢筋锈蚀检测

现场随机抽取混凝土构件,凿除混凝土构件保护层至露出纵筋,检测混凝土构件保护层厚度及钢筋锈蚀情况。现场抽样检测混凝土构件保护层结果见表 2-35,所检测构件保护层厚度[除四层(1/7)/C 柱,保护层厚度约为 10 mm]均满足规范要求。部分抽样构件保护层厚度检测如图 2-60、图 2-61 所示,钢筋锈蚀情况如图 2-62、图 2-63 所示。

表 2-35　　　　　　　　　　抽样检测混凝土构件保护层

构件位置	构件类型	实测保护层厚度/mm	钢筋有无锈蚀
一层(4/7)/C	柱	45	锈蚀
二层(1/3)/B	柱	两侧面 40、10	锈蚀
二层(1/8)/A′	柱	44	锈蚀
二层(1/7)/C	柱	42	严重锈蚀
二层(4/7)/C	柱	44	锈蚀
三层(1/7)~(4/7)/C	梁	梁底 10、梁侧 30	锈蚀
三层(4/7)/C	柱	53	严重锈蚀
四层(1/5)/B	柱	44	锈蚀
四层(1/7)/C	柱	10	严重锈蚀

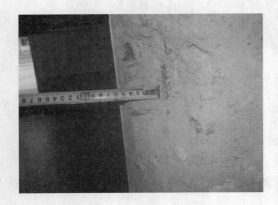

图 2-60　一层(4/7)/C 柱侧面

图 2-61　二层(1/8)/A′柱侧面

图 2-62　四层(1/7)/C 柱

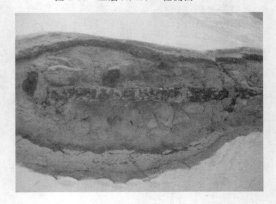

图 2-63　三层(1/7)/C 柱

2.9.9 混凝土强度检测

用回弹法对该工程梁、柱构件混凝土抗压强度进行检测,由检测结果可知:

1.圈梁、构造柱混凝土抗压强度推定值<C10 级,未达到设计强度 C20 级。

2.框架柱混凝土抗压强度推定值<C10 级,框架梁混凝土抗压强度推定值<C15 级,KJ-1、KJ-3 未达到设计强度 C30 级,KJ-2 未达到设计强度 C25 级。

采用取芯法对该工程柱取芯抽样检测混凝土抗压强度,现场取芯如图 2-64 所示,芯样切割破碎如图 2-65 所示。芯样检测混凝土抗压强度平均值为 5.43 MPa,与回弹法检测的混凝土抗压强度基本吻合。

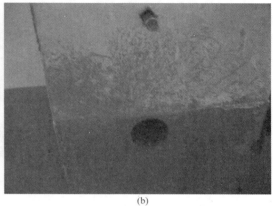

(a)　　　　　　　　　　　　　　　　　　(b)

图 2-64　现场取芯

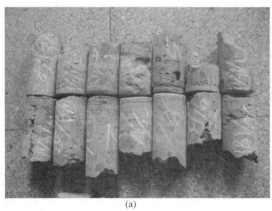

(a)　　　　　　　　　　　　　　　　　　(b)

图 2-65　芯样切割破碎

2.9.10 砌筑砂浆抗压强度检测

采用贯入法对该工程砌筑砂浆抗压强度进行检测,抽样检测砂浆强度位置如图 2-66 所示。该建筑砌体砂浆抗压强度平均值为 2.7 MPa,强度不满足设计要求,满足《建筑抗震鉴定标准》5.2.2.2"墙体的砌筑砂浆强度等级,6 度时或 7 度时三层及以下的砖砌体不应低于 M0.4,当 7 度时超过三层或 8、9 度时不宜低于 M1;砌块墙体不宜低于 M2.5"的规定。

(a)   (b)

图 2-66　抽样检测砌筑砂浆强度

2.9.11　承载力复核

1.根据现场实测材料强度,采用中国建筑科学院编制的 PKPM 软件进行计算:KJ-1 二层框架转换梁承载力不满足要求。

2.根据现场实测砂浆强度等级计算承重墙体高厚比,经计算墙体高厚比满足《砌体结构设计规范》第 6.1.1 条的规定。

3.根据现场实测砌体及砂浆抗压强度,经计算墙体承载力满足正常使用要求。

2.9.12　鉴定结论

1.经现场实测,毛石基础 2/A′尺寸满足设计要求,KJ-2(1/8)/A′基础不满足设计要求,实测基础尺寸和设计尺寸相差悬殊。

2.经现场抽样检测,大多数柱钢筋有锈蚀现象,混凝土级配较差,碳化严重,强度低于C10,不满足设计要求。同时不满足《混凝土结构设计规范》4.1.2“钢筋混凝土结构的混凝土强度等级不应低于 C15;当采用 HRB335 级钢筋时,混凝土强度等级不宜低于 C20”的规定。

3.楼层预制空心板的支承长度不满足《建筑抗震鉴定标准》中表 5-2.3-1“混凝土预制板在墙上的支承长度不应小于 100 mm,在梁上的支承长度不应小于 80 mm”的规定。

4.KJ-1、KJ-2、KJ-3 框架梁不满足现行《混凝土结构设计规范》10.2.19“当梁的腹板高度 $h_w \geqslant 450$ mm(对矩形截面,取有效高度)时,在梁的两个侧面应沿高度配置纵向构造钢筋,每侧纵向构造钢筋(不包括梁上、下部受力钢筋及架立钢筋)的截面面积不应小于腹板截面面积的 0.1%,且其间距不宜大于 200 mm”的规定。

5.教学楼建筑主体墙体出现窗角斜裂缝,外部窗角斜裂缝主要是结构温度变形不协调所致,内墙角斜裂缝经开凿后发现,砖墙无裂缝,裂缝两侧抹灰层材料分别为水泥砂浆和混合砂浆,由于两种砂浆收缩变形不协调导致其产生墙角斜裂缝。

6.女儿墙与结构层交接处水平裂缝主要是由以下两个原因造成的:

(1)顶层屋面保温层及防水层曾于 2005 年 8 月全部更换,使保温层温度发生变化,致使女儿墙与结构发生变形不协调。

（2）女儿墙在更换保温层的同时,曾拆除重建,新、旧建筑温度变形不协调,从而导致女儿墙与结构层交接处出现水平裂缝。

2.9.13 加固意见

鉴于该房屋结构问题较多,建议请原设计单位根据本鉴定报告重新计算,进行全面加固处理。

加固原则如下:

1. 混凝土基础不满足设计要求,且实测尺寸较设计尺寸相差悬殊,建议加大基础截面尺寸。

2. 横向楼板墙上搭接长度不足,建议采用叠合墙体的办法。

3. 框架柱抗压强度＜C10,与设计强度相差悬殊,建议采用加大截面尺寸的方法进行加固。

4. 框架 KJ-1、KJ-2、KJ-3 梁混凝土抗压强度推定值＜C15,建议采用碳纤维进行加固。

2.10 小 结

本章结合工程实例对砌体结构的检测鉴定与加固给予了介绍。其中前三个实例主要分析了砌体结构房屋因堆载过大、加层改造及地基不均匀沉降、火灾造成砌体结构损伤后的检测鉴定与加固。第四个实例按照检测流程详细介绍了砌体结构安全性鉴定。第五个实例按照检测流程详细介绍了砌体结构抗震性能鉴定与加固。

由于新规范的实施及旧规范的废除,20 世纪 80 年代至 90 年代建造的砌体结构房屋已经不能满足现行规范对于安全性的要求。随着社会的发展以及建筑使用时间的延长,人们对房屋进行改造,提出新的功能要求,导致在役砌体结构房屋已经出现不同程度的损伤,因此砌体结构工程检测的工作量将日趋增大,这需要我们熟练掌握砌体结构检测相关技术标准和理论知识。

但是,砌体结构的检测鉴定加固在我国仍处于发展阶段,需要在以下几个方面研究发展:

1. 继续研究发展砌体结构检测理论和技术,推广方便快捷、安全有效的检测技术,使结构检测高效无损。

2. 继续研究发展砌体结构相关鉴定标准,建立科学的评估指标体系,确保评估结果的准确性、可靠性和合理性。

3. 继续研究发展砌体结构加固设计方法(如纤维增强复合材料、FRP)及流程,将砌体结构加固设计从以构件计算为主扩展到整体结构设计,加固方案应在综合考虑工程结构检测鉴定结论后最终确定。

习题与思考题

1. 砌体结构检测的主要原因有哪些？

2. 砌体结构检测的内容有哪些？

3. 砌体结构现场检测砌筑砂浆强度的方法有哪些？

4. 根据《砌体工程现场检测技术标准》(GB/T 50315—2011)，详细说明砂浆回弹法按批抽样检测时检测单元、测区、测位、弹击点的布置要求。

5. 根据 JGJ/T136—2017《贯入法检测砌筑砂浆抗压强度技术规程》，详细说明贯入法检测砌筑砂浆强度的适用范围。

6. 某带壁柱墙房屋，横墙间距为 20 m，采用钢筋混凝土大型屋面板屋盖体系，屋盖下弦标高为 5.0 m，基础顶面标高为—0.45 m。承重带壁柱墙的尺寸如图 2-67 所示，已计算得截面面积 $A = 956\ 500\ mm^2$，截面惯性矩 $I = 9.644 \times 10^9\ mm^4$；采用 MU10 烧结普通砖和 M5 混合砂浆砌筑。试验算带壁柱纵墙高厚比是否满足要求。

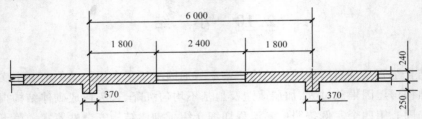

图 2-67　习题 7 图

7. 已知钢筋砖过梁净跨 $l_n = 1.5\,m$，用砖 MU10，混合砂浆 M5 砌筑。墙厚为 240 mm，双面抹灰，墙体自重为 5.24 kN/m²。钢筋采用 HRB335 级钢筋 3Φ6，过梁计算高度取 600 mm。在距窗口顶面 0.62 m 处作用楼板传来的荷载标准值 10.2 kN/m（其中活荷载为 3.2 kN/m）。试验算该过梁承载力是否满足要求。

参考文献

[1] 何建. 砌体结构房屋可靠性鉴定与加固方法及实例[D]. 重庆：重庆大学学报，2006：45—55.

[2] GB/T 50315—2011. 砌体工程现场检测技术标准[S]. 北京：中国建筑工业出版社，2011.

[3] GB 50003—2011. 砌体结构设计规范[S]. 北京：中国建筑工业出版社，2011.

[4] 袁海军，姜红. 建筑结构检测鉴定与加固手册[M]. 北京：中国建筑工业出版社，2003.

[5] 唐红元，廖妮. 某砌体结构教学楼裂缝原因分析及加固处理[J]. 西华大学学报自然科学版，2010，31(3)：109—112.

[6] GB 50023—2009. 建筑抗震鉴定标准[S]. 北京：中国建筑工业出版社，2009.

[7] GB 50007—2011. 建筑地基基础设计规范[S]. 北京：中国建筑工业出版社，2011.

[8] GB 50007－2011.建筑抗震设计规范(2016 年版)[S].北京:中国建筑工业出版社,2011.

[9] 苗吉军,朱琼琼,刘延春,等.某渔业车间火灾后检测鉴定及加固修复对策研究[J].工业建筑,2011,41(11):134－137.

[10] JGJ/T 136－2017.贯入法检测砌筑砂浆强度技术规程[S].北京:中国建筑工业出版社,2017.

[11] 09SG 432－2.预应力混凝土双 T 板[S].北京:中国建筑工业出版社,2011.

[12] GB 50292－2015.民用建筑可靠性鉴定标准[S].北京:中国建筑工业出版社,2015.

[13] GB 50009－2012.建筑结构荷载规范[S].北京:中国建筑工业出版社,2012.

[14] GB/T 2542－2012.砌墙砖试验方法[S].北京:中国建筑工业出版社,2012.

[15] JGJ/T 23－2011.回弹法检测混凝土抗压强度技术规程[S].北京:中国建筑工业出版社,2011.

[16] JGJ/T 384－2016.钻芯法检测混凝土强度技术规程[S].北京:中国建筑工业出版社,2016.

[17] GB/T 50107－2010.混凝土强度检验评定标准[S].北京:中国建筑工业出版社,2010.

[18] GB 50010－2010.混凝土结构设计规范(2015 年版)[S].北京:中国建筑工业出版社,2010.

第3章　混凝土结构工程检测鉴定与加固

学习目标

(1)了解混凝土结构工程进行检测鉴定及加固的原因。

(2)了解混凝土结构工程常见的事故及其原因,以及现行混凝土结构工程检测鉴定及加固的方法和流程。

(3)熟练掌握混凝土结构基本原理在工程结构出现事故时的应用以及国家相关规范、规程、标准的应用。

(4)了解目前混凝土结构工程加固的常见方法。

3.1　引　言

混凝土结构工程难免因勘察、设计、施工、使用等因素,或因火灾、地震和风涝等[1~4]自然灾害,或房屋超期服役致使结构出现强度、刚度和稳定性降低等问题,有的房屋地基基础沉降不一致,或墙体开裂,或构件混凝土强度不足,造成房屋倒塌等事故。因此,有必要对出现上述问题的混凝土结构承载力、使用功能、耐久性等进行检测鉴定,对于不满足设计文件或者国家相关规范、规程最低要求的工程结构要给出维修和加固意见,通过结构补强措施使其达到预期的功能要求。本文从混凝土结构损伤机理、检测项目及所需的规范、规程、既有建筑物加固的方法、混凝土结构的基本原理、工程实例分析等方面对混凝土结构工程检测鉴定与加固给予介绍。

3.2　混凝土结构的损伤机理

混凝土结构的损伤机理

混凝土结构的损伤主要由材料问题、结构问题、环境因素、施工因素等造成,包括强度损伤和耐久性损伤两个主要方面。本节将对引起混凝土结构损伤的各种因素分别阐述其损伤机理。

3.2.1　混凝土中钢筋的锈蚀

由于混凝土碱度差异、钢筋中的碳及其他合金元素的偏析、加工引起的钢材内部应力等[5]都会使钢筋各部位因电极不同而形成局部电池,因而在钢筋表面存在电位差,不同电位的区段之间形成阳极-阴极。一般情况下,混凝土在水化作用时,水泥中的氧化钙生成氢氧化钙,使混凝土孔隙中含有大量的 OH^-,形成碱性环境,钢筋在这样的碱性环境中表面会形成钝化膜,能阻止钢筋进一步锈蚀。一旦钢筋的钝化膜被破坏,在有水和氧气的条件下就会产生腐蚀电池反应,在阳极发生阳极反应,铁被溶解进入溶液($2Fe-4e^- \longrightarrow 2Fe^{2+}$);在阴极发生阴极反应($2H_2O+O_2+4e^- \longrightarrow 4OH^-$)。于是溶液中的 Fe^{2+} 和 OH^- 结合成氢氧化亚铁:$2Fe^{2+}+4OH^- \longrightarrow 2Fe(OH)_2$,氢氧化亚铁与水中的氧作用生成氢氧化铁。一旦钢筋表面上有氢氧化铁生成,它下面的铁就会成为阴极,更进一步促进锈蚀。随着时间的推移,一部分氢氧化铁进一步氧化,生成 $nFe_2O_3 \cdot mH_2O$(红锈),一部分氧化不完全的变成 $nFe_3O_4 \cdot mH_2O$(黑锈),在钢筋表面形成锈层,钢筋的锈蚀现象如图 3-1 所示。

红锈的体积可大到原来的 4 倍,黑锈的体积可大到原来的 2 倍,铁锈体积膨胀,对周围混凝土产生压力,使混凝土沿钢筋方向开裂,进而使保护层脱落,而裂缝和保护层的脱落又进一步导致钢筋更剧烈的腐蚀,腐蚀反应过程如图 3-2 所示。

图 3-1　钢筋的锈蚀现象

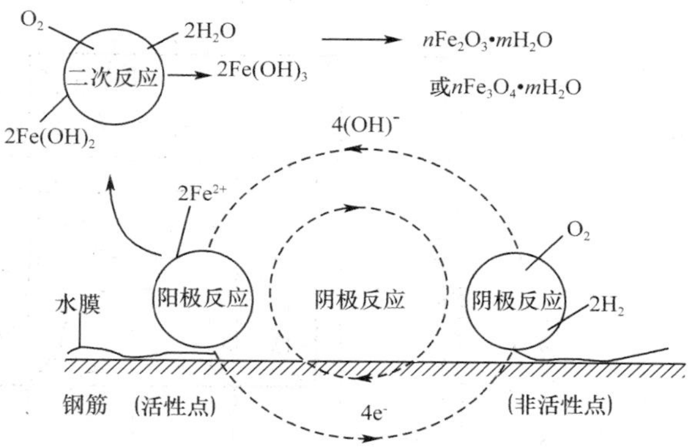

图 3-2　腐蚀反应过程

3.2.2　混凝土碳化

由于混凝土是一个多孔体,在其内部存在大小不同的毛细管、孔隙、气泡,甚至缺陷,空气中的二氧化碳首先渗透到混凝土内部充满空气的孔隙和毛细管中,而后溶解于毛细管中的液相,与水泥水化过程中产生的氢氧化钙和硅酸三钙、硅酸二钙等水化产物相互作用,形成碳酸钙。混凝土的碳化现象如图 3-3 所示。

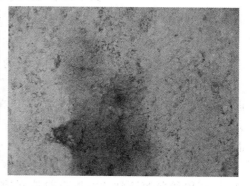

图 3-3　混凝土的碳化现象

混凝土碳化将降低混凝土的碱度,破坏钢筋表面的钝化膜,使混凝土失去对钢筋的保护作用,给混凝土中钢筋的锈蚀带来不利的影响,同时,混凝土碳化还会加剧混凝土的收缩,有可能导致混凝土的裂缝和结构的破坏。

3.2.3　海水腐蚀

混凝土在海水中的腐蚀主要是 $MgSO_4$、$MgCl_2$ 与水泥水化后析出的 $Ca(OH)_2$ 起作用的

结果,其反应式为

$$MgSO_4 + Ca(OH)_2 \longrightarrow CaSO_4 + Mg(OH)_2; MgCl_2 + Ca(OH)_2 \longrightarrow CaCl_2 + Mg(OH)_2$$

虽然海水中硫酸镁和氯化镁的浓度很低,但它们与 $Ca(OH)_2$ 作用析出的生成物 $CaSO_4$、$CaCl_2$ 都是易溶的物质,海水中高浓度的 $NaCl$ 还会增大它的溶解度,阻碍它们的快速结晶;同时,$NaCl$ 也会提高 $Ca(OH)_2$、$Mg(OH)_2$ 的溶解度,将它们浸出,使混凝土的孔隙率提高,结构被削弱。

3.2.4 混凝土冻融破坏

当寒冷地区混凝土温度降低时,混凝土毛细孔内的水会结冰,混凝土产生膨胀,随着温度升高冰逐渐融化,温度降低再次冰冻,产生进一步膨胀,这种冻融循环具有累积作用,最后可能使混凝土破坏。混凝土冻融破坏现象如图 3-4 所示。

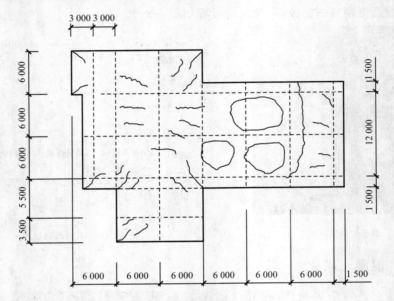

图 3-4 混凝土冻融破坏现象

水泥石冷却时,不仅会伸长,在一定冻结相下,试件还会产生收缩。因此,在某一负温下,连续伸长也不能说是完全由于水压的作用。在冻结的水泥石中,并不是水而是在冻结时一种收缩液体充满了水泥石的整个结构。这种现象的原因,归结于毛细管的作用。因为水泥石孔隙液的冰点与毛细管管径有关。在混凝土受冻时,最初时粗毛细管中的水受冻;另一方面,液相进入凝胶孔。由于水的蒸气压力比冰大,因此孔径中的水为大孔径中冰所覆盖的混凝土表面,发生热力学不平衡。

水泥石中的孔隙水,因水泥石的基体和环境条件、融冰盐的侵入而含有溶解物质。在冻结时,这种稀薄溶液到达共熔点时就开始析出冰结晶,残余溶液浓度同时也在上升。结冰时受孔隙大小的影响而产生浓度差。比较小孔隙中的溶液在初始浓度时没有冻结;而另一方面,大孔隙中的溶液很早就开始冻结。这样就引起小孔隙溶液向大孔隙流动。毛细管的效果,特别是使用融冰盐的时候,由于产生浓度差而受到了强化。小孔隙中未结冰的水向大孔隙渗透扩散时会产生压力,称为渗透压力。在渗透压力的作用下,如果大于混凝土的抗拉强度,混凝土就发生劣化破坏。

引起混凝土冻融破坏的主要原因是混凝土微孔隙中的水,在温度升降的交替作用下,形成冰胀压力和渗透压力联合作用的疲劳应力。在这种疲劳应力的作用下混凝土产生了由表及里的削蚀破坏,从而降低混凝土强度,影响建筑物安全使用。

3.2.5　混凝土裂缝

1.混凝土裂缝的种类

根据混凝土的组成材料和微观构造的不同以及所受外界影响的不同,混凝土产生的常见裂缝主要有以下几种:

(1)温度裂缝

一般发生在屋盖下及其附近位置,长条形建筑两端较严重,离热源近的位置。

(2)收缩裂缝

早期收缩裂缝出现在裸露表面,硬化后的收缩裂缝出现在建筑结构中部附近。

(3)荷载裂缝

荷载裂缝出现在应力最大位置附近,如图 3-5 所示。

(4)地基变形裂缝

建筑物下部,沉降曲线曲率较大处裂缝的产生原因如下:普通混凝土在硬化过程中,要产生由干缩而引起的体积变化,当这种体积变化受到约束时,有可能产生这种裂缝。收缩裂缝发生在混凝土浇筑后数小时,混凝土仍处于塑性状态的时刻。在初凝前因表面蒸发快,内部水分补充不上,出现表层混凝土干缩,生成网状

图 3-5　荷载裂缝

裂缝。混凝土结构突然遇到短期内大幅度的降温,如寒潮的袭击,会产生较大的内、外温差,引起较大的温度应力而使混凝土开裂。海下石油储罐、混凝土烟囱、核反应堆容器等承受高温的结构,也会因温差引起裂缝。

2.混凝土裂缝产生的原因

混凝土裂缝产生的原因多种多样,概括起来主要有以下几种:

(1)材料质量

水泥安定性不合格,砂石级配差、砂太细,砂石中含泥量太大,使用了反应性骨料或分化岩,不适当地掺用氯盐,不按规范要求设置钢筋。

(2)建筑和构造不良

平面布置不合理,结构构造措施不力,变形缝设置不当,构造钢筋不足。

(3)结构设计失误

受拉钢筋截面积太小或设计无抗裂要求,抗剪强度不足(混凝土强度不足或抗剪钢筋少),混凝土截面积太小,抗扭能力不足,抗冲切能力不足。

(4)地基变形

房屋一端沉降大,房屋两端沉降大于中间,地基局部沉降过大,地面荷载过大。

（5）施工工艺不当或质量差

混凝土配合比不良导致模板变形，浇筑顺序或浇筑方法不当，浇筑速度过快时，模板支撑沉陷，钢筋保护层太小或过大，养护差、早期收缩过大，早期受震或受冻，过早加载或施工超载，构件运输吊装工艺不当或滑模工艺不当，混凝土达不到设计强度等。

（6）温度影响

水泥水化热引起过大的温差，屋盖受热膨胀或降温收缩，高温作用，温度骤降。

（7）混凝土收缩

混凝土凝固后表面失水过快，硬化后收缩。

3.2.6 混凝土强度不足的常见原因分析

混凝土强度不足是一种常见的工程质量缺陷（图 3-6），有可能会造成严重的工程事故，混凝土强度不足的常见原因主要有以下几种：

1. 原材料质量差

原材料质量差主要表现在：

（1）水泥质量不良。

（2）砂石质量不良。

（3）拌和水质量不合格。

（4）外加剂质量差。

水泥实际活性低或安定性不合格，石子强度低，体积稳定性差，形状与表面状态不

图 3-6　混凝土强度不足

良，砂中有机杂质含量高。黏土、粉尘、三氧化硫、砂中云母含量高。拌制混凝土若使用有机杂质含量高的沼泽水、含有腐殖酸或其他酸盐的污水和工业废水，可能造成混凝土物理力学性能下降。

2. 混凝土配合比不当

混凝土配合比不当一般表现在如下几个方面：

（1）随意套用混凝土配合比。

（2）用水量加大。

（3）水泥用量不足。

（4）砂、石计量不准。

（5）外加剂用错。

（6）碱集料反应等。

混凝土配合比是决定强度的重要因素之一，其中水灰比的大小直接影响混凝土强度，其他如水用量、砂率也影响混凝土的各种性能，从而造成强度不足事故。

3. 混凝土施工工艺存在问题

混凝土施工工艺主要存在以下问题：

（1）混凝土拌制不佳。

（2）运输条件差。

（3）浇灌方法不当。

（4）模板严重漏浆。

（5）成型振捣不密实等。

4. 缺乏良好的养护

混凝土浇捣后逐渐凝结硬化，主要由于水泥水化作用，而水化作用则需要适当的温度和湿度条件，如果养护不当，会影响混凝土的强度。

5. 低温的影响

混凝土强度发展与水泥水化速度有关，而温度的降低会影响水泥水化速度，当温度低于0℃时，水泥水化基本停止，并且水结冰膨胀使混凝土强度降低。

6. 漏筋、缝隙夹层等其他原因

出现漏筋、缝隙夹层的主要原因如下：

（1）施工缝未经接缝处理、未清除混凝土表面的松动石子，未除去软弱混凝土层并充分湿润就灌筑混凝土。

（2）施工缝处锯屑、泥土、砖块等杂物未清除或未清除干净。

（3）混凝土浇灌高度过大，未设串筒、溜槽，造成混凝土离析。

（4）底层交接处未灌接缝砂浆层，接缝处混凝土未很好振捣。

3.3　混凝土结构检测的内容及依据

混凝土结构检测可分为原材料性能、混凝土保护层厚度、混凝土构件外观质量与缺陷、尺寸与偏差、变形与损伤、钢筋配置与锈蚀、后置埋件的力学性能检验等项工作，必要时，可进行结构构件性能的现场荷载试验或结构动力性能测试。

混凝土结构工程检测鉴定与加固所用的规范、规程、标准有很多，常用的列于表 3-1。

表 3-1　　　　　　　　　混凝土结构工程检测常用的标准、规范、规程

《混凝土结构设计规范》（2015 年版）	GB 50010—2010（2015 年版）	《建筑结构荷载规范》	GB 50009—2012
《建筑抗震设计规范》	GB 50011—2010（2016 年版）	《建筑结构检测技术标准》	GBT50344—2004
《建筑变形测量规范》	JGJ 8—2016	《混凝土结构试验方法标准》	GB/T 50152—2012
《既有建筑物结构检测与评定标准》	DG/TJ08—804—2005	《回弹法检测混凝土抗压强度技术规程》	JGJ T23—2011
《钻芯法检测混凝土强度技术规程》	JGJ/T 384—2016	《混凝土中钢筋检测技术规程》	JGJ/T 152—2008
《混凝土结构工程施工质量验收规范》	GB50204—2015	《碳纤维片材加固修复混凝土结构技术规程》	CECS146：2003(2007 年版)
《混凝土结构加固设计规范》	GB50367—2013	《建筑抗震加固技术规程》	JGJ 116—2009

混凝土结构构件的检
测项目及检测方法

3.4 混凝土结构构件的检测项目及检测方法

目前混凝土结构工程的检测项目及常见的检测方法主要有以下几种：

3.4.1 原材料性能

如工程中尚有与结构中同批、同等级的剩余原材料，则对这些原材料进行检测；如工程中没有与结构中同批、同等级的剩余原材料，则从结构中抽样检测，同一规格的钢筋抽检数量不少于一组。按常规方法检测原材料或采用表面硬度等无损检测方法检测钢筋强度。

3.4.2 混凝土强度不足

混凝土配合比不合理、振捣不密实、养护不到位、高强混凝土粉煤灰掺加过量、运输时间过长等都会导致混凝土强度不足。混凝土结构或构件的抗压强度检测，可采用回弹法[6]、超声回弹综合法[7]、后装拔出法或钻芯法[8]等方法；混凝土的抗拉强度，可采用对直径 100 mm 的芯样试件施加劈裂荷载或直拉荷载的方法检测。

3.4.3 混凝土构件的外观质量与缺陷

混凝土构件的外观质量与缺陷包括裂缝、蜂窝、麻面、孔洞、夹渣、露筋、疏松区和不同时间浇筑的混凝土结合面质量等项目。产生的原因有：混凝土配合比不当或材料计量不准；搅拌时间不够，未拌匀，和易性差，振捣不密实；下料高度太高造成混凝土离析；未分层下料，振捣不实、漏振或振捣时间不够；模板缝隙未堵严，水泥浆流失；钢筋较密，使用的石子粒径过大或坍落度过小等；模板表面粗糙或杂物未清理干净；浇筑混凝土时钢筋保护层垫块位移、太少或漏放，致使钢筋紧贴模板等。

对混凝土构件外观缺陷，可采用目测与尺量的方法，检测裂缝时需记录裂缝的位置、长度、宽度、深度、形态、数量，必要时绘制裂缝分布图；混凝土内部缺陷可采用超声法等无损检测法检测，必要时可钻取芯样予以验证；具体检测及评定方法可按规范[8~10]确定。

3.4.4 尺寸偏差

混凝土结构构件的尺寸偏差主要包括构件截面尺寸、标高、轴线尺寸、预埋件位置、构件垂直度、表面平整度等。产生的原因有：模板制作过程中尺寸控制较差；浇筑混凝土时出现"胀模"现象；放线误差过大，结构构件支模时因检查核对不细致造成的外形尺寸误差；施工过程中，模板、支撑被踩踏、松动，造成截面尺寸误差较大等。

现浇混凝土结构及预制构件的尺寸，应以设计图纸规定的尺寸为基准确定尺寸的偏差，尺寸的检测方法和尺寸偏差的允许值应按《混凝土结构工程施工质量验收规范》[9]确定。对于受到环境侵蚀[11]和灾害影响的构件，其截面尺寸应在损伤最严重部位量测，在检测报告中应提供量测的位置和必要的说明。

3.4.5　变形与损伤

混凝土结构或构件变形分为由于承载力或者刚度不足引起的挠度或转角过大、结构的倾斜和基础不均匀沉降等;混凝土结构损伤分为环境侵蚀损伤、灾害损伤、人为损伤、混凝土有害元素造成的损伤以及预应力锚夹具损伤等。

混凝土构件的挠度可采用激光测距仪、水准仪或拉线等方法检测;混凝土构件或结构的垂直度,可采用经纬仪、激光定位仪、三轴定位仪或吊锤的方法检测,并宜区分施工偏差造成的倾斜、变形造成的倾斜、灾害造成的倾斜等因素。

混凝土结构的基础不均匀沉降,可用水准仪检测。当需要确定基础沉降的发展情况时,应在混凝土结构上布置测点进行观测,观测操作应遵守《建筑变形测量规范》[10]的规定;混凝土结构的基础累计沉降差,可参照首层的基准线推算。

混凝土结构受到损伤时,可按下列规定进行检测:对环境侵蚀,应确定侵蚀源、侵蚀程度和侵蚀速度;对混凝土的冻伤,可按《建筑结构检测技术标准》[12]附录 A 的规定进行检测,并测定冻融损伤深度、面积;对火灾等造成的损伤,应确定灾害影响区域和受灾害影响的构件及程度;对于人为造成的损伤,应确定其损伤程度。

混凝土存在碱骨料反应隐患时,可从混凝土中取样,按《混凝土结构现场检测技术标准》[10]检测骨料的碱活性,按相关标准的规定检测混凝土中的碱含量。混凝土中性化(碳化或酸性物质的影响)的深度,可用浓度为 1‰ 的酚酞酒精溶液进行测定,将酚酞酒精溶液滴在新暴露的混凝土面上,以混凝土变色与未变色的交界处为混凝土中性化的界面。混凝土中氯离子的含量,可按《建筑结构检测技术标准》[12]附录 C 进行检测。对于未封闭在混凝土内的预应力锚夹具的损伤,可用卡尺、钢尺直接量测。

3.4.6　钢筋的配置与锈蚀

钢筋配置不合理分为钢筋位置、保护层厚度、直径、数量不合格等。产生的原因主要为设计、施工因素。对钢筋位置、保护层厚度和钢筋数量,宜采用非破损的雷达法或电磁感应法进行检测,必要时可凿开混凝土进行钢筋直径或保护层厚度的验证。钢筋的锈蚀情况可通过电位法检测或凿开混凝土进行观察。有相应检测要求时,可对钢筋的锚固与搭接、框架节点及柱加密区箍筋和框架柱与墙体的拉结筋进行检测。具体检测可参见《建筑结构检测技术标准》[12]附录 D。

3.5　既有混凝土结构加固

混凝土结构的主要加固方法有:粘贴碳纤维复合材料加固、化学灌浆加固、喷射混凝土加固、外包钢加固、粘贴钢板加固、预应力拉杆加固、预应力撑杆加固、水泥灌浆加固等。

3.5.1　混凝土结构加固的一般原则

1.进行加固设计的内容及范围应根据可靠性鉴定结论和委托方提出的要求确定。

2.对加固结构上的作用应进行实地调查,取值应符合规范要求。

3.混凝土结构加固设计应与施工方法紧密结合并应采取有效措施保证新浇筑混凝土与原结构之间的可靠协同工作。

4.结构的加固应综合考虑其经济效果,尽量不损伤原结构并保留具有利用价值的结构,构件避免不必要的拆除或更换。

5.加固材料钢材选用比例极限变形较小的低强钢材,如预应力法加固可采用高强钢材;水泥和混凝土要求收缩小、早强、与原结构黏结好并有微膨胀,以保证新、旧两部分共同受力;化学浆材料及黏结剂,要求黏结强度高、可灌性好、收缩小、耐老化、无毒或低毒。

6.在加固施工过程中若发现原结构或相关工程隐蔽部位的构造有严重缺陷,则应立即停止施工,协同加固设计者采取有效措施进行处理后方能继续施工。

7.对于可能出现倾斜开裂或倒塌等不安全因素的房屋建筑,在加固施工前应采取临时措施以防止发生安全事故。

3.5.2 加固方案及其选择

1.满足局部效果

应保证加固效果好、技术可靠、施工简便及经济合理。

2.满足总体效应

选用加固方案时不应采用"头痛医头、脚痛医脚"的方法,需考虑加固后建筑物的整体效应。

3.5.3 加固设计的一般要求

加固设计包括材料选取、荷载计算、承载力验算、构造处理和绘制施工图五部分工作。

1.原结构材料强度要求

(1)当原结构材料种类和性能和原设计一致时,按原设计值取用。

(2)当原结构没有材料强度资料时,通过实测评定材料强度等级,按现行规范取值。

2.加固材料要求

(1)加固用钢筋一般选用 HPB300 级或 HRB335 级钢筋。

(2)加固用水泥宜选用普通硅酸盐水泥,强度等级不应低于 32.5 级,禁用受潮和过期的水泥。

(3)加固混凝土强度等级,应比原结构的混凝土强度等级提高一级,且加固上部结构构件的混凝土不应低于 C20;加固混凝土中不应掺入混合材料。

(4)黏结材料的黏结强度应高于被黏结混凝土的抗拉强度和抗剪强度。

3.5.4 加固方法简介

钢筋混凝土出现质量问题以后,除了倒塌断裂事故必须重新制作构件外,在许多情况下可以用加固的方法来处理。常用的加固方法[13]如下:

1.加大断面补强法

混凝土构件因孔洞、蜂窝或强度达不到设计等级需要加固时,可采用扩大断面、增加配筋的方法。扩大断面可用单面(上面或下面)、双面、三面甚至四面包套的方法。所需增加的断面一般应通过计算确定,在保证新、旧混凝土有良好黏结的情况下可按统一构件(或叠合构件)计算。增加部分断面的厚度较小,故常用豆石混凝土或喷射混凝土等,当厚度小于20 mm 时还可用砂浆。增加的钢筋应与原构件钢筋能组成骨架,应与原构件钢筋的某些点焊接连好。这种加固方法的优点是技术要求不太高,易于掌握;缺点是施工繁杂,工序多,现场施工时间长。这种加固方法的技术关键是:新、旧混凝土必须黏结可靠,新浇筑混凝土必须密实。

2. 外贴钢板补强法

外贴钢板补强法是指在混凝土构件表面贴上钢板,与混凝土构件共同作用,一起承受外界作用,从而提高构件的抗力。外贴的方法主要有焊接、锚接和黏结。焊接和锚接是很早就采用的,黏结则是随着高强黏结剂的出现而逐步得到推广的。

(1)黏结钢板法

采用高强黏结剂,将钢板贴于钢筋混凝土构件需要补强部分的表面,以达到增加构件承载力的目的。如对跨中抗弯能力不够的梁,可将钢板贴于梁跨中间的下边缘;对于支座处抵抗负弯矩不足的梁,则可在梁的支座截面处上边缘贴钢板,或者在上边打出一定长度的槽形孔,在其中黏结扁钢;对抗剪能力不够的梁,则可在梁的两侧黏结钢板。

黏结钢板的截面可由承载力计算确定。一般钢板厚度为 3～5 mm,黏结前应除锈并将黏结面打毛(粗糙化),以增大黏结力,黏结钢板施工后 3 d 后即可正常受力,发挥作用。外露钢板应涂防腐蚀油漆。

(2)锚接钢板法

由于冲击钻及膨胀螺栓的应用,可以将钢板甚至其他钢件(如槽钢、角钢等)锚接于混凝土构件上,以达到加固补强的目的。

与黏结钢板法相比较,锚接钢板的优点是可以充分发挥钢材的延展性能,锚接速度快,锚接构件可立即承受外力作用。锚接钢板可以厚一点,甚至用型钢,这样可大幅度提高构件承载力。当混凝土孔洞多、破损面大而不能采用黏结钢板时,用锚接钢板效果更好。但也有其缺点,即加固后表面不够平整美观,对钢筋密集区锚栓困难,钢材孔径位置加工精度要求较高,并且锚栓对原构件有局部损伤,处理不当反而会起反作用。

若混凝土表面不够平整,则需要用水泥砂浆或环氧砂浆找平,以使所加钢板与混凝土面紧密结合。

(3)焊接钢筋或钢板法

焊接钢筋或钢板法是将钢筋或钢板、型钢焊接于原构件的主筋上,它适用于整体构件加固。其主要工序如下:

①将混凝土保护层凿开,使主筋外露。

②用直径大于 20 mm 的短筋把新增加的钢筋、钢板与原构件主筋焊接在一起(可用断续焊接)。

③用混凝土或砂浆将钢筋封闭。

焊接时钢筋因受热而形成焊接应力。施工中应注意加临时支撑,并设计好施焊顺序。目前这种方法常与扩大断面法结合使用。

3. 碳纤维布加固法

碳纤维布加固法修复混凝土结构时将高强碳纤维布用黏结材料粘贴于混凝土结构表面,即可达到加固目的。这种方法效率高,施工方便,断面增大很小,因而应用面日益扩大。

但造价较高是其缺点。

4. 预应力加固法

预应力加固即采用预加应力的钢拉杆或撑杆对结构进行加固。钢拉杆的形式主要有水平拉杆、下撑式拉杆和组合式拉杆三种。这种方法几乎可不缩小使用空间，不仅可提高构件的承载力，而且可减小梁、板的挠度，缩小原梁的裂缝宽度甚至使之闭合。预应力能消除或减轻后加杆件的应力滞后现象，使后加杆件的材料强度得到充分利用。这种方法广泛适用于加固受弯构件，也可用于加固柱子。但这种方法不宜用于处在高温环境下的混凝土结构。

5. 其他加固方法

加固方法的种类很多，除上述介绍的常用加固方法外，还有一些加固方法可根据不同现场情况选用，如：

（1）增设支点法，以减小梁的跨度。

（2）另加平行受力构件，如外包钢桁架、钢套柱等。

（3）增加受力构件，如增加剪力墙、吊杆等。

（4）增加圈梁、拉杆、支撑以加强房屋的整体刚度等。

3.5.5 常用加固方法及其应用

黏结钢板加固法及碳纤维布加固法在工程中应用更为广泛，下面进行具体介绍。

1. 黏结钢板加固法

黏结钢板加固法通常用于加固受弯构件，如图3-7所示。只要黏结材料质量可靠，施工质量良好，则当截面达到极限状态时，黏结在梁受拉边的钢板就可以达到屈服强度。下面介绍的承载力公式是以JGN建筑结构胶为胶黏剂的，其力学性能指标见表3-2。若采用其他胶黏剂，其强度指标应不低于表3-2中的数值。

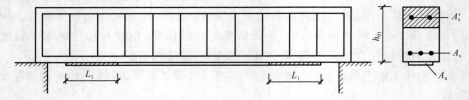

图3-7 黏结钢板加固法

表 3-2   JGN 结构胶的黏结强度

被粘基层材料的种类	破坏特征	抗剪强度/MPa			轴心抗拉强度/MPa		
		试验值 f_v^0	标准值 f_{vk}	设计值 f_v	试验值 f_t^0	标准值 f_k	设计值 f_t
钢-钢	胶层破坏	≥18	9	3.6	≥33	16.5	6.6
钢-混凝土	混凝土破坏	≤f_{cv}^0	f_{cvk}	f_{cv}	≥f_{ct}^0	f_{ctk}	f_{ct}
混凝土-混凝土	混凝土破坏	f_{cv}^0	f_{cvk}	f_{cv}	f_{ct}^0	f_{ctk}	f_{ct}

（1）受弯构件受拉区黏结钢板加固的正截面承载力计算

黏结钢板加固梁的截面承载力计算公式为

$$\alpha_1 f_c bx = f_y A_s + 0.9 f_{ay} A_s - f_y' A_s' \tag{3-1}$$

$$M_u = \alpha_1 f_c bx(h_{01} - x/2) + f_y' A_s'(h_{01} - a_s') \tag{3-2}$$

式中各参数的取值可参考《混凝土结构加固设计规范》[14]，各参数的含义表示如下：

α_1——等效矩形应力系数；

f_c——原构件混凝土轴心抗压强度设计值；

b——原构件截面宽度；

x——混凝土受压区高度；

h_{01}——加固后截面的有效高度；

f_y、f_y'——原纵向钢筋抗拉、抗压强度设计值；

A_s、A_s'——原构件纵向受拉、受压区钢筋截面面积；

f_{ay}——加固钢板抗拉强度设计值；

a_s'——受压区钢筋合力作用点到受压区边缘的距离。

（2）黏结锚固计算

①锚固长度

外部黏结加固钢板的锚固至关重要，必须保证钢板在拉断之前不发生脱胶等黏结破坏现象，即要求钢板在锚固区的黏结受剪承载力 V_u 必须大于钢板的受拉（受压）承载力 T_u，据此，对于单纯以胶黏结锚固时，钢板在其加固点（受力上完全不需要点）以外的锚固长度 L_1 不得小于式（3-3）计算结果（公式中考虑了剪力不均匀系数为 2，即按三角形分布考虑）：

$$L_1 \geqslant 2f_{ay}t_a/f_{cv} \tag{3-3}$$

式中　f_{ay}——加固钢板抗拉（抗压）强度设计值；

t_a——受拉加固钢板厚度；

f_{cv}——被黏结混凝土抗剪强度设计值，按表 3-3 取用。

表 3-3　　　　　　　　　　　混凝土抗剪强度　　　　　　　　　　　MPa

强度名称	混凝土强度等级									
	C15	C20	C25	C30	C35	C40	C45	C50	C55	C60
试验值 f_{cv}^0	2.25	2.70	3.15	3.55	3.90	4.30	4.65	5.00	5.30	5.60
标准值 f_{cvk}	1.70	2.10	2.50	2.85	3.20	3.50	3.80	3.90	4.00	4.10
设计值 f_{cv}	1.25	1.75	1.80	2.10	2.35	2.60	2.80	2.90	2.95	3.10

②增设锚固螺栓

如图 3-8（a）所示，对于增设锚固螺栓情况，锚固构造应满足

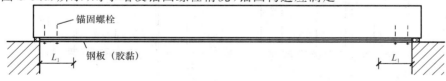

(a) 用锚固螺栓

(b) 用U形箍板

图 3-8　钢板锚固

$$f_{ay}A_a \leq 0.5f_{cv}b_1L_1 + 0.56T_t \qquad (3-4)$$

式中　A_a——钢板截面面积;

　　　b_1——钢板截面宽度;

　　　T_t——锚栓抗拔力设计值。

③增设 U 形箍板

如图 3-8(b)所示,对于增设 U 形箍板情况,锚固构造应满足下列规定:

● 当 U 形箍板与钢板间的黏结受剪承载力 $f_vb_1b_u$ 小于或等于 U 形箍板与混凝土梁间的黏结受剪承载力 $2f_{cv}b_uL_u$ 时,即当 $f_vb_1 \leq 2f_{cv}L_u$ 时,锚固承载力为加固钢板与混凝土梁间的黏结受剪承载力及 U 形箍板与加固钢板之间的黏结受剪承载力之和,即锚固构造应满足

$$f_{ay}A_a \leq 0.5f_{cv}b_1L_1 + nf_vb_1b_u \qquad (3-5)$$

● 当 $f_vb_1 > 2f_{cv}L_u$ 时,锚固承载力为加固钢板和 U 形箍板与混凝土梁之间的黏结受剪承载力之和,即锚固构造应满足

$$f_{ay}A_a \leq (0.5b_1L_1 + nb_uL_u)f_{cv} \qquad (3-6)$$

式中　n——每端箍板数量;

　　　b_u——箍板宽度;

　　　L_u——箍板单肢的梁侧黏结长度;

　　　f_v——钢-钢黏结抗剪强度设计值。

当构件斜截面受剪承载力不足时,可按图 3-9 所示方法黏结并联 U 形箍板或设置封闭式螺栓箍进行加固,此时斜截面受剪承载力的计算公式为

$$V \leq V_{1u} + 2\psi f_{yv}A_{av1}L_u/S \qquad \text{(U 形箍板)} \qquad (3-7)$$
$$V \leq V_{1u} + 2\psi f_{yv}A_{av1}h/S \qquad \text{(螺栓箍)} \qquad (3-8)$$

式中　V——剪力设计值;

　　　V_{1u}——原构件斜截面受剪承载力设计值;

　　　A_{av1}——单肢箍板或螺栓箍截面面积;

　　　f_{yv}——箍板或螺栓箍抗拉强度设计值;

　　　S——箍板或螺栓箍间距。

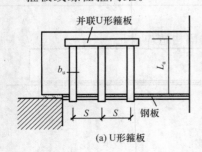 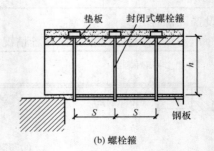

　　(a) U 形箍板　　　　　　　　　　　(b) 螺栓箍

图 3-9　斜截面加固

(4)黏结钢板的构造要求

由于黏结钢板加固结合面的黏结强度主要取决于混凝土强度,因此,被加固构件混凝土强度不能太低,强度等级不应低于 C15。黏结钢板厚度主要根据结合面混凝土强度、钢板锚固长度及施工要求而定。钢板越厚,所需锚固长度越长,钢板潜力越难于充分发挥,而且很硬,不好粘贴。钢板适宜的厚度为 2～5 mm,通常取 4 mm。混凝土强度高时应取得厚一点。

钢板的锚固长度除应满足计算规定外,还必须满足一定的构造要求:对于受拉锚固,不得小于 $200t_a$(t_a 为黏结钢板的厚度),亦不得小于 600 mm;对于受压锚固,不得小于 $160t_a$,亦不得小于 480 mm。对于大跨结构或可能经受反复荷载的结构,锚固区尚宜增设锚固螺栓或 U 形箍板等附加锚固措施。

水分、日光、大气(氧)、盐雾、温度及应力作用,会使胶层逐渐老化,使黏结强度逐渐降低,使钢板逐渐锈蚀。为延缓胶层老化,防止钢板锈蚀,钢板及其邻接的混凝土表面应进行密封防水防腐处理。简单有效的处理办法是用 M15 水泥砂浆或聚合物防水砂浆抹面,其厚度,对于梁不应小于 20 mm,对于板不应小于 15 mm。

2. 碳纤维布加固法

碳纤维布加固修复混凝土结构技术是一项新型高效的结构加固修补技术,较传统的结构加固方法具有明显的高强、高效、施工便捷、适用面广等优越性。它利用浸渍树脂将碳纤维布粘贴于混凝土表面,共同工作,达到对混凝土结构构件的加固补强。

碳纤维布加固修复混凝土结构技术所用材料有碳纤维布及粘贴材料两种。目前,施工中常用的碳纤维布的各项指标见表 3-4。

表 3-4　　　　　　　　　　　碳纤维布的物理力学性能

碳纤维布材料	纤维质量/(g·mm⁻²)	设计厚度/mm	设计抗拉强度/MPa	弹性模量 MPa
FTS-C1-120	200	0.111	3 550	2.35×10^5
FTS-C1-30	300	0.167	3 550	2.35×10^5
FTS-C1-45	450	0.250	3 550	2.35×10^5
FTS-C5-30	300	0.165	3 000	4.00×10^5

与碳纤维布配套施工用粘贴材料有底层树脂(FP)、找平材料(FE)及浸渍树脂(FR),其各项指标见表 3-5。

表 3-5　　　　　　　　　　　粘贴材料的物理力学性能

类型	项目					
	黏度/(MPa·s)	拉伸强度/MPa	压缩强度/MPa	拉伸剪切强度/MPa	正拉黏结强度/MPa	弯曲强度/MPa
底层树脂	800~1 600				≥5	
找平材料			≥50	≥10		
浸渍树脂	3 000~5 000	≥30	≥60	≥10		≥40

(1)受弯加固

①破坏形态

根据试验结果,碳纤维布加固受弯构件的破坏形态主要有以下几种:

- 受拉钢筋屈服后,在碳纤维布未达极限强度前,压区混凝土受压破坏。
- 受拉钢筋屈服后碳纤维布拉断,而此时压区混凝土尚未压坏。
- 受拉钢筋达到屈服前压区混凝土压坏。
- 碳纤维布与混凝土产生剥离破坏。

第三种破坏形态是由于加固量过大造成的,碳纤维布的强度未得到发挥,在实际设计中可通过控制加固量来避免。

第四种破坏形态,黏结面破坏后剥离,无法继续传递力,构件则不能达到预期的承载力,应采取构造措施加以避免。为了避免碳纤维布被拉断而发生脆性破坏,可采用碳纤维布的允许极限拉应变$[\varepsilon_{cf}]$加以限制。根据《混凝土结构设计规范》对构件塑性变形控制的要求,可取$[\varepsilon_{cf}]=0.01$。对于$[\varepsilon_{cf}]$的取值,日本有关规范建议取为$[\varepsilon_{cf}]=2/(3\varepsilon_{cf,u})$,$\varepsilon_{cf,u}$为碳纤维布的实际极限拉应变。美国有关设计规范建议$[\varepsilon_{cf}]$的取值与黏结纤维的厚度有关,越厚越易发生剥离,对此建议取

$$[\varepsilon_{cf}]=k_{m}\varepsilon_{cf,u}=[1-n_{cf}E_{cf}t_{cf}/420\,000]\varepsilon_{cf,u}\leqslant\varepsilon_{cf,u} \tag{3-9}$$

式中　k_{m}——碳纤维布厚度折减系数;

$\quad\quad n_{cf}$——碳纤维布的层数;

$\quad\quad E_{cf}$——碳纤维布的弹性模量;

$\quad\quad t_{cf}$——单层碳纤维布的厚度。

②计算公式

由内力平衡条件可得

$$f_{c}b_{x}=f_{y}A_{s}+f_{cf}A_{cf}-f_{y}'A_{s}' \tag{3-10}$$

式中　b——原构件截面宽度;

$\quad\quad x$——混凝土受压区高度。

$$M_{u}\leqslant(A_{s}-A_{s}')f_{y}(h_{0}-x/2)+f_{y}'A_{s}'(x/2-a_{s}')+f_{cy}A_{cf}(h_{0}-x/2) \tag{3-11}$$

式中　A_{s}、A_{s}'——受拉钢筋、受压钢筋截面面积;

$\quad\quad f_{y}$、f_{y}'——受拉钢筋、受压钢筋的抗拉、抗压强度设计值;

$\quad\quad A_{cf}$——受拉面粘贴的碳纤维布截面面积;

$\quad\quad f_{c}$——混凝土抗压强度;

$\quad\quad f_{cf}$——碳纤维布的抗拉强度设计值。

对于f_{cf}的取值,可取其达允许极限应变时的应力值,即

$$f_{cf}=E_{cf}[\varepsilon_{cf}]=0.01E_{cf} \tag{3-12}$$

由于在粘贴碳纤维布加固前,构件已经受力以及变形,所以加固梁属于二次受力构件。和梁中已配筋相比,碳纤维布应变滞后,若原有构件应力、应变都已经很大,则构件破坏时还达不到f_{cf},因而在设计中可适当折减,取$(0.8\sim1.0)f_{cf}$作为碳纤维布的极限设计值。

在弯矩设计值M_{u}已知时,式(3-10)、式(3-11)有两个未知数,x和A_{cf},联立求解两个方程,即可求得。为了避免碳纤维布加固梁过大,一般宜使

$$x\leqslant\xi_{b}h_{0} \tag{3-13}$$

③计算延伸长度

碳纤维布的切断位置据其充分利用截面的距离不应小于下列公式计算的延伸长度L_{1},并延伸至不需要碳纤维布截面之外不小于200 mm(图3-10),即

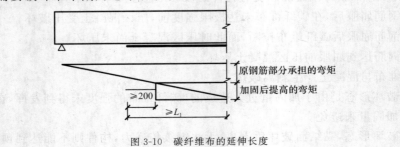

图3-10　碳纤维布的延伸长度

$$L_{cd} = E_{cf}\varepsilon_{cf}n_{cf}t_{cf}/\tau_{cf} \tag{3-14}$$

式中　L_{cd}——碳纤维布从其充分利用截面所需的延伸长度；

　　　ε_{cf}——充分利用截面处碳纤维布的拉应变；

　　　τ_{cf}——碳纤维布与混凝土之间的黏结强度设计值，取 0.45 MPa。

一般将碳纤维布延梁底全长粘贴，并在两端加 U 形箍条，则可不必再计算 L_{cd}。

④构造措施

● 当对梁、板正弯矩进行受弯加固时，碳纤维布宜延伸至支座边缘。

● 当碳纤维布的延伸长度无法满足上述计算延伸长度的要求时，应采取附加锚固措施。对梁，在延伸长度范围内设置 U 形箍条；对板，可设置垂直于受力碳纤维布方向的压条。

● 在碳纤维布延伸长度端部和集中荷载作用点两侧宜设置 U 形箍条或横向压条。

⑤施工技术要点

加固施工的主要流程如下：

● 将待加固的梁底表面打磨平整。

● 涂刷一层界面剂，渗透于混凝土内，用于增强碳纤维布与混凝土间的黏结力。

● 待上一层界面剂触干，刮一层腻子，对混凝土表面进行找平。

● 涂刷黏结胶，粘贴碳纤维布。

● 重复上一步骤，粘贴第二层，直到贴完加固碳纤维布层。

在上述施工过程中，尤其重要的是混凝土表面必须打磨平整并清理干净，这将直接影响碳纤维布与混凝土间的黏结力。在构件上粘贴 U 形箍条位置处的混凝土转角应打磨成光滑的圆弧形，以保证碳纤维布与混凝土的黏结效果及消除此处过大的应力集中现象。碳纤维布的搭接长度必须保证不小 150 mm。粘贴碳纤维布时，应用棍筒严密挤压，将空气挤出。

（2）受剪加固

①加固形式

采用碳纤维布受剪加固的主要粘贴方式有全截面封闭粘贴、U 形粘贴和侧面粘贴，如图 3-11 所示。其中，封闭粘贴的加固效果最好，U 形粘贴次之，最后是侧面粘贴。

(a)全截面封闭粘贴　　(b)U 形粘贴　　(c)侧面粘贴

图 3-11　粘贴方式

②计算公式

粘贴碳纤维布加固后钢筋混凝土构件斜截面受剪承载力可视为由两部分组成：原钢筋混凝土对抗剪承载力的贡献 V_{rc} 和碳纤维布对抗剪承载力的贡献 V_{cf}。其中，V_{rc} 按照《混凝土结构设计规范》规定的方法计算。V_{cf} 的计算公式为

$$V_{cf} = \varphi A_{cf}E_{cf}\varepsilon_{cf,v}(\sin\alpha+\cos\alpha)h_{cf}/(s_{cf}+w_{cf}) \tag{3-15}$$

$$A_{cf} = 2n_{cf}w_{cf}t_{cf} \tag{3-16}$$

$$\varepsilon_{cf,v} = 2(0.2+0.12\lambda-0.3n)\varepsilon_{cfu} \tag{3-17}$$

式中　φ——碳纤维布受剪加固形式系数,对全截面封闭粘贴,$\varphi=1.0$;对 U 形粘贴,$\varphi=0.85$;对侧面粘贴,$\varphi=0.70$;

$\varepsilon_{cf,v}$——达到受剪承载力极限状态时碳纤维布的应变;

α——碳纤维布纤维方向与构件轴向的夹角,一般应采用垂直粘贴,$\alpha=90°$;

n_{cf}——碳纤维布的粘贴层数;

s_{cf}——碳纤维布条带净间距;

t_{cf}——单层碳纤维布厚度;

w_{cf}——碳纤维布条带宽度;

h_{cf}——碳纤维布侧面粘贴高度;

λ——剪跨比,对于梁受集中荷载作用情况,$\lambda=a/h_0$,λ 大于 3.0 时,取 $\lambda=3.0$,λ 小于 1.5 时,取 $\lambda=1.5$;a 为集中荷载作用点到支座边缘的距离;对于梁受均布荷载作用情况,取 $\lambda=3.0$;对于框架柱可取 $\lambda=H_n/(2h_0)$,λ 大于 3.0 时,取 $\lambda=3.0$,λ 小于 1.0 时,取 $\lambda=1.0$;H_n 为框架柱净高度;

n——柱的轴压比,$n=N/f_cA$,N 为柱轴压力设计值;A 为截面面积。

③构造措施

● 对于梁,U 形粘贴和两侧面粘贴的粘贴高度 h_{cf} 宜粘贴至板底。

● 对于 U 形粘贴,宜在上端粘贴纵向碳纤维布压条;对于侧面粘贴,宜在上、下两端粘贴纵向碳纤维布压条,如图 3-12 所示。

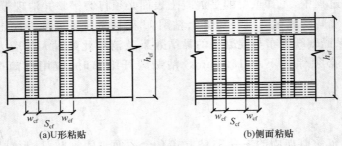

(a)U形粘贴　　　　　　(b)侧面粘贴

图 3-12　U 形粘贴和侧面粘贴加纵向压条

3.6　混凝土结构基本设计原理简介

3.6.1　受弯构件抗弯、抗剪承载力复核

已知截面尺寸 $b×h$、混凝土强度等级及钢筋等级、受拉钢筋 A_s 及受压钢筋 A_s'、弯矩设计值 M,求正截面受弯承载力 M_u 和受剪承载力 V_u。

1. 受弯承载力 M_u 的计算

双筋矩形截面受弯构件正截面受弯的截面计算如图 3-13 所示,计算公式为

$$\alpha_1 f_c bx + f_y' A_s' = f_y A_s \tag{3-18}$$

$$M_u = \alpha_1 f_c bx(h_0 - x/2) + f_y' A_s'(h_0 - a_s') \tag{3-19}$$

式中各参数的取值可参考《混凝土结构设计规范》(GB 50010—2010)[14],各参数的含义表示如下:

α_1——等效矩形应力系数；

f_c——混凝土轴心抗压强度设计值；

b——受弯构件截面宽度；

x——受弯构件截面受压区高度；

h_0——受弯构件截面有效高度；

f_y、f_y'——钢筋抗拉、抗压强度设计值；

A_s、A_s'——受拉、受压区钢筋截面面积；

a_s'——受压区钢筋合力作用点到受压区边缘的距离。

由式(3-18)求 x，若 $\xi_b h_0 \geqslant x \geqslant 2a_s'$，则可带入式(3-19)中求 M_u；

若 $x \leqslant 2a_s'$，可利用 $M_u = f_y A_s (h_0 - a_s')$ 求 M_u；

若 $x > \xi_b h_0$，则将 $x = x_b$ 代入式(3-19)求 M_u。

其中 ξ_b 表示相对受压区高度。

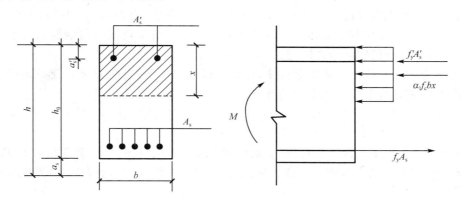

图 3-13 双筋矩形截面受弯构件正截面受弯的截面计算

2.受剪承载力 V_u 的计算

(1)仅配箍筋时

$$V_u = V_{cs} \tag{3-20}$$

(2)同时配置箍筋和弯起钢筋时

$$V_u = V_{cs} + V_{sb} \tag{3-21}$$

其中

$$V_{cs} = \alpha_{cv} f_t b h_0 + f_{yv} A_{sv} h_0 / s \tag{3-22}$$

$$V_{sb} = 0.8 f_y A_{sb} \sin\alpha_s \tag{3-23}$$

式中各参数的取值可参考《混凝土结构设计规范》(GB 50010—2010)[14]，各参数的含义表示如下：

V_{cs}——构件斜截面上混凝土和箍筋的受剪承载力设计值；

V_{sb}——弯起钢筋承担的剪力设计值；

α_{cv}——斜截面上受剪承载力系数，对于一般受弯构件取 0.7，对集中荷载作用下的独立梁，取 $1.75/(\lambda+1)$，λ 为计算截面的剪跨比，$\lambda = a/h_0$；

f_t——混凝土轴心抗拉强度设计值；

f_{yv}——箍筋的抗拉强度设计值；

A_{sv}——配置在同一截面内箍筋各肢的全截面面积；

A_{sb}——同一平面内弯起钢筋的截面面积；

s——沿构件长度方向的箍筋间距；

α_s——斜截面上弯起钢筋与构件纵向轴线的夹角，一般为 $45°$，当梁斜截面超过 $800\ mm$ 时，通常取 $60°$。

3. 深梁的受弯承载力 M、受剪承载力 V 计算

钢筋混凝土深受弯构件指的是 $l_0/h<5.0$ 的简支钢筋混凝土单跨梁或多跨连续梁。

钢筋混凝土深受弯构件的正截面受弯承载力的计算公式[14]为

$$M\leqslant f_y A_s z \tag{3-24}$$

$$z=\alpha_d(h_0-0.5x) \tag{3-25}$$

$$\alpha_d=0.80+0.04l_0/h \tag{3-26}$$

当 $l_0<h$ 时，取内力臂 $z=0.6l_0$。

式中 x——截面受压区高度，当 $x<(0.2h_0)$ 时，取 $x=0.2h_0$；

  h_0——截面有效高度：$h_0=h-a_s$，其中 h 为截面高度；当 $l_0/h\leqslant2$ 时，跨中截面 a_s 取 $0.1h$，支座截面 a_s 取 $0.2h$；当 $l_0/h>2$ 时，a_s 按受拉区纵向钢筋截面重心至受拉边缘的实际距离取用。

矩形、T 形和 I 形截面的深受弯构件，在均布荷载作用下，当配有竖向分布钢筋和水平分布钢筋时，其斜截面的受剪承载力的计算公式[14]为

$$V\leqslant0.7(8-l_0/h)f_t bh_0/3+1.25(l_0/h-2)f_{yv}A_{sv}h_0/(3s_h)+(5-l_0/h)f_{yh}A_{sh}h_0/(6s_v)$$
$$\tag{3-27}$$

对集中荷载作用下的深受弯构件（包括作用有多种荷载，且其中集中荷载对支座截面或节点边缘截面所产生的剪力值占总剪力值的 75% 以上的情况），其斜截面的受剪承载力的计算公式为

$$V\leqslant1.75f_t bh_0/(\lambda+1)+(l_0/h-2)f_{yv}A_{sv}h_0/(3s_h)+(5-l_0/h)f_{yh}A_{sh}h_0/(6s_v) \tag{3-28}$$

式中 λ——计算剪跨比，当 $l_0/h\leqslant2.0$ 时，取 $\lambda=0.25$；当 $2.0<l_0/h<5.0$ 时，取 $\lambda=a/h_0$，其中，a 为集中荷载到深受弯构件支座的水平距离，λ 的上限值为 $0.92l_0/(h-1.58)$，λ 的下限值为 $0.42l_0/(h-0.58)$；

  l_0/h——跨高比，当 $l_0/h<2$ 时，取 2。

3.6.2 矩形截面柱受压承载力复核

1. 矩形截面大偏心受压构件正截面的受压承载力计算如图 3-14 所示。

$$N_u=\alpha_1 f_c bx+f_y'A_s'-f_y A_s \tag{3-29}$$

$$N_u e=\alpha_1 f_c bx(h_0-x/2)+f_y'A_s'(h_0-a_s') \tag{3-30}$$

式中 N_u——受压承载力设计值；

  α_1——混凝土强度调整系数；

  e——轴向力作用点至受拉钢筋 A_s 合力点之间的距离；

$$e=e_i+h/2-a_s \tag{3-31}$$

$$e_i=e_0+e_a \tag{3-32}$$

式中 e_i——初始偏心距；

  e_0——轴向力对截面重心的偏心距，$e_0=M/N$；

  M——控制截面弯矩值；

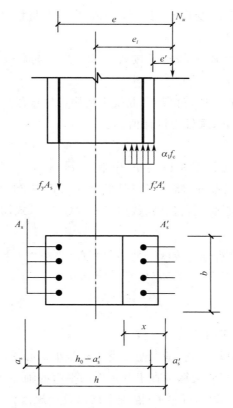

图 3-14　大偏心受压构件正截面的受压承载力计算

N——与 M 相应的轴向压力设计值；

e_a——附加偏心距，其值取偏心方向截面尺寸的 1/30 和 20 mm 中的较大者；

x——受压区计算高度。

2.公式适用条件

(1)为了保证构件破坏时受拉区钢筋应力先达到屈服强度，要求

$$x \leqslant x_b \tag{3-33}$$

式中　x_b——界限破坏时受压区计算高度，$x_b = \xi_b h_0$，ξ_b 的计算与受弯构件相同。

(2)为了保证构件破坏时，受压钢筋应力能达到屈服强度，即和双筋受弯构件相同，要求满足

$$x \geqslant 2a_s' \tag{3-34}$$

式中　a_s'——纵向受压钢筋合力点至受压区边缘的距离。

3.承载力复核

已知：截面尺寸 $b \times h$，钢筋截面积 A_s、A_s'，混凝土强度等级及钢筋种类，构件的长细比 l_0/h，轴向力设计值 N。

求：截面是否能承受该 N 值，或已知 N 值时，求能承受弯矩设计值 M。

(1)弯矩作用平面的承载力复核

第一种情况：已知轴力设计值 N，求弯矩设计值 M

计算步骤如下：

①计算界限破坏情况下的受压承载力设计值 N_{ub}，先将已知的 b、h、A_s、A_s' 和 ξ_b 代入式(3-29)求得 N_{ub}。

②如果 $N \leqslant N_{ub}$，则为大偏心受压，可按式(3-29)求 x，再将 x 代入式(3-30)求 e_0，则弯矩设计值 $M = Ne_0$。

③如 $N > N_{ub}$，为小偏心受压，可参考《混凝土结构设计规范》[14]（略）。

第二种情况：已知偏距 e_0，求轴力设计值 N。

计算步骤如下：

①因截面配筋已知，故可按图 3-14 对 N 作用点取矩求 x。

②当 $x \leqslant x_b$ 时，为大偏心受压，将 x 及已知数据代入式(3-29)可求解出轴力设计值 N_u。

③当 $x > x_b$ 时，为小偏心受压，将已知数据代入式(3-35)、式(3-36)和式(3-37)联立求解轴力设计值 N，即

$$Ne = \alpha_1 f_c bx(h_0 - x/2) + f_y'A_s'(h_0 - a_s') \tag{3-35}$$

$$Ne' = \alpha_1 f_c bx(h_0 - a_s') + \sigma_s A_s'(h_0 - a_s') \tag{3-36}$$

$$\sigma_s = \frac{\xi - \beta_1}{\xi_b - \beta_1} f_y \tag{3-37}$$

(2)垂直于弯矩作用平面的承载力复核

无论是设计题还是截面复核题，是大偏心受压还是小偏心受压，除了在弯矩作用平面内依照偏心受压进行计算外，都要验算垂直于弯矩作用平面的轴心受压承载力。此时，应考虑 φ 值，并取 b 作为截面高度。具体可参考《混凝土结构设计规范》[14]。

3.6.3 裂缝计算方法

1. 受力裂缝

《混凝土结构设计规范》[14]规定对矩形、T 形、倒 T 形和 I 形截面的钢筋混凝土受拉、受弯和偏心受压构件，按荷载效应的准永久组合并考虑长期作用影响的最大裂缝宽度计算，即

$$w_{max} = \alpha_{cr}\varphi \frac{\sigma_{sq}}{E_s}(1.9c_s + 0.08\frac{d_{eq}}{\rho_{te}}) \tag{3-38}$$

$$\varphi = 1.1 - 0.65 f_{tk}/\rho_{te}\sigma_{sq} \tag{3-39}$$

$$\rho_{te} = A_s/A_{te} \tag{3-40}$$

式中　α_{cr}——构件受力特征系数；

σ_{sq}——按荷载准永久组合计算的钢筋混凝土构件纵向受拉普通钢筋应力；

E_s——钢筋的弹性模量；

c_s——最外层纵向受拉钢筋外边缘至受拉区底边的距离；

d_{eq}——纵向受拉钢筋的等效直径；

ρ_{te}——按有效受拉混凝土截面面积计算的纵向受拉钢筋配筋率，当 $\rho_{te} < 0.01$ 时，取 $\rho_{te} = 0.01$；

φ——受拉钢筋应变不均匀系数；

f_{tk}——混凝土轴心抗拉强度标准值。

2. 收缩裂缝

《工程结构裂缝控制》[15]给出的混凝土收缩裂缝计算公式为

$$\varepsilon_y(t)=3.24\times10^{-4}(1-e^{-0.01t})M_1M_2\cdots\cdots M_{10} \tag{3-41}$$

式中　$\varepsilon_y(t)$——任意时间的收缩，t（时间）取 30 d；

　　$M_1M_2\cdots\cdots M_{10}$——考虑各种非标准条件的修正系数，其取值可参考《工程结构裂缝控制》[15]，各参数表示的含义如下：M_1 为水泥品种；M_2 为水泥细度；M_3 为骨料；M_4 为水灰比；M_5 为水泥浆量；M_6 为自然养护；M_7 为环境相对湿度；M_8 为水力半径倒数；M_9 为振捣方式；M_{10} 为含筋率。

3. 温度裂缝

《工程结构裂缝控制》[15]给出混凝土温度裂缝的平均、最大、最小开裂宽度计算公式为

$$\omega_{av}=1.5\varphi\sqrt{\frac{EH}{C_x}}\alpha T\,\mathrm{th}\beta\frac{[L]}{2} \tag{3-42}$$

$$\omega_{max}=2\varphi\sqrt{\frac{EH}{C_x}}\alpha T\,\mathrm{th}\beta\frac{[L_{max}]}{2} \tag{3-43}$$

$$\omega_{min}=2\varphi\sqrt{\frac{EH}{C_x}}\alpha T\,\mathrm{th}\beta\frac{[L_{min}]}{2} \tag{3-44}$$

式中　φ——考虑混凝土裂缝间钢筋的牵制作用系数；

　　α——导温系数；

　　T——温度；

　　$\mathrm{th}\frac{\beta[L]}{2}$——双曲正切函数，$\beta=\sqrt{\frac{C_x}{EH}}$；

　　E——混凝土弹性模量；

　　H——混凝土墙体高度；

　　$[L]$、$[L_{max}]$、$[L_{min}]$——允许平均长度、最大长度、最小长度[15]。

3.7　工程实例 1　钢筋混凝土施工质量分析及碳纤维布加固处理

混凝土强度不足或钢筋配置不合理将对结构的承载能力、裂缝以及耐久性等诸多方面产生不利影响。例如造成构件正截面抗弯或者斜截面抗剪承载力的不足、结构或构件的刚度不足引起变形过大、结构或构件出现超过规范允许值的裂缝等。下面以一个钢筋混凝土施工质量不合格的工程实例详细地介绍混凝土结构工程检测鉴定及加固的方法和流程以及混凝土结构基本原理的应用。

3.7.1　工程概况

某住宅小区的结构体系为现浇钢筋混凝土框架-剪力墙结构，基础采用独立基础＋防水

底板。该小区 1#-B 住宅楼 10 层中单元西住户户主发现梁 B−16/(B−b)−(B−d)底部混凝土中水泥含量很少,对其安全性产生怀疑,需对该梁的安全性进行鉴定,同时对板(B−14)−(B−16)/(B−b)−(B−d)、梁 B−b/(B−16)−(B−20)、梁 B−a(B−16)−(B−21)以及板(B−16)−(B−21)/(B−a)−(B−b)进行相关检测鉴定。该小区 1#-B 北立面如图 3-15 所示。

图 3-15　某小区 1#-B 北立面

3.7.2　损伤调查

经现场勘查,该小区 1#-B 住宅楼 10 层(结构标高为 29.750 m)的梁 $B−16/(B−b)−(B−d)$ 底部混凝土中水泥含量很少、钢筋露出而且存在锈蚀现象。

1#−B 十层(结构标高 29.750 m)损伤情况如图 3-16 所示。

图 3-16　梁 B−16/(B−b)−(B−d)损伤情况

3.7.3　荷载调查

荷载包括恒载和活荷载,应根据建筑物现在、未来的使用状况确定。该建筑结构体系为现浇钢筋混凝土框架-剪力墙结构。

根据《建筑结构荷载规范》[16]的规定,将该建筑物的荷载(标准值)列于表 3-6。

表 3-6	荷载调查统计	kN/m³
类型	位置	荷载
恒载	楼板及梁混凝土	25
	梁侧石灰砂浆	17
	楼面水泥砂浆找平层	20
	楼面大理石面层	28
活荷载	楼面活荷载	2.0

3.7.4　结构体系确认

该工程结构体系为现浇钢筋混凝土框架-剪力墙结构,竖向及水平向承重构件为钢筋混凝土梁、板、柱及剪力墙。

3.7.5　现场检测

该工程检测范围如图 3-17 所示,检测部分混凝土设计强度等级均为 C30,板(B—14)—(B—16)/(B—b)—(B—d)厚度为 100 mm,板(B—16)—(B—21)/(B—a)—(B—b)的厚度为 120 mm。主要检测鉴定内容包括:梁的截面尺寸测量;梁、板的混凝土强度检测;梁中混凝土的碳化深度检测;梁内钢筋位置、直径、间距、保护层厚度及锈蚀情况检测。

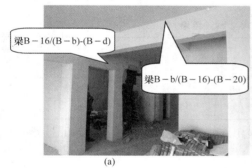

梁B—16/(B—b)-(B—d)

梁B—b/(B—16)-(B—20)

梁B—a/(B—16)-(B—21)

(a)　　　　　　　　　　(b)

图 3-17　检测范围

1. 梁的截面尺寸测量

凿掉梁表面的抹灰,用卷尺对三根梁的截面尺寸进行测量,每根梁随机均匀选取三个位置测量,取平均值作为测量结果,其中梁的高度取实际测量的梁底端到板底的高度加上设计板厚。

2. 梁、板的混凝土强度检测

对梁 B—16/(B—b)—(B—d)以及与该梁相邻部分的板(B—14)—(B—16)/(B—b)—(B—d)、梁 B—a/(B—16)—(B—21)、梁 B—b/(B—16)—(B—20)及板(B—16)—(B—21)/(B—a)—(B—b)采用回弹法单构件检测其混凝土强度,并对梁 B—16/(B—b)—(B—d)和梁 B—b/(B—16)—(B—20)钻取混凝土芯样进行强度修正,评定各构件混凝土强度等级。

3. 梁中混凝土的碳化层深度检测

在混凝土表面凿开一个小孔,由边缘向内滴入酚酞试剂,用游标卡尺测量酚酞试剂红色分界线到梁表面的距离,得到混凝土的碳化深度。

4. 梁内钢筋位置、直径、间距、保护层厚度及锈蚀情况检测

用游标卡尺测量梁 B—16/(B—b)—(B—d)、梁 B—b/(B—16)—(B—20)以及梁 B—a/

（B—16）—（B—21）内纵筋直径、箍筋直径、箍筋间距以及钢筋的保护层厚度。凿去梁底的混凝土，检查梁 B—16/（B—b）—（B—d）的底部钢筋的锈蚀情况。图 3-18 所示为钢筋位置、直径、间距测量。图 3-19 所示为钢筋保护层厚度测量。从图 3-18 及图 3-19 可以观察到梁内钢筋锈蚀现象。

图 3-18　钢筋位置、直径、间距测量

图 3-19　钢筋保护层厚度测量

3.7.6　数据处理

1. 梁截面尺寸

梁截面尺寸测量结果见表 3-7。

表 3-7　　　　　　　　　　　　梁截面尺寸测量结果

位置	设计尺寸($b \times h$)/(mm×mm)	测量尺寸($b \times h$)/(mm×mm)
B—16/（B—b）—（B—d）	200×400	198×400
B—a/（B—16）—（B—21）	200×400	206×410
B—b/（B—16）—（B—20）	200×450	203×454

通过检测：梁截面尺寸测量尺寸偏差在允许偏差范围之内，满足《混凝土结构工程施工质量验收规范》[14]的要求。

2. 混凝土强度

经测量，梁 B—16/（B—b）—（B—d）的平均碳化层深度为 9.5 mm，梁 B—b/（B—16）—（B—20）的平均碳化层深度为 9.2 mm。回弹检测结果、钻芯检测结果及构件等级推定见表 3-8～表3-11。

表 3-8　　　　　　　　　　回弹法检测梁、板混凝土抗压强度结果

序号	结构测试部位	混凝土抗压强度换算值/MPa		
		平均值	标准差	最小值
1	梁 B—16/（B—b）—（B—d）	30.5	1.33	28.2
2	梁 B—b/（B—16）—（B—20）	28.6	1.35	27.2
3	梁 B—a/（B—16）—（B—21）	32.2	0.53	30.1
4	板（B—14）—（B—16）/（B—b）—（B—d）	33.2	1.68	31.3
5	板（B—16）—（B—21）/（B—a）—（B—b）	33.7	1.14	32.4

注：该小区 1#-B住宅楼 10 层梁、板设计混凝土强度等级为 C30，混凝土为泵送浇筑，回弹强度采用全国规程测强曲线计算，梁、板混凝土碳化层深度均大于 6 mm，取 $d_m = 6$ mm 进行计算。

表 3-9　　　　　　　钻芯法检测梁混凝土抗压强度结果

芯样位置	芯样强度/MPa	芯样强度平均值/MPa
梁 B－16/(B－b)－(B－d)	31.72	33.3
梁 B－16/(B－b)－(B－d)	34.97	
梁 B－b/(B－16)－(B－20)	34.35	34.4

表 3-10　　　　　　取芯法修正后混凝土抗压强度推定等级

混凝土位置	回弹强度平均值/MPa	芯样强度平均值/MPa	混凝土抗压强度推定等级
梁 B－16/(B－b)－(B－d)	30.5	33.3	C30
梁 B－b/(B－16)－(B－20)	30.1	34.4	C30

表 3-11　　　　　　　混凝土抗压强度推定等级

序号	轴线位置	混凝土抗压强度换算值/MPa			混凝土抗压强度推定等级
		平均值	标准差	最小值	
1	梁 B－a/(B－16)－(B－21)	32.2	0.53	30.1	C30
2	板(B－14)－(B－16)/(B－b)－(B－d)	33.2	1.68	31.3	C30
3	板(B－16)－(B－21)/(B－a)－(B－b)	33.7	1.14	32.4	C30

由表 3-8～表 3-11 可知:梁、板检测部位的混凝土强度符合设计要求。

3. 梁内钢筋位置、直径、间距、保护层厚度及锈蚀情况检测

经测量,梁 B－16/(B－b)－(B－d)内纵筋直径为 12 mm,箍筋直径为 7.8 mm,箍筋间距加密区为 100 mm 左右,非加密区为 200 mm 左右,保护层厚度为 25 mm;该梁纵筋直径不符合设计要求,其他指标符合设计要求。梁 B－b/(B－16)－(B－20)内纵筋直径为 16 mm,箍筋直径为 7.9 mm;梁 B－a/(B－16)－(B－21)内纵筋直径为 14 mm,箍筋直径为 8.0 mm;均符合设计要求。凿去梁底的混凝土,发现梁 B－16/(B－b)－(B－d)的底部箍筋全部锈蚀、纵筋没有锈蚀,梁 B－a/(B－16)－(B－21)以及梁 B－b/(B－16)－(B－20)内的箍筋和纵筋均未锈蚀。

4. 混凝土强度分界线

梁 B－16/(B－b)－(B－d)底部骨料沉积松散,梁底混凝土不密实造成混凝土碳化过快,钢筋的钝化保护膜遭受破坏而锈蚀。因此采用测量未锈蚀与已锈蚀钢筋位置分界线处的混凝土的碳化层深度的方法,得到混凝土强度的分界线。图 3-20 为测量未锈蚀与已锈蚀钢筋位置分界线处的混凝土的碳化层深度的照片。经测量,混凝土强度分界线位于梁底上方 120 mm 左右,测量结果如图 3-21 所示。

图 3-20　未锈蚀与已锈蚀钢筋位置分界线处的混凝土的碳化层深度

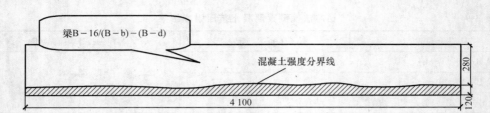

图 3-21 混凝土强度分界线

3.7.7 承载力计算

根据现场实测以及前期数据处理知,除了梁 B−16/(B−b)−(B−d) 的纵筋直径以及混凝土强度分界线下部的混凝土强度不满足设计要求外,该梁的其他指标以及其他构件的各项指标均满足设计要求。因此,只需对梁 B−16/(B−b)−(B−d) 进行承载力计算。

梁跨中处的混凝土上部受压、下部受拉,支座处混凝土下部受压、上部受拉,由现场勘查知,该梁混凝土强度分界线下部的混凝土强度太低,基本上不起作用。根据《混凝土结构设计规范》[16]给出的抗弯承载力公式,处在受拉区的混凝土对梁的受弯承载力不起作用,因此支座截面受弯承载力比跨中截面受到更大削弱。同理,根据《混凝土结构设计规范》[16]给出的抗剪承载力公式,支座截面抗剪承载力与跨中截面受到的削弱程度相同。因此,在承载力验算时,只验算支座截面即可。梁的截面高度去除分界线下端的部分(因混凝土强度太低,无法测出),取 $h=280$ mm,下面对该梁的承载能力给予验算。

1. 抗弯承载力 M_u

支座截面下侧受压、上侧受拉,由检测结果可知,支座处配筋为 3 Φ 12,由《混凝土结构设计规范》[16]给出的公式得

$$\alpha_1 f_c bx = f_y A_s \tag{3-45}$$
$$M_u = f_y A_s (h_0 - x/2) \tag{3-46}$$

由现场检测划定的分界线知,梁支座处剩余截面高度 $h=280$ mm,查阅《混凝土结构设计规范》[16],取混凝土保护层厚度为 25 mm,因此

$$\alpha_s = 25 + 12/2 + 8 = 39 \text{ mm}$$
$$h_0 = h - \alpha_s = 280 - 39 = 241 \text{ mm}$$
$$\alpha_1 = 1.0$$
$$f_c = 14.3 \text{ N/mm}^2$$
$$b = 198 \text{ mm}$$
$$f_y = 300 \text{ N/mm}^2$$
$$A_s = 339 \text{ mm}^2$$

由式(3-45)可得

$x = f_y A_s / (\alpha_1 f_c b) = 300 \times 339 / (1.0 \times 14.3 \times 198) = 35.9$ mm

代入式(3-46)可得

$M_u = f_y A_s (h_0 - x/2) = 300 \times 339 \times (241 - 35.9/2) \times 10^{-6} = 22.68$ kN · m

2. 抗剪承载力 V_u

由实测可知,箍筋直径为 7.8 mm,取 8.0 mm,箍筋间距为 100 mm,依据《混凝土结构

设计规范》[14]给出的受剪承载力公式可得

$$V_{cs}=0.7f_tbh_0+f_{yv}\frac{A_{sv}}{s}h_0=0.7\times1.43\times198\times241\times10^{-3}+210\times\frac{2\times50.3}{100}\times241\times10^{-3}=98.7\ kN$$

即 $V_u=98.7\ kN$。

3. 弯矩设计值 M 及剪力设计值 V

(1)板传到梁上的荷载

根据双向板支撑梁的设计理论,梯形荷载作用时,等效均布荷载

$$p_e=(1-2\jmath_{12}+\jmath_{13})p' \tag{3-47}$$

其中 $\qquad\qquad p'=pl_{01}/2=(g+q)l_{01}/2,\jmath_1=0.5l_{01}/l_{02} \tag{3-48}$

由荷载调查结果知,$q_k=2\ kN/m^2$ 因此,设计值 $q=1.4\times2=2.8\ kN/m^2$

$$g=1.2\times(25\times0.1+28\times0.015+20\times0.02)=4.0\ kN/m^2$$

①板(B-14)-(B-16)/(B-b)-(B-d),$l_{01}=3.2\ m$,$l_{02}=4.1\ m$,因此

$$\jmath_1=0.5\times3.2/4.1=0.39$$

$$p'=(2.8+4)\times3.2/2=10.88\ kN/m$$

$$p_e=(1-2\times0.39^2+0.39^3)\times10.88=8.21\ kN/m$$

②板(B-16)-(B-18)/(B-b)-(B-d),$l_{01}=2.3\ m$,$l_{02}=4.1\ m$,因此,

$$\jmath_1=0.5\times2.3/4.1=0.28$$

$$p'=(2.8+4)\times2.3/2=7.82\ kN/m$$

$$p_e=(1-2\times0.28^2+0.28^3)\times7.82=6.77\ kN/m$$

(2)梁自重计算

$g_1=1.2\times[25\times0.198\times0.5+17\times0.01\times(0.5-0.1)\times2+17\times0.01\times(0.198+0.02)]=3.18\ kN/m$

由上述可得,作用在梁 B-16/(B-b)-(B-d)上的荷载设计值为

$$8.21+6.77+3.18=18.16\ kN/m$$

因梁两端与柱整浇,其支座可看作固结,故其计算简图如图 3-22 所示。

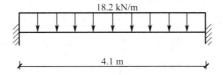

图 3-22　计算简图

根据等截面直杆的载常数计算公式[17]得

支座弯矩设计值 $\qquad\qquad M=\frac{1}{12}\times18.16\times4.1^2=25.4\ kN\cdot m$

剪力设计值 $\qquad\qquad V=\frac{1}{2}\times18.16\times4.1=37.2\ kN$

由上述计算得知,$M_u<M$,抗弯承载力小于弯矩设计值,不符合要求;$V_u>V$,符合要求。

由此可知,梁 B-16/(B-b)-(B-d)承载力不符合要求,需要对其进行受弯加固处理。

3.7.8 鉴定结论

通过对受检构件的现场检测及验算,可以得出以下结论:

1.梁的截面尺寸均满足设计要求。

2.梁、板的混凝土强度等级满足设计要求。

3.梁 B-16/(B-b)-(B-d)纵筋直径不符合设计要求,其他指标符合设计要求;梁 B-a/(B-16)-(B-21)、梁 B-b/(B-16)-(B-20)纵向钢筋的位置、直径、保护层厚度及箍筋直径满足设计要求。

4.梁 B-16/(B-b)-(B-d)承载力不符合要求,其他梁、板均满足承载力设计要求。

5.梁 B-16/(B-b)-(B-d)底部混凝土碳化层深度大,纵筋没有锈蚀,箍筋锈蚀严重,不满足耐久性要求。

3.7.9 加固处理方案

建议对梁 B-16/(B-b)-(B-d)给予承载力及耐久性加固。凿除该梁下部松散混凝土(以箍筋锈蚀为界线),对出现锈蚀的箍筋进行人工除锈,然后喷射 C35 的细石混凝土至原有截面尺寸并运用碳纤维布对该梁进行加固处理[18,19]。碳纤维布的加固设计计算方法如下:

根据《碳纤维布加固混凝土结构技术规程》[20]给出的计算公式可知:

(1)当混凝土受压区高度 x 大于 $\xi_{cfb}h$,且小于 ξ_{bh0} 时

$$M\leqslant f_c bx(h_0-x/2)+f_y A'_s(h_0-a')+E_{cf}\varepsilon_{cf}A_{cf}(h-h_0) \quad (3-49)$$

(2)当混凝土受压区高度 x 不大于 $\xi_{cfb}h$ 时

$$M\leqslant f_y A_s(h_0-0.5\xi_{cfb}h)+E_{cf}[\varepsilon_{cf}]A_{cf}h(1-0.5\xi_{cfb}) \quad (3-50)$$

(3)当混凝土受压区高度 x 小于 $2a'$ 时

$$M\leqslant f_y A_s(h_0-a')+E_{cf}[\varepsilon_{cf}]A_{cf}(h-a') \quad (3-51)$$

本实例中,由加固前的复核计算知 $x=35.9$ mm$<2a'=62$ mm,因此采用式(3-51)进行计算。式中 E_{cf} 为碳纤维布的弹性模量,取 2.35×10^5 Mpa,$[\varepsilon_{cf}]$ 为碳纤维布的允许拉应变,根据《炭纤维片材加固混凝土结构技术规程》[20]给出的计算方法计算得 $[\varepsilon_{cf}]=0.0069$,$A_{cf}$ 为受拉面上粘贴的碳纤维布的截面面积。

取加固前的弯矩设计值 $M=25.5$ kN·m,带入式(3-51)计算得

$$A_{cf}=[M-f_y A_s(h_0-a')]\{E_{cf}[\varepsilon_{cf}](h-a')]\}$$

$$=[25.4\times10^6-300\times339\times(241-39)]/[2.35\times10^5\times0.0069\times(280-39)]=12.4 \text{ mm}^2$$

由一层碳纤维布厚度 $t_{cf}=0.111$ mm,计算出所需碳纤维布的横截面宽度为

$$b_{cf}=A_{cf}/t_{cf}=12.4/0.111=111.7 \text{ mm}$$

取 $b_{cf}=120$ mm,在梁底沿纵筋方向全长加固,如图 3-23 所示。

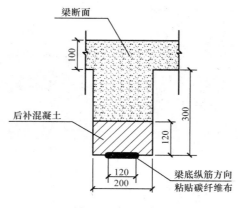

图 3-23　加固示意图

某地下车库
钢筋的锈蚀

3.8　工程实例 2　某地下车库钢筋的锈蚀实例分析

钢筋锈蚀问题一直是钢筋混凝土结构中备受关注的问题,是影响混凝土结构可靠性的主要因素之一。钢筋锈蚀后,导致混凝土结构性能的裂化和破坏,主要有如下表现:钢筋锈蚀,导致截面积减小,从而使钢筋的力学性能下降;钢筋与混凝土之间的结合强度下降,从而不能把钢筋所受的拉伸强度有效传递给混凝土;生成腐蚀产物,腐蚀产物在混凝土和钢筋之间积聚,对混凝土的挤压力逐渐增大,混凝土保护层在这种挤压力的作用下拉应力逐渐加大,直到开裂、起鼓、剥落。

混凝土保护层破坏后,使钢筋与混凝土界面结合强度迅速下降,甚至完全丧失,不但影响结构物的正常使用,甚至使建筑物遭到完全破坏,给国家经济造成重大损失。

本小节从混凝土中钢筋锈蚀机理及基本条件入手,对沿海某混凝土框架结构地下车库发生严重钢筋锈蚀的工程实例进行了理论和检测分析,从设计、施工和结构使用环境等方面找到了钢筋锈蚀发生的主要原因和影响因素,从而为该建筑的修复和补强提供理论基础。

3.8.1　工程损伤调查

北方沿海地区某小区地下车库[21],结构形式为混凝土框架结构,建筑面积约 40 000m²,距涨潮岸线不足 300 m。该建筑于 2004 年施工,2005 年交付使用,2007 年初发现混凝土楼盖及框架柱有钢筋严重锈蚀现象。甲方对其安全性产生怀疑,要求施工单位给予解释。该施工单位委托某检测鉴定中心对该混凝土楼盖及框架柱有钢筋严重锈蚀现象部位的安全性进行鉴定。现场勘察情况如下:

1. 楼板混凝土锈胀起鼓

该地下车库板底采用 B16 钢筋,有超过 70% 的楼板面积发生不同程度的沿纵筋方向起鼓现象,开凿混凝土后,保护层普遍在 6 mm 以下,钢筋锈皮较厚,抽检其面积损伤率在 10% 以上,部分严重区域达到 20%,斜肋基本锈蚀完毕。锈蚀严重程度随保护层厚度增加而降低,保护层大于 15 mm 的开凿点钢筋基本完好,仍有轻微锈蚀斑点,如图 3-24、图 3-25 所示。

图 3-24　楼板混凝土锈胀鼓起

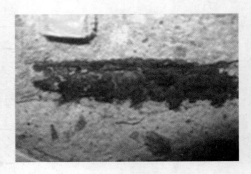

图 3-25　开凿后钢筋锈蚀情况

2. 梁底箍筋严重锈蚀、纵筋锈斑

框架梁底箍筋几乎无保护层,其迎碳化面锈蚀深度可达到 3 mm,锈渍侵入周围混凝土 3～6 mm,面积损伤率超过 40%;梁底局部发现沿纵筋裂缝,开凿抽检其面积损伤率均超过 5%,严重区域达到 15%,如图 3-26、图 3-27 所示。梁侧钢筋保护层均大于 40 mm,对梁内深层纵筋进行取样,样本斜肋及纵肋有锈蚀斑点,但其圆面保持完好。随机抽检表面完好的框架梁,钢筋已存在锈蚀爆皮现象,且沿钢筋圆周已出现放射状微裂缝。用酚酞对钢筋周围混凝土进行碱性测试,钢筋迎碳化面 8～12 mm 内混凝土仍显示红色,表明混凝土并未完全碳化。

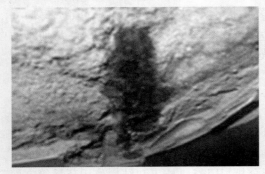

图 3-26　梁底箍筋损伤严重

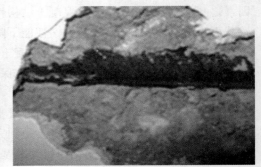

图 3-27　梁底纵筋表面损伤

3. 框架柱箍筋严重锈蚀、纵筋基本完好

部分框架柱箍筋保护层小于 5 mm,发生类似于梁底箍筋沿钢筋方向的裂缝,并有锈渍渗出,严重区域箍筋面积损伤率超过 20%;而纵筋保护层普遍在 50 mm 以上,开凿后发现纵筋表面青蓝色钝化膜完好,无锈蚀斑点。

3.8.2　原因分析

造成钢筋腐蚀的因素一般认为是多方面的,除了混凝土碳化和氯离子侵蚀影响外,还与结构工作环境条件以及设计、材料、施工等因素有密切的关系。对于特定的工程,影响大的可能是其中的某一个或某几个因素。本例从钢筋锈蚀的机理和基本条件入手,分别从混凝土碳化、氯离子侵蚀、设计与施工以及建筑工作环境等不同方面进行逐一分析和计算。

1. 碳化引起钢筋锈蚀的机理与计算

混凝土中钢筋锈蚀是一个电化学反应过程。根据金属腐蚀电化学原理和混凝土中钢筋受钝化膜保护的特点,混凝土中钢筋锈蚀的发生必须具备以下条件[8]:

（1）钢筋表面存在电位差,构成腐蚀电池。

（2）钢筋表面钝化膜遭到破坏,处于活化状态。

（3）钢筋表面有反应和离子扩散所需的水和氧气。

上述条件中（1）总是存在和满足的。在一般大气环境条件下,混凝土碳化导致钢筋表面 pH 降低是钢筋脱钝活化的重要前提。特殊环境下,氯离子表面侵蚀或混凝土中掺入过量氯盐使钢筋表面氯离子浓度超过临界值可促使钢筋表面脱钝活化。

传统的碳化（钢筋锈蚀）机理表明,混凝土碳化是钢筋锈蚀的必要条件之一;然而该理论难以解释本文所述周围混凝土未碳化而钢筋已明显锈蚀的现象。

相关文献研究表明,混凝土的碳化反应速度跟不上 CO_2 向混凝土内扩散的速度导致钢筋的迎碳化面存在"碳化长度"。对混凝土中的钢筋来说,当 pH≤9 时,钢筋表面不可能有钝化膜存在,即完全处于活化状态;当 pH≥11.5 时,钢筋表面能形成较完整的钝化膜;当 9＜pH＜11.5 时,锈蚀速度随 pH 下降而增大,此时钢筋表面已开始进入活化状态。在忽略氯离子等其他因素影响下,估算完全碳化深度和部分碳化长度的数学表达式分别为

完全碳化深度

$$X_c = 839(1-RH)1.1\sqrt{\frac{\frac{W}{\gamma_c C}-0.34}{\gamma_{HD}\gamma_c c}C_0 \cdot t} \qquad (3-52)$$

部分碳化长度

$$X_L = 1.017 \times 10^4 (0.7-RH)1.82\sqrt{\frac{\frac{W}{C}-0.31}{c}} \qquad (3-53)$$

计算相关参数及其物理意义见表 3-12。在忽略氯离子影响的前提下,其理论计算值与实测值分别如图 3-28、图 3-29（图中样本数 n 为 10,单样本容量大于 100）所示。由于文献[23]给出的数学模型仅适用于环境相对湿度 $RH<70\%$ 的情况,本文根据实测数值认为当环境湿度增大时,部分碳化长度随之减小,并对其计算式进行了修正。

表 3-12　计算相关参数

参数	数值	参数	数值
相对湿度 $RH/\%$	80	水灰比 W/C	0.4
水泥用量 $c/(kg \cdot m^{-3})$	455	CO_2 体积浓度/%	0.032 5
水化程度修正系数 γ_{HD}	1.0	水泥品种修正系数 γ_c	1.0
碳化时间 t/d	1 200	——	

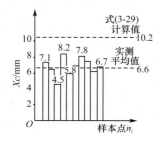

图 3-28　完全碳化深度实测值与计算值

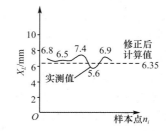

图 3-29　部分碳化长度实测值拟合曲线

由于该工程混凝土水灰比较小,且表面有 2 mm 厚涂刷层,因此实测碳化深度明显小于

式(3-52)计算所得值;式(3-53)中环境湿度修正参数 0.7 更改为 0.98 时,计算得 $X_L=6.31$,符合本文实测部分碳化长度平均值为 6.35 的分布情况,且部分碳化长度随环境湿度的增大而减小。

2. 混凝土氯离子侵蚀试验分析

对于钢筋混凝土结构,氯离子是极强的去钝化剂。氯离子在钢筋表面吸附于局部钝化膜,可使该处的 pH 迅速降低,可使钢筋表面 pH 降低到 4 以下,从而破坏钢筋表面的钝化膜,使其露出铁基体。氯离子虽然不构成腐蚀产物,在腐蚀过程中也不消耗,但是却为腐蚀中间产物的生成起到催化作用。

分别对梁、板柱混凝土按不同施工段进行多点、深度取样,采用 X 荧光分析仪对混凝土样本进行试验分析,氯离子质量分数为 0.02‰～0.07‰,低于轻度盐雾区干湿交替环境下混凝土的氯离子质量分数为 0.1‰ 的限值,因此,可排除混凝土材料氯离子含量超标对钢筋锈蚀的影响。梁内深层钢筋取样圆面保持完好也可验证该结论。同时,对同一芯样的外层和内部深层混凝土进行对比试验,外层氯离子含量明显高于内部深层混凝土,也验证了含氯离子盐雾对混凝土保护层较小钢筋的侵蚀作用。

3. 其他因素

①设计因素

轻度盐雾区普通建筑,板、梁柱构件保护层分别不得小于 30 mm 和 40 mm,而该工程设计文件中板、梁柱的保护层设置分别为 20 mm 和 25 mm,均低于文献要求水平;另外,针对轻度盐雾区的特殊建筑,设计文件仅要求使用防水混凝土,对诸如阻锈剂等其他外加剂未做明确要求。以上设计失误成为造成该工程使用后耐久性不足的"先天缺陷"。

②施工因素

查阅施工资料,该工程施工时间为 7～9 月底,梁、板批次钢筋进场时间在 7 月中旬,混凝土浇筑时间为 9 月下旬,即钢筋在工地现场的储存时间超过 2 个月。气象资料显示,该地区空气湿度在 70‰～90‰,且早晚常有海雾弥漫,结合梁深层钢筋取样和当地施工钢筋储存条件,可推断在梁、板钢筋浇入混凝土前已受盐雾侵蚀发生不同程度的锈蚀,梁内深层钢筋样本肋间存在斑点锈渍即佐证。

在施工过程中,多数区域楼板、梁柱箍筋保护层明显不足。钢筋迎碳化面没有足够的"碳化残量"[23],导致钢筋表面很快脱钝进入活化状态,在原有锈渍的基础上,锈蚀快速发展,进而引起保护层产生裂缝,为盐雾和 CO_2 侵入创造了条件,成为该工程钢筋发生严重锈蚀的主要因素。

③结构工作环境评估

该建筑所在地区无明显工业污染,车库利用率很低,室内无其他污染源。工程现场在海雾蔓延期间,建筑内部金属及玻璃附件上有明显结露或水膜,并造成构件表面潮湿。结合本章的试验分析结果,盐雾对钢筋锈蚀的加速催化作用是不可忽视的,特别是梁底面几乎无保护层的箍筋。

综上所述,该工程钢筋严重锈蚀的主要原因是施工期间钢筋储藏保护不力引起钢筋的初步锈蚀,施工完成后由于混凝土保护层厚度过小,导致包裹钢筋混凝土碳化严重,加快了钢筋脱钝速率,同时引起沿钢筋轴线方向的裂缝,加速了含氯盐雾侵蚀钢筋和 CO_2 中和混凝土碱性环境的速度。在以上因素的共同作用下,钢筋发生了严重锈蚀。

3.8.3　修复加固方案

由原因分析可知,该工程须针对前述多个影响因素对钢筋混凝土结构进行耐久性修复和承载力补强处理,既要去除原有氯离子侵蚀对钢筋的影响和恢复钢筋周围强碱性环境[21],又要保证结构整体的工作性能和加固措施的耐久性。分别对板抗弯承载力、梁抗剪与抗弯承载力、柱抗剪承载力分类进行加固处理,加固设计计算以一个钢筋混凝土柱为例介绍其计算过程。

已知该混凝土结构中的一根柱子,钢筋锈蚀面积损伤率＞5%,通过除锈喷射 C35 细石混凝土后其抗剪承载力仍然小于该柱的剪力设计值,因此对该钢筋混凝土柱进行粘贴碳纤维布加固。

依据《碳纤维片材加固混凝土结构技术规程》[20]对该钢筋混凝土柱进行受剪加固时,应按下列公式进行斜截面受剪承载力计算:

$$V_c \leqslant V_{crc} + V_{ccf} \tag{3-54}$$

$$V_{ccf} = \varphi 2 n_{cf} w_{cf} t_{cf} / (s_{cf} + w_{cf}) \varepsilon_{cfv} E_{cf} h_{cf} \tag{3-55}$$

$$\varepsilon_{cfv} = 2/3(0.2 - 0.3n + 0.12\lambda_c)\varepsilon_{cfu} \tag{3-56}$$

式中　V_c——柱的剪力设计值;

V_{crc}——未加固钢筋混凝土柱的受剪承载力,按《混凝土结构设计规范》的规定计算;

V_{ccf}——碳纤维布承担的剪力;

φ——碳纤维布受剪加固形式系数,对封闭粘贴取 1.0,对 U 形粘贴取 0.85;

n_{cf}——碳纤维布的粘贴层数;

t_{cf}——单层碳纤维布的厚度;

w_{cf}——环形箍或 U 形箍条的宽度;

s_{cf}——环形箍或 U 形箍条的净间距;

ε_{cfv}——达到受剪承载能力极限状态时碳纤维布的应变;

ε_{cfu}——碳纤维布的极限拉应变;

E_{cf}——碳纤维布的弹性模量;

h_{cf}——U 形箍条粘贴的高度,宜取构件截面高度;

n——柱的轴压比,取 $N/f_c A$,N 为柱轴向压力设计值,A 为柱截面面积;

λ_c——柱的剪跨比,对于框架柱取 $H_n/(2h_0)$,当 λ_c 大于 3.0 时,取 $\lambda_c = 3.0$,当 λ_c 小于 1.0 时,$\lambda_c = 1.0$,H_n 为框架柱净高度,h_0 为框架柱的截面有效高度。

具体措施见表 3-13,加固如图 3-30 所示。

表 3-13　　　　　　　　　　　　构件修复处理措施

构件与损伤类型	耐久性或承载力修复措施
保护层 $c \geqslant 30$ mm 板、$c \geqslant 40$ mm 梁柱构件	清除表面原有装修层,涂刷防锈浸渍剂 2 道,防止内部钢筋锈蚀斑点发展
保护层 $c \geqslant 30$ mm 板、$c \geqslant 40$ mm 梁柱钢筋面积损伤率 $\leqslant 5\%$ 构件	凿除钢筋外层混凝土,尽量消除钢筋锈渍的影响,对钢筋表面进行除锈;喷射 C35 细石混凝土,补足保护层厚度,抹平养护

构件与损伤类型	耐久性或承载力修复措施
钢筋面积损伤率＞5％板、梁柱	凿除钢筋外层混凝土,尽量消除钢筋锈渍的影响;对钢筋进行除锈,钢筋表面不得留有锈皮、锈渣;喷射 C35 细石混凝土,补足保护层厚度,抹平养护; 混凝土养护完成后,粘贴碳纤维布

注:①所有喷射混凝土均加入掺入型钢筋阻锈剂,建议掺入量为水泥质量的 2％。

②混凝土水胶比不得大于 0.45。

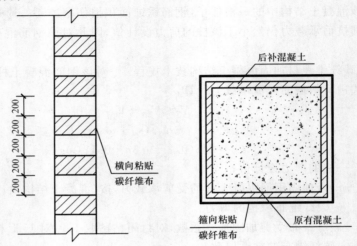

北方某框架剪力墙结构
裂缝成因分析及处理

图 3-30　柱粘贴碳纤维布的立面与断面

3.9　工程实例 3　北方某框架剪力墙结构裂缝成因分析及处理

混凝土是一种多孔胶凝人造石材,属于刚性体,其主要特点是抗压强度高,抗拉强度低,延伸率微小,易产生裂缝。混凝土的裂缝产生主要是由限制条件变形作用引起的,变形作用包括温度变形(水化热、气温、生产热、太阳热)和收缩变形(自生收缩、失水干缩、碳化收缩、塑性收缩等)。

混凝土的裂缝出现是很难避免的,对混凝土裂缝而言,可分为有害裂缝和无害裂缝。

1. 有害裂缝

(1)混凝土结构产生的裂缝对耐久性产生影响。

(2)裂缝有渗漏水。

(3)裂缝贯穿结构层。

(4)混凝土结构的裂缝明显且有渗漏水。

(5)裂缝的深度与构造钢筋相连。

(6)裂缝的宽度大于 0.2 mm,且不能自愈。

(7)裂缝呈网状分布。

(8)裂缝危害结构的安全性及稳定性。

2. 无害裂缝

(1)裂缝的出现对结构耐久性、安全性、稳定性无影响。

(2)裂缝无渗漏水,且不贯通。

(3)裂缝宽度小于 0.2 mm,且不渗漏水。

(4)裂缝可自愈。

混凝土制作应有预防措施,防止产生有害裂缝。如果出现有害裂缝,应对其进行调查、检测、评定与处理,清除有害裂缝,保证混凝土结构的安全性、稳定性、耐久性和无渗漏水。下面以一个具体实例说明裂缝的调查、检测、计算、评定与处理的流程。

3.9.1　工程概况

北方某沿海城市单层地下框架剪力墙结构[24],距海约 200 m,设计为停车场,面积约为 4 810 m²。

主体混凝土浇筑完成回填土后,发现剪力墙内侧墙体有多处竖向裂缝。甲方对其安全性产生怀疑,要求施工单位给予解释,该施工单位委托某检测鉴定中心对该墙体的安全性进行鉴定。该工程近海,空气湿度较大,易产生由氯离子的侵蚀引起的钢筋锈蚀,影响结构的耐久性,从而导致承载能力降低[22],据此对裂缝产生的原因进行分析,并给出相应的处理措施。

3.9.2　损伤调查

经现场勘查,发现剪力墙内侧墙体有多处竖向裂缝,出现位置集中于④~⑭轴线。每片墙体内裂缝多集中于墙下部,高度在 2.0~3.0m。裂缝间距为 2.5~4.0 m,且裂缝宽度自下而上逐渐减小,墙体底部宽度在 0.3~0.4 mm。裂缝贯通,墙体表面渗水。墙体裂缝立面分布特征以⑦~⑧轴线为例,如图 3-31 所示。

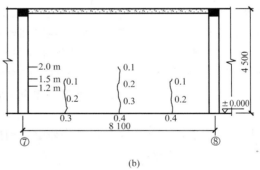

(a)　　　　　　　　　　　　　　　　　(b)

图 3-31　墙体裂缝立面分布特征

3.9.3　结构形式确认

该工程结构体系为现浇钢筋混凝土框架-剪力墙结构,竖向及水平向承重构件为钢筋混凝土梁、板、柱及剪力墙。

3.9.4 原因调查及分析

一般情况下，可能引起地下室剪力墙开裂的主要因素有：混凝土中的氯离子含量超标、土压力作用、收缩变形及温差作用等。根据该工程所处的地理位置及现场裂缝的情况，现进行逐一分析。

1. 氯离子含量

由于该结构处于近海的特殊地理位置，故对开裂处混凝土进行采样，测得氯离子质量分数为 0.06%。检测结果满足《混凝土结构设计规范》[14]规定的耐久性三类环境中氯离子质量分数低于 0.1% 的基本要求。

2. 土压力作用

在土压力作用下形成的裂缝一般特点为横向裂缝，而本工程中的裂缝形态为竖向裂缝，如图 3-33 所示，故可排除本工程裂缝因土压力作用所致。

3. 收缩裂缝

由素混凝土（包括低配筋率混凝土）收缩计算公式[15]可得

$$\varepsilon_y(t)=3.24\times10^{-4}(1-e^{-0.01t})M_1M_2\cdots M_{10}=1.35\times10^{-4} \tag{3-57}$$

$$\delta_f=\varepsilon_y(t)L=1.09\ mm \tag{3-58}$$

式中　$\varepsilon_y(t)$——任意时间的收缩，t（时间）取 30 d；

$M_1M_2\cdots M_{10}$——考虑各种非标准条件的修正系数，$M_1=1.0$，$M_2=1.0$，$M_3=1.0$，$M_4=1.21$，$M_5=1.2$，$M_6=1.11$，$M_7=1.0$，$M_8=1.0$，$M_9=1.0$，$M_{10}=1.0$；

L——单跨梁宽度，取 8 100 mm；

δ_f——裂缝宽度。

式（3-58）的计算结果 1.09 mm 与实际裂缝宽度 0.3～0.4 mm 相差悬殊，但是由于混凝土收缩会导致开裂，所以是正确的。

4. 温差作用

温差裂缝可分为水化热产生的温差裂缝和环境温差形成的温差裂缝两类。

混凝土施工期间，在其浇筑后的硬化过程中水泥水化产生大量的水化热，造成内、外的较大温差，从而在混凝土表面形成较大的拉应力。此类裂缝多沿着长边分段出现，中间较密。裂缝宽度大小不一，通常是中间粗两端细，呈枣核状，与本工程的裂缝特点不符，故排除。

环境温差形成的温差裂缝是指在超静定结构中，由于构件不同侧面的温差引起构件变形受到约束而形成的裂缝。

该工程回填土时间为 7 月下旬，正值该地区的高温季节。剪力墙外侧回填土温度在 20 ℃左右，现场测量未采取保温措施的结构内部温度可达到 60 ℃以上。墙体内、外温差达到 40 ℃，墙体变形受到两侧框架柱、下部地基梁及上部连梁的共同约束，可能产生温度变形裂缝。现场发现，墙内侧裂缝高度均在外侧回填土高度以下，可基本印证此推断。

3.9.5 剪力墙裂缝宽度计算

根据上述分析，结合本工程的实际特点，将剪力墙简化成一个五跨连续梁模型。分析判断其在此类环境下是否开裂，进而计算裂缝宽度。

1. 弯矩图的确定

把剪力墙简化成一个五跨连续梁,每跨长度为 8 100 mm,厚度为 300 mm,梁的上侧面温度为 20 ℃,下侧面为 60 ℃,如图 3-32 所示。选取 1 000 mm 宽的剪力墙板带为计算梁单元。

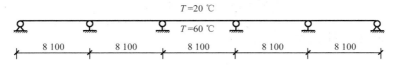

图 3-32 单元梁计算简图

为了方便计算,忽略钢筋的作用,弹性模量取混凝土弹性模量 E_c,利用力法[14]求解得到的弯矩图,如图 3-33 所示。

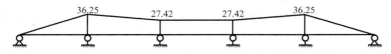

图 3-33 单元梁弯矩图(单位:kN·m)

2. 混凝土拉应变计算[25、26]

由上节计算可知,最大弯矩为 $M_K = 36.25$ kN·m

可得受拉钢筋的应力为 $$\sigma_{sk} = \frac{M_K}{A_s \eta h_0} = 64.2 \text{ MPa}$$

受拉钢筋的应变为 $$\varepsilon_s = \sigma_{sk}/E_s = 3.21 \times 10^{-4}$$

其中 $E_s = 2 \times 10^5$ MPa;$\varepsilon_{ty} = 1.0 \sim 1.5 \times 10^{-4}$,在剪力墙结构中 $\varepsilon_{s0} \approx \varepsilon_{ty}$,由于 $\varepsilon_s > \varepsilon_{s0}$,因此受拉区混凝土开裂。

式中 M_K——按荷载的标准组合计算的弯矩值;

       A_s——纵向受拉钢筋截面面积,取 2 449 mm²;

       η ——裂缝截面内力臂长度系数,一般取 0.87;

       h_0——截面有效高度,取 265 mm。

3. 裂缝宽度计算[15]

单元梁裂缝宽度计算过程见表 3-14。

表 3-14   单元梁裂缝宽度计算流程

参数名称	混凝土收缩应变 ε_y	当量温度 T_r	综合温差 T	主裂缝平均间距 $[L]$	单元梁裂缝宽度 δ_f
计算公式	$\varepsilon_0(1 - e^{-0.01t})$	$-\dfrac{\varepsilon_y}{a}$	$-(T_{max} - T_{min}) + T_r$	$1.5\sqrt{\dfrac{EH}{C_x}}\text{arcch}\dfrac{|\alpha T|}{|\alpha T| - \varepsilon_p}$	$1.5\varphi\dfrac{\alpha|T|}{\beta}\text{th}\dfrac{\beta L}{2}$
计算结果	0.84×10^{-4}	-8.4 ℃	-48.4 ℃	4 500 mm	0.37 mm

注:①ε_0 为标准状态下混凝土极限收缩应变,取 3.24×10^{-4}。

   ②t 为混凝土浇筑时间,取 30 d。

   ③a 为温度系数,取 1×10^{-5}。

   ④T_{max} 为墙体中混凝土的最高温度,取 60 ℃。

   ⑤T_{min} 为墙体中混凝土的最低温度,取 20 ℃。

   ⑥ε_p 为混凝土极限拉伸,取 0.8×10^{-4}。

⑦φ为裂缝宽度衰减系数,取 0.24。

⑧$\beta=\sqrt{\dfrac{C_x}{HE}}$。

⑨C_x为地基水平阻力系数,取 120×10^{-2} N/mm³。

⑩H为墙体高度,取 1 000 mm。

⑪E为混凝土弹性模量,取 2.8×10^4 N/mm²。

3.9.6 裂缝处理方案

该工程剪力墙的裂缝,绝大多数为变形因素所致,裂缝宽度除个别较宽外,均在 0.3 mm 及以下,虽不会危及结构安全,但大多数属于贯穿性裂缝,将影响结构的正常使用和耐久性。因此,应进行处理。

常规处理方法[27]:一般采用环氧树脂浆液进行表面封缝或者用开 V 形槽灌微膨胀水泥浆液修补,但二者均属于脆性材料,当混凝土收缩时修补表面易出现裂纹,从而出现渗水现象,导致修补失败。为此选用上海凯顿百森公司生产的结晶型防水材料凯顿百森 T1、B(水泥基渗透结晶型防水材料)。裂缝处理流程见表 3-15。

表 3-15 裂缝处理流程

步骤	图示	说明
1	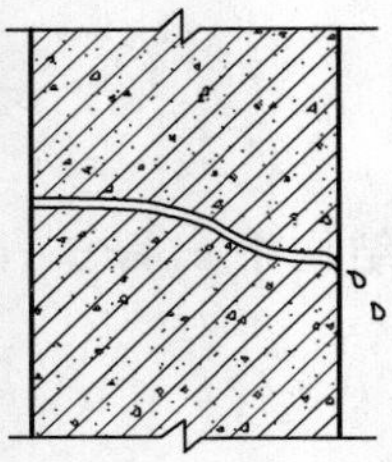	使用一把 25 mm 宽的方凿子,沿裂缝深度方向凿成一个宽 25 mm、深 38 mm 的"U"形槽沟
2	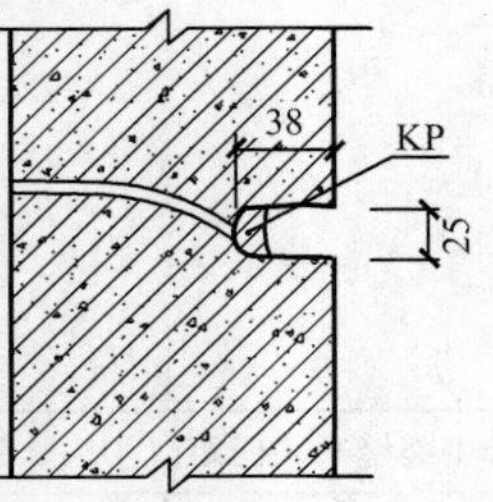	将 4 份 KB 与 1 份水混合,沿水流方向自上而下修复,填入槽内 1/3 压实
3	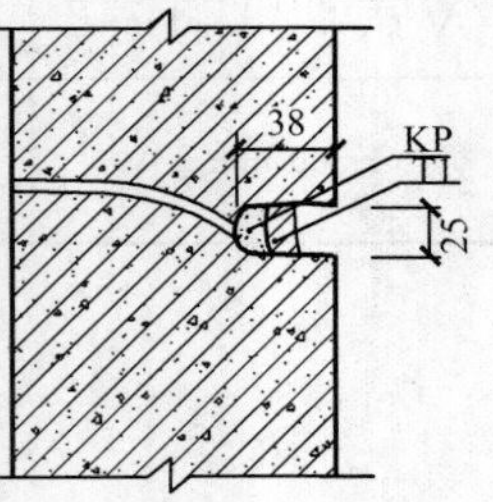	待 KB 固化(约 1 min)后,将 5 份 T1 与 1份水混合,填入槽内 2/3 处压实

续表

步骤	图示	说明
4	KP 38 T1 KB 25 0.5 m宽T1涂层	将 4 份 KB 与 1 份水混合后,填平其余的空隙,然后再将 5 份 T1 与 2 份水混合成浆状,涂于被处理表面,并在 24 h 内保持湿润

3.10　工程实例 4　某厂房安全性鉴定

3.10.1　工程概况

某厂房为单层钢筋混凝土排架结构厂房,建于 1980 年。由某冶金设计院设计,具体施工单位不详。房屋建筑平面呈矩形,东西向长度为 48.480 m、南北向宽度为 18.480 m,为单层厂房,总建筑面积约为 900 m²,由于该房屋年限较久,为了解房屋安全状况,由甲方委托某房屋质量检测站对该房屋结构安全性进行检测评定,并对可能存在的问题提出处理建议。房屋为单层装配式钢筋混凝土排架结构,纵向设 9 榀双跨排架结构,各榀排架间距为 6 000 mm,牛腿以下部分主要为"I"形截面,翼缘单侧配筋为 4 Φ 20,箍筋为 Φ 6@200;牛腿以上部分为矩形截面,纵筋为 4 Φ 20,箍筋采用 Φ 6@200(图 3-34)。根据委托方提供的房屋原始结构设计图纸,房屋混凝土柱下采用混凝土独立基础,基础平面尺寸主要为 2 500 mm×3 500 mm,基础埋深为 1.5 m,外边缘厚度为 200 mm。房屋原混凝土柱混凝土强度设计等级为 C25。

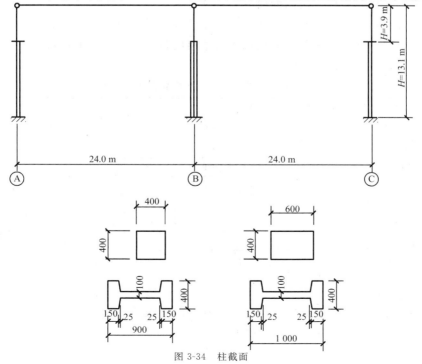

图 3-34　柱截面

3.10.2 损伤调查

根据现场检测条件,对房屋损伤状况进行了检测。由于房屋新装修过,所以现场检测未发现房屋楼屋面梁、板及混凝土柱有明显的开裂及混凝土构件锈蚀等损伤,也未发现由相对不均匀沉降导致的墙体开裂及其他结构损伤。

3.10.3 荷载调查

为了对房屋结构的安全性做出正确的评价,对房屋的使用荷载进行了调查分析,为房屋结构性能的计算、分析提供依据。荷载调查主要包括使用活荷载和楼(屋)面板结构层厚度、建筑面层做法及其厚度等的全面调查。活荷载的取值主要根据实际建筑功能按照国家标准《建筑结构荷载规范》[16]确定,楼(屋)面恒载的确定根据楼板设计厚度、建筑构造做法确定,分隔墙荷载根据墙体材料、厚度、高度确定。

屋面按不上人屋面考虑,其活荷载标准值取为 0.5 kN/m^2。

考虑梁柱构件表面粉刷层的重量,混凝土容重近似取 26 kN/m^3;钢材容重取 78 kN/m^3。修正后的基本风压取 0.55 kN/m^2,地面的表面粗糙度取 C 类。

3.10.4 结构形式确认

结构形式为单层钢筋混凝土排架结构厂房,竖向承重结构为排架柱。

3.10.5 现场检测

1. 根据房屋原设计建筑结构图纸,对房屋建筑结构现状进行检测与复核,为房屋结构安全检测提供基本依据。

(1)主要轴线尺寸和楼层层高的检测与复核

采用 DISTO CLASSIC4 型手持式激光测距仪和钢卷尺对主要轴线间距和楼层净空进行实测。检测结果表明,房屋主要轴线尺寸及楼层层高均与设计图纸相符。表 3-16 给出了主要轴网尺寸抽样检测与复核结果。

表 3-16　　　　　　　　　　主要轴网尺寸抽样检测与复核结果

检测位置	轴网尺寸复核/mm		尺寸偏差/mm	复核结果/%
	设计值	实测值		
1—A1~A2 轴	6 000	5 969	−31	−0.52
A—4~5 轴	6 000	6 029	+29	+0.48
9—A1~A2 轴	6 000	6 020	+20	+0.33
B—8~9 轴	6 000	5 961	−39	−0.65
B—7~8 轴	6 000	5 987	−13	−0.22
B—4~5 轴	6 000	6 003	+3	+0.05

注:①表中复核结果为实测值与设计值的差值占原设计值的百分比,数据前"+"表示实测较原设计值大,"−"表示实测值较原设计值小。

②实测值已扣除墙面粉刷层厚度。

③主要轴网尺寸采用 DISTO CLASSIC4 型手持式激光测距仪,测量结果含测量误差。

④根据复核结果,轴网尺寸实测值与设计值基本相符。

（2）建筑分隔、门窗位置的检测与复核

采用 DISTO CLASSIC4 型手持式激光测距仪和钢卷尺对房屋各层墙体布置及门窗洞口尺寸进行实测。结果表明，房屋建筑分隔、门窗位置等与设计图纸基本相符。

（3）结构布置情况的检测与复核

采用 DISTO CLASSIC4 型手持式激光测距仪和钢卷尺对房屋各层梁、柱结构布置及楼（屋）面板的布置等进行复核。现场复核结果表明，房屋各层结构构件布置均与设计图纸相符。

（4）主要钢筋混凝土结构构件截面尺寸及配筋的检测与复核

用钢卷尺量测构件截面尺寸，用 HILTI FERROSCAN PS200 型钢筋探测仪对构件的配筋数量（包括箍筋间距和纵筋数量）进行了检测与复核，选取有代表性的混凝土构件凿去表面混凝土保护层，用游标卡尺量测钢筋直径。现场检测结果表明，各楼层梁、柱及板构件截面尺寸及配筋情况均与设计图纸相符。

受现场条件限制，未能对房屋基础情况进行调查。

2. 房屋倾斜情况的检测

根据现场测试条件，采用中纬 ZTS600 型电子全站仪对房屋的整体倾斜情况进行了检测。通过测量外墙转角处上、下两端的相对三维坐标（含施工误差）推算房屋整体倾斜率，实测结果见表 3-17。

从表中可以看出，房屋东西向整体表现为向中间倾斜，向东、向西最大倾斜率分别为 1.138‰ 和 3.317‰；南北向整体表现为向中间倾斜，向南、向北最大倾斜率分别为 2.947‰ 和 2.416‰。各方向倾斜值均低于国家标准《建筑地基基础设计规范》（GB 50007—2011）[28]关于同类建筑结构倾斜限值（4‰）。

表 3-17　　　　　　　　　　　房屋倾斜率实测结果

测点位置	测试方向	倾斜方向	倾斜率/‰
1—B 轴外墙转角处	东西	向东	1.138
	南北	向南	2.947
9—B 轴外墙转角处	东西	向西	2.601
	南北	向南	1.452
9—A 轴外墙转角处	东西	向西	3.317
	南北	向北	2.416
1—A 轴外墙转角处	东西	向东	1.008
	南北	向北	1.113

3.房屋主要结构材料强度的检测

房屋为单层钢筋混凝土排架结构。根据现场检测条件,采用回弹法对部分柱混凝土强度进行了检测。受现场条件限制,未能对钢结构强度及钢筋强度进行抽样检测。

随机选取 5 根混凝土柱,采用回弹法检测结构混凝土强度。每个构件选取 10 个测区,用砂轮磨光混凝土表面后,每个测区布置 16 个测点,用 HT225A 型混凝土回弹仪测量回弹值,最后根据《回弹法检测混凝土抗压强度技术规程》[6]有关规定,推定各测区的混凝土计算强度(经混凝土芯样修正[8])。在此基础上,统计构件各测区混凝土实测强度值的平均值、均方差及最小值,根据技术规程推定各构件的混凝土抗压强度,并对各检测单元混凝土强度进行综合评定,具体参见表 3-18。结果表明满足原设计要求。

表 3-18 　　　　　　　　　　　回弹法检测混凝土的抗压强度实测结果 　　　　　　　　　　　MPa

构件编号	检测部位	测区强度平均值	测区强度最小值	测区强度标准差	构件强度推定值
ZH-1	A－5 轴柱	42.0	38.2	2.97	37.13
ZH-2	A－4 轴柱	37.6	29.1	3.75	31.44
ZH-3	A－3 轴柱	31.6	30.5	0.71	30.40
ZH-4	A－2 轴柱	41.4	38.0	2.93	36.57
ZH-5	A－1 轴柱	39.9	37.4	2.18	36.28
综合评定	(1)该单元构件强度平均值为 34.36 MPa,最小值为 30.40 MPa,标准差为 3.18 MPa; (2)平均值－2.463×标准差＝26.53 MPa＜30.40 MPa; (3)该单元构件混凝土强度综合评定值为 30.40 MPa				

3.10.6　承载力计算

为了解房屋正常使用情况下的结构安全状况,不考虑地震作用,对房屋结构安全性进行计算分析,按照框排架结构体系,根据《混凝土结构设计规范》[14]和《钢结构设计规范》[29]的有关要求,对房屋结构安全性进行了计算分析。计算时,房屋结构构件截面尺寸按现场检测与复核后的实际尺寸取值,荷载按实际调查结果取值。根据材料强度实测结果,复核计算混凝土强度等级(取 C30)。受现场条件限制,未能对钢筋强度及钢结构强度进行检测,钢筋强度根据钢筋类型(HRB400 级钢筋)按原设计强度取值。

限于篇幅,不对荷载统计进行展开,以 A 柱为例进行说明[30],进行荷载统计之后的结果见表 3-19(a)。

表 3-19(a)

A柱内力设计值汇总

A柱及所受的内力		恒载	屋面活载		吊车竖向荷载				吊车水平荷载		风荷载	
荷载类别												
序号		1	AB跨 2	BC跨 3	A柱 4	B柱左 5	B柱右 6	C柱 7	AB跨 8	BC跨 9	左风 10	右风 11
I-I	M	14.07	0.42	2.11	-49.06	-54.13	45.16	-9.3	±7.4	±27.38	5.22	-15.7
	N	268.44	37.8	0	0	0	0	0	0	0	0	0
II-II	M	-41.59	-9.04	2.11	124.34	-27.46	45.16	-9.3	±7.4	±27.38	5.22	-15.7
	N	339.6	37.8	0	578	0	0	0	0	0	0	0
III-III	M	21.07	-3.79	6.91	-12.38	88.91	48.22	-30.46	±149.90	±89.86	155.55	-121.06
	N	389.69	37.8	0	578	88.91	0	0	0	0	0	0
	V	7.04	0.59	0.54	-12.58	-13.88	11.58	-2.38	±16.01	±7.02	27.70	-17.27

注:M 单位为 kN·m,N 单位为 kN,V 单位为 kN。

表 3-19(b)

A柱内力组合表

截面	内力	组合项	工况 a	组合项	工况 b	组合项	工况 c	组合项	工况 d
I-I	M	$1+0.9\{2+3+0.9\langle6+9\rangle+10\}$	87.10	$1+0.9\{0.8(5+7)+0.9\times9+11\}$	-67.90	$1+2+3+6$	61.75	$1+0.9\{3+0.9\langle6+9\rangle+10\}$	79.42
	N		320.46		286.44		324.24		286.44
II-II	M	$1+0.9\{3+0.8(4+6)+0.9\times9\}$	109.22	$1+0.9\{2+0.8(5+7)+0.9\times9+11\}$	-104.36	$1+0.9\times4$	70.32	$1+0.9\{0.9(7+9)+11\}$	-85.42
	N		755.76		437.64		859.80		339.60
III-III	M	$1+0.9\{3+0.8(4+6)+0.9\times8+10\}$	404.34	$1+0.9\{2+0.8(5+7)+0.9\times8+10\}$	-343.44	$1+0.9\times41+0.9\times4$	32.21	$1+0.9\{3+0.9\langle6+9\rangle+10\}$	360.13
	N		805.85		487.73		909.89		389.69
	V		44.70		-37.06		-4.28		47.52

注:M 单位为 kN·m,N 单位为 kN,V 单位为 kN。

基本组合采用的荷载组合方式用规范给出的简化组合方式,即:

(1)恒荷载+0.9(任意两个或者两个以上活荷载之和)

(2)恒载+任意活荷载

标准组合,也可采用上述的基本组合规则,但荷载的分项系数均为 1.0。

内力组合之后的结果见表 3-19(b)。

最不利内力:$+M_{max}$ 及相应的 N、V;$-M_{max}$ 及相应的 N、V;N_{max} 及相应的 M、V;N_{min} 及相应的 M、V。

混凝土强度等级为 C30,$f_c=14.3\ N/mm^2$,$f_{tk}=2.01\ N/mm^2$。

采用 HRB400 级钢筋,$f_y=f'_y=360\ N/mm^2$,$\zeta_b=0.518$,上、下柱均采用对称配筋。

1. 上柱的配筋计算

由内力组合表(表 3-19(b))可见,上柱截面有 4 组内力,取 $h_0=400-40=360\ mm$,附加偏心距 $e_a=20\ mm$(大于 400/30),根据表 3-20 判断大小偏心。

表 3-20 判断大小偏心

N	$M/N+e_a$	$0.3h_0$	判别结果
320.46	291.80	108	大偏心
286.44	257.05	108	大偏心
324.24	210.45	108	大偏心
286.44	297.27	108	大偏心

可见,4 组内力为大偏心,对于大偏心受压内力,在弯矩较大且比较接近的两组内力中,取轴力较小的一组,即

$$M=79.42\ kN\cdot m$$
$$N=286.44\ kN$$

上柱的计算长度为

$$l_0=2H_u=2\times3.9=7.8\ m$$
$$e_0=M/N=277\ mm$$
$$e_i=e_0+e_a=297\ mm$$
$$l_0/h=7\ 800/400=19.5>5$$

应考虑偏心矩增大系数 η_{ns}

$$\zeta_c=0.5f_cA/N=0.5\times14.3\times160\ 000/286440=3.994>1,取\ \zeta_c=1.0 \qquad (3-59)$$

$$\eta_{ns}=1+\frac{1}{1300(M_2/N+e_a)/h_0}\left(\frac{l_0}{h}\right)^2\zeta_c$$

$$=1+\frac{1}{1300(79.42/286.44\times10^3+20)/360}\left(\frac{7800}{400}\right)^2\times1$$

$$=1.354 \qquad (3-60)$$

$$\xi=N/(\alpha_1 f_c bh_0)=286\ 440/(1\times14.3\times400\times360)=0.139<2a_s/h_0=2\times40/360=0.222 \qquad (3-61)$$

由于 C30<C50,所以 $\alpha_1=1.0$

取 $x=2a_s$ 进行计算,即

$$e'=\eta_{ns}\cdot e_i-h/2+a_s=1.354\times297-400/2+40=242.14\ mm$$

$$A_s=A'_s=\frac{Ne'}{f_y(h_0-a_s)}=\frac{286\ 440\times242.14}{360\times(360-40)}=602.67\ mm^2 \qquad (3-62)$$

已有配筋为 4 Φ 20,面积为 1 256 mm^2＞602.07×2＝12.04 mm^2

满足要求。

平面外承载力验算见文献[15],由规范可得柱间支撑垂直排架方向柱的计算长度 l_0＝1.25H_u,即

$$l_0＝1.25Hu＝1.25×3.9＝4.875 \text{ m}$$
$$l_0/b＝4 875/400＝12.19$$

查表得 φ＝0.95,A_s 为配筋总面积,则

$$N_u＝0.9\varphi(f'_y A'_s＋f_c A) \tag{3-63}$$

N_u＝0.9×0.95×(14.3×400×400＋360×628×2)×10^{-3}＝2 342.84 kN＞N＝286.44 kN

满足要求。

2. 下柱的配筋计算

取 h_0＝900－40＝860 mm,与上柱计算方法相似,选择两组最不利内力:

M＝404.34 kN·m　　　　M＝360.13 kN·m

N＝805.85 kN　　　　　N＝389.69 kN

(1)按 M＝404.34 kN·m,N＝805.85 kN 计算

$$L_0＝H_u＝13.1－3.9＝9.2 \text{ m}$$

附加偏心矩　　　　e_a＝900/30＝30 mm(＞20 mm)

$$b＝100 \text{ mm}$$
$$b'_f＝400 \text{ mm}$$
$$h_f＝150 \text{ mm}$$
$$e_0＝M/N＝404 340 000/805 850＝502 \text{ mm}$$
$$e_i＝e_0＋e_a＝532 \text{ mm}$$
$$L_0/h＝9 200/900＝10.22＞5 \text{ 而且} <15$$

应考虑偏心矩增大系数 η_{ns}

ζ_c＝0.5$f_c A/N$＝0.5×14.3×[100×900＋2×(150＋175)×150]/805 850＝1.66＞1

取

$$\zeta_c＝1$$

$$\eta_{ns}＝1＋\frac{1}{1\ 300\ \dfrac{(M_2/N＋e_a)}{h_0}}\left(\frac{l_0}{h}\right)^2\zeta_c$$

$$＝1＋\frac{1}{1\ 300\ \dfrac{(404.34/805.85×10^3＋30)}{860}}\left(\frac{9\ 200}{900}\right)^2×1$$

$$＝1.13 \tag{3-64}$$

$\eta_{ns}e_i$＝1.13×532＝601.16＞0.3×860＝258,所以为大偏心受压,假定中和轴位于翼缘内,则

$$x＝N/(\alpha_1 f_c b'_f)＝805 850/(1×14.3×400)＝140.9<h'_f＝150 \text{ mm} \tag{3-65}$$

说明中和轴位于翼缘内,则

$$e＝\eta_{ns}e_i－h/2＋\alpha_s＝1.13×532－900/2＋40＝191.16 \text{ mm}$$

$$A_s＝A'_s＝\frac{Ne'}{f_y(h－a'_s－a_s)}＝\frac{805 850×191.16}{360×(900－40－40)}＝521.83 \text{ mm}^2$$

(2)按 M＝360.13 kN·m,N＝389.69 kN 计算

$$L_0＝H_u＝1×9.2＝9.2 \text{ m}$$

附加偏心矩　　　　e_a＝900/30＝30 mm(＞20 mm)

$$b＝100 \text{ mm}$$

$$b'_f = 400 \text{ mm}$$
$$h_f = 150 \text{ mm}$$
$$e_0 = M/N = 360\ 130\ 000/389\ 690 = 924 \text{ mm}$$
$$e_i = e_0 + e_a = 954 \text{ mm}$$

$L_0/h = 9\ 200/900 = 10.2 > 5$ 而且 < 15

应考虑偏心矩增大系数 η_{ns}

$\zeta_c = 0.5 f_c A/N = 0.5 \times 14.3 \times [100 \times 900 + 2 \times 150 \times (150 + 175)]/389\ 690 = 3.44 > 1$,
则取 $\xi_c = 1$

$$\begin{aligned}
\eta_{ns} &= 1 + \frac{1}{1\ 300(M_2/N + e_a)/h_0}\left(\frac{l_0}{h}\right)^2 \zeta_c \\
&= 1 + \frac{1}{1\ 300(360.13/289.69 \times 10^3 + 30)/860}\left(\frac{9\ 200}{900}\right)^2 \times 1 \\
&= 1.078
\end{aligned} \tag{3-66}$$

$\eta_{ns} e_i = 1.079 \times 954 = 1028.41 > 0.3 \times 860 = 258$ mm,说明为大偏心受压,假定中和轴位于翼缘内,则

$$x = N/(\alpha_1 f_c b'_f) = 389\ 690/(1 \times 14.3 \times 400) = 68.13 \text{ mm} < h_f = 150 \text{ mm} \tag{3-67}$$

说明中和轴位于翼缘内,则

$$e' = \eta_{ns} e_i - h/2 + a_s = 1\ 028.41 - 900/2 + 40 = 618.41 \text{ mm} \tag{3-68}$$

$$A_s = \frac{Ne'}{f_y(h - a'_s - a_s)} = \frac{389\ 690 \times 618.41}{360 \times (900 - 40 - 40)} = 816.36 \text{ mm}^2 \tag{3-69}$$

已有配筋为 4 Φ 20,面积为 1 256 mm²>816.36 mm²,故满足要求。

另外,经验算柱弯矩作用平面外承载力满足要求。

计算结果表明:

(1)房屋各混凝土柱计算配筋小于实际配筋,满足承载力的计算要求。

(2)屋面采用预应力屋架及大型屋面板承重,现场检测未见有明显的结构损伤,表明处于正常工作状态,在未来使用荷载不增大的前提下,可认为满足结构安全性要求。

根据房屋结构安全性的计算分析可知,在不考虑地震作用下,房屋整体满足结构安全性的要求。

3.11　小　结

本章首先介绍了混凝土结构工程进行检测鉴定及加固的原因,其次介绍了混凝土结构工程的检测内容及依据;之后讲解了混凝土结构工程常见的事故及其原因以及常见的检测、加固方法;最后通过 4 个具体的实例按照损伤调查、荷载调查、结构形式确认、现场检测、数据处理、承载力计算、鉴定结论、加固处理方案的程序详细讲解了混凝土结构工程检测鉴定及加固的方法和流程,体现了混凝土结构基本原理在工程结构出现事故时的应用以及现行国家(行业)标准、规范、规程的应用。

混凝土无损检测技术的总体发展趋势是由人工检测向自动化检测,由破损检测向无损

检测技术发展；由低速度、低精度向高速度、高精度发展。近年来，混凝土无损检测得到了很大发展，但混凝土无损检测方法还未完善，检测精度和可靠度还需提高。需要建立更加完备的混凝土无损检测体系，开展对混凝土结构综合性能评定，进行过程监控和在役检测的研究。进一步扩大混凝土无损检测技术的检测内容和使用范围，如混凝土耐久性的检测、在役混凝土建筑物健康检测与监测、混凝土早期强度检测，高强高性能混凝土强度、稳定性的检测等。

习题与思考题

1.当混凝土实测强度不满足设计要求时，是否可以直接判定该构件不安全？请说明原因。

2.对于混凝土结构工程，常见的委托安全鉴定的原因有哪些？

3.混凝土结构常见的加固方法有哪些？

4.混凝土结构产生裂缝的原因有哪些？

5.对于混凝土构件的安全鉴定，取样标准是怎样的？

6.如何通过取芯回弹法对混凝土强度进行评定？

7.某一梁截面的配筋信息如图 3-35 所示，环境类别为 2b 类，安全等级为二级，通过计算该梁承担的弯矩设计值为 150 kN·m，混凝土设计强度为 C30，由于施工原因造成后期该混凝土实测强度值推定值为 C20。

(1)通过计算判断此梁是否安全。

(2)如果不安全应如何进行加固？

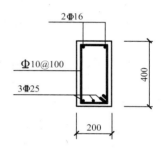

图 3-35　构件实际截面配筋信息

8.某建筑物地下两层混凝土结构，混凝土全部采用 C30，其中一榀框架如图 3-36 所示，柱配筋信息如图 3-37 所示，所有柱都一样配筋。此榀框架右侧有人工回填土。结构可简化为图 3-38 所示，其中恒载 $g=80$ kN/m，活荷载 $q=20$ kN/m。由于存在其他结构，左侧柱子在离顶部 1.3 m 的 O 点位置作用有一个水平方向的温度位移 $\Delta=15$ mm。结构施工完毕，在 AO 段柱子上出现一条自左上至右下的斜向裂缝，最大宽度可达 4.2 mm。

(1)试分析柱子产生裂缝的原因。

(2)对此种情况，应如何对结构进行处理？

(3)假如对柱子采用碳纤维布进行加固，应如何加固？

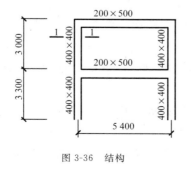

图 3-36　结构

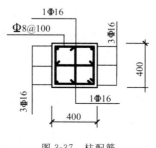

图 3-37　柱配筋

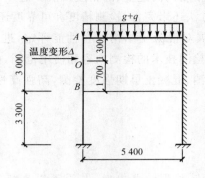

图 3-38　结构简图

参考文献

[1] 苗吉军,王典武,刘延春,等.强震后"北川废墟"不同结构形式损害原因分析[J].青岛理工大学学报,2009,30(6):18—24.

[2] 苗吉军,王俊富,刘才玮,等.损伤后混凝土框架结构火灾试验研究[J].建筑结构学报,2012,33(2):1—7.

[3] 苗吉军,刘延春,于素健.某异形柱框架房屋混凝土面层爆裂剥落的鉴定加固[J].建筑结构,2006,30(11):30—33.

[4] 苗吉军,朱琼琼,刘延春,等.某渔业车间火灾后检测鉴定及加固修复对策研究[J].工业建筑,2011,41(11):134—137.

[5] 柳炳康,吴胜兴,周安.工程结构鉴定加固与改造[M].中国建筑工业出版社,2008.

[6] JGJ/T 23—2011.回弹法检测混凝土抗压强度技术规程[S].北京:中国建筑工业出版社,2011.

[7] CECS 21—2000.超声法检测混凝土缺陷技术规程[S].北京:中国建筑工业出版社,2000.

[8] JGJ/T 384—2016.钻芯法检测混凝土强度技术规程[S].北京:中国建筑工业出版社,2016.

[9] GB 50204—2015.混凝土结构工程施工质量验收规范[S].北京:中国建筑工业出版社,2015.

[10] JGJ 8—2016.建筑变形测量规范[S].北京:中国建筑工业出版社,2016.

[11] 苗吉军,曾在平,刘延春,等.冻融循环下玄武岩纤维加固混凝土构件性能研究[J].建筑结构学报,2010,(S2):266—269.

[14] GB/T 50344—2004.建筑结构检测技术标准[S].北京:中国建筑工业出版社,2004.

[15] 江见鲸,王元清,龚晓南,等.建筑工程事故分析与处理[M].中国建筑工业出版社,2014.

[16] GB 50010—2010.混凝土结构设计规范[S].北京:中国建筑工业出版社,2010.

[17] 王铁梦. 工程结构裂缝控制[M]. 中国建筑出版社,2007;22—26,144—240.

[18] GB 50009—2012. 建筑结构荷载规范[S]. 北京:中国建筑工业出版社,2012.

[19] 龙驭球,包世华. 结构力学教程[M]. 高等教育出版社,2004;401—431.

[20] 苗吉军,毕文萍. 碳纤维布加固足尺混凝土柱偏压试验研究及有限元分析[J]. 建筑结构学报,2010,Z1:232—237.

[21] 苗吉军,郝勇,刘延春,等. 低强度混凝土楼板可靠性鉴定与加固研究[J]. 建筑技术,2007,38(6):424—427.

[22] CECS 146:2003《碳纤维片材加固混凝土结构技术规程》[S]. 北京:中国计划出版社,2007.

[23] 苗吉军,李乌江,刘延春,等. 沿海某混凝土框架结构钢筋锈蚀原因分析与修复加固对策研究[J]. 建筑结构,2010.2(3):80—83.

[24] 张伟平,张誉. 一般大气环境下混凝土中钢筋开始锈蚀的时间预测[J]. 四川建筑科学,2003.28(1):27—34.

[25] 蒋利学,张誉. 混凝土部分碳化长度的分析与计算[J]. 工业建筑,1999.29(1):4—7.

[26] 苗吉军,刘才玮,刘延春,等. 某沿海地下停车场剪力墙裂缝开裂分析及处理研究. 工业建筑[J] 2008.38(S1):358—361.

[27] 过镇海,时旭东. 钢筋混凝土原理和分析[M]. 清华大学出版社,2006;6—19,239—271.

[28] 东南大学、同济大学、天津大学. 混凝土结构[M]. 中国建筑工业出版社,2011;103—106.

[29] GB 50367—2006. 混凝土结构加固设计规范[S]. 北京:中国建筑工业出版社,2006.

[30] GB 50007—2011. 建筑地基基础设计规范[S]. 北京:中国建筑工业出版社,2012.

[31] GB 50017—2017. 钢结构设计标准[S]. 北京:中国计划出版社,2017.

[32] 张学宏. 建筑结构[M]. 北京:中国建筑工业出版社,2008;107—131.

第4章 既有钢结构厂房结构安全鉴定

学习目标

(1)了解目前钢结构厂房面临的主要问题及需要进行安全性鉴定的情况。

(2)了解钢结构损伤机理及危害。

(3)了解目前钢结构检测鉴定与加固项目及常见的规范、规程。

(4)了解目前钢结构厂房加固的常见方法。

(5)了解钢结构设计原理。

4.1 引 言

20世纪80年代是我国改革开放的起步阶段和大力发展工业经济的初期,工业厂房的建设往往追求短周期、快上马、早投产,在开发建设监管体系还不十分成熟和急于追求经济效益等多重因素制约下,很多工业建筑的质量安全无法得到有效保证。在经过几十年的高密度使用后,质量安全状况更加恶化。目前主要面临下列问题:

1. 先天不足,隐患甚多

早期建成的工业建筑本身存在很多质量缺陷,有的还存在严重的安全隐患。当时大多数建筑是无报建、无地质资料、无证设计、无证施工、无质量监督和竣工验收的"五无"工程。从设计角度讲,无地质资料,凭经验盲目设计,加上无证设计,其基础和主体结构设计的安全可靠度值得怀疑;从施工角度讲,无证施工,偷工减料,隐患重重;从管理角度讲,无报建、无质量监督和竣工验收,施工过程中没有任何环节处于有效监管之下,建筑物的质量安全状况缺少相对客观科学的结论。

2. 不当使用,"内伤"不少

一是很多工业厂房经常变换租户,在设备拆装和日常生产中,对厂房粗暴使用,造成结构损伤。二是未经批准擅自改变使用功能、改变建筑主体结构的现象比较普遍。如随意加隔墙、加层、加货梯、加水池等,对主体结构造成永久性损伤。三是火灾频发,使梁、柱混凝土损伤,影响了混凝土强度,造成建筑物使用年限缩短。

3. 长期使用,部分构件疲劳

一般工业建筑正常使用年限为50年,按照上述情况推算,改革开放初期建成的工业厂房,其实际安全使用年限应在35年左右,目前绝大多数已使用超过30年,部分厂房已使用近40年。尽管从总体上看没达到使用年限,但很多建筑的局部受力构件已经提前进入疲劳状态,随时会有发生意外的危险。

根据《工业建筑可靠性鉴定标准》(GB 50144－2008)[1]规定，工业建筑在下列情况下，应进行可靠性鉴定：达到设计使用年限拟继续使用时；用途或使用环境改变时；进行改造或增容、改建或扩建时；遭受灾害或事故时；存在较严重的质量缺陷或者出现较严重的腐蚀、损伤、变形时。

在下列情况下，宜进行可靠性鉴定：使用维护中需要进行常规检测鉴定时；需要进行全面、大规模维修时；其他需要掌握结构可靠性水平时。

当结构存在下列问题且仅为局部的不影响建、构筑物整体时，可根据需要进行专项鉴定：结构进行维修改造有专门要求时；结构存在耐久性损伤影响其耐久年限时；结构存在疲劳问题影响其疲劳寿命时；结构存在明显振动影响时；结构需要长期监测时；结构受到一般腐蚀或存在其他问题时。

对承载力不足的工业厂房，一般采用原结构的构件截面和连接进行补强、改变结构静力计算图形、连接的加固与加固件的连接、裂纹的修复与加固、减轻荷载等方法达到加固目的。

4.2　钢结构的损伤机理及其危害

4.2.1　钢结构的稳定问题

钢结构的损伤机理

钢材远较混凝土、砌体及其他常见结构材料的强度高，在通常的建筑结构中按允许应力求得的钢结构构件所需的断面较小，因此，在多数情况下，钢构件的截面尺寸是稳定控制的。钢结构构件的失稳分为两类：丧失整体稳定性和丧失局部稳定性。两类失稳形式都将影响结构或构造的正常承载和使用或引发结构的其他形式破坏。某钢结构厂房整体失稳如图 4-1 所示。某钢柱局部失稳如图 4-2 所示。

图 4-1　某钢结构厂房整体失稳

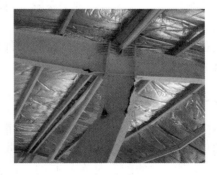

图 4-2　某钢柱局部失稳

1. 影响结构构件整体稳定性的主要原因

(1)构件设计的整体稳定不满足，即长细比不满足要求。应注意截面两个主轴方向的计算长度可能不同，以及构件两端实际支撑情况与采用理论支撑情况的区别。

(2)构件的各类初始缺陷，包括初弯矩、初偏心、热轧和冷加工产生的残余应力和残余变形及其分布、焊接残余应力和残余变形等，对极限承载能力影响比较显著。

(3)构件受力条件的改变，如超载、节点的破坏、温度的变化、基础不均匀沉降、意外的冲击荷载、结构加固过程中计算简图的改变等都可能导致整体失稳。

（4）施工临时支撑体系不够。在结构的安装过程中，由于结构并未完全形成一个设计要求的受力整体或其整体刚度较弱，因而需要设置一些临时支撑体系来维持结构或构件的稳定性。若临时支撑体系不完善，轻则会使部分构件丧失整体稳定性，重则会造成整个结构的倒塌或倾覆。

2. 影响钢结构构件局部失稳的主要原因

（1）构件局部稳定要求未满足。在钢结构构件，特别是组合截面设计时，当规范规定的要求不满足时，如工形、槽形等截面的翼缘的宽厚比和腹板的高厚比大于限值等，易发生局部失稳。

（2）局部受力不稳加劲构造措施不合理。当在构件的局部受力部位，如支座、较大集中荷载作用点，没有设置支撑加劲肋，使外力直接传给较薄的腹板而产生局部失稳。

（3）吊装时吊点位置选择不当。在吊装过程中，吊点位置选择不当会造成构件局部较大的压应力，从而导致局部失稳。在钢结构设计中，图纸应详细说明正确的起吊方法及吊点位置。

4.2.2　钢结构的疲劳破坏

钢结构在持续反复荷载下会发生疲劳破坏。在破坏之前，钢构件并不会出现明显的变形或局部的颈缩，钢材的疲劳破坏是脆性破坏。其机理是：钢结构内部及其外表有杂质和损伤存在，在反复荷载作用下，在这些薄弱点附近形成应力集中，使钢结构在很小的区域内产生较大的应变，于是在该处首先发生微裂，在反复荷载继续作用下，微裂扩展，待其发展到一定程度，该截面上的应力超过钢结构晶格间的结合力时即会发生脆断破坏。

钢结构断裂时，相应的最大应力 σ_{max} 称为钢结构的疲劳强度，疲劳强度与荷载循环次数等因素有关，结构工程中以二百万次循环时产生疲劳断裂的最大应力作为疲劳极限。钢结构的疲劳强度与其本身的强度关系不大，而与构件表面情况、焊缝表面情况、应力集中、残余应力、焊缝缺陷等因素有关。

工程中常出现疲劳问题的钢结构构件是钢吊车梁，特别是重级工作制作用下的钢吊车梁尤为突出。

4.2.3　钢结构的脆性破坏

钢结构的一个显著的特点是变形性能好，特别是当构件使用低碳钢时，由于低碳钢有明显的屈服台阶，所以钢结构的破坏是有先兆的。但是在一定条件下，钢结构会发生脆性断裂，构成无先兆的突然破坏，这种破坏是建筑结构设计和使用中所不允许的，因此应特别予以注意。某节点脆性破坏如图 4-3 所示。

钢结构脆性断裂可分成以下类别：低温脆断、应力腐蚀、氢脆、疲劳破坏和断裂破坏等。造成脆断的原因除低温、腐蚀、反复荷载等外部因素之外，

图 4-3　某节点脆性破坏

钢结构本身的缺陷、设计不合理及施工质量等是构成其破坏的内因。由于脆性破坏是突发的，没有明显的预兆，因此发现问题与加固处理是比较困难的，主要是采取预防措施，使其不发生脆性断裂破坏。

4.2.4　钢结构的防火与防腐蚀

1. 防火

钢结构的防火性能较差。温度升高，钢材的强度将降低，当温度达到 550 ℃时，钢材的屈服强度大约降至正常温度时屈服强度的 70%，也即结构达到它的强度设计值而可能发生破坏。设计中应根据有关防火规范规定的不同防火等级及不同使用要求，使建筑结构能满足相应防火标准的要求。

2. 防腐蚀

钢材由于和外界介质相互作用而产生的损坏过程称为腐蚀，又称为钢材锈蚀。钢材锈蚀分为化学腐蚀和电化学腐蚀两种。化学腐蚀是大气或工业废气中含的氧气、碳酸气、硫酸气或非电介质液体与钢材表面作用（氧化作用）产生氧化物引起的锈蚀。电化学腐蚀是由于钢材内部有其他金属杂质，具有不同电极电位，在与电介质或水、潮湿气体接触时，产生原电池作用，使钢材腐蚀。绝大多数钢材锈蚀是电化学腐蚀或化学腐蚀与电化学腐蚀同时作用形成的。钢材的腐蚀速度与环境湿度、温度及有害介质浓度有关，在湿度大、温度高、有害介质浓度高的条件下，钢材腐蚀速度加快。某钢结构梁、柱节点腐蚀如图 4-4 所示。

图 4-4　某钢结构梁、柱节点腐蚀

4.2.5　钢结构的其他缺陷

1. 钢结构的变形

钢结构在制作、加工、运输、吊装和使用过程，都会因受力和温度变化而产生变形，尤其是焊接钢结构的变形更是通病。钢结构的变形可概括为两大类：总体变形和局部变形。

总体变形是指整个结构的尺寸和外形发生变化，例如结构构件长度缩短、宽度变窄、构件弯曲等；局部变形是指构件局部区域出现变形，例如构件凹凸变形、断面的角变位等。

引起钢结构的变形的原因可归纳：钢材原材料变形、冷加工产生的变形、制作组装带来的变形、焊接与火焰切割产生的变形、运输堆放与安装产生的变形及使用过程产生的变形。

2. 钢结构的裂缝

钢结构的裂缝大多出现在承受动力荷载构件中，但一般承受静力荷载的钢构件，在严重超载、较大不均匀沉降的情况下，也会出现裂缝。构件裂缝在钢结构制作、安装、使用阶段都会出现，原因大致可归结为：构件材质差；荷载或安装温度和不均匀沉降所产生的应力超过了构件承载能力；金属可焊性差或焊接工艺不妥，在焊接残余应力下开裂；动力荷载和反复荷载作用下的疲劳损伤；遭受意外冲撞。

3.钢结构加工制作引起的缺陷

构件加工制作可能产生各种缺陷,归纳如下:选用的钢材不合格;矫正时引起的冷、热硬化;放样尺寸和孔中心的偏差;切割边未加工或加工未达到要求;孔径误差;构件的热加工引起的残余应力等。

4.钢结构焊接引起的缺陷

焊接连接给钢结构带来的缺陷主要如下:热影响区母材的塑性、韧性降低;钢材硬化、变脆和开裂;焊接残余应力和残余应变;各种焊接缺陷(裂纹、气泡、夹渣等)。

5.钢结构铆钉连接带来的缺陷

铆钉连接给钢结构带来的缺陷主要有:铆钉孔引起的截面削弱;铆合质量差,铆钉松动;铆合温度过高引起的局部钢材硬化;构件间紧密度不够等。

6.钢结构螺栓连接带来的缺陷

螺栓连接给钢结构带来的缺陷主要有:螺孔引起的截面削弱;普通螺栓连接在长期动荷载作用下的螺栓松动;高强螺栓连接预应力松弛引起的滑移变形;螺栓及其附件钢材质量不符合设计要求等。

7.钢结构在运输、安装、使用维护中可能存在的缺陷

钢结构在运输、安装、使用维护中可能存在的缺陷如下:运输安装过程中引起结构及其构件产生较大的变形和损伤;吊装过程中引起结构及其构件的较大变形和局部失稳;施工连接的质量要求不满足设计要求;使用期间由于地基不均匀沉降等原因造成的结构损坏;缺少定期维护使结构出现较严重的腐蚀,影响了结构的可靠性能等。

4.3 钢结构检测鉴定常见项目及常用规范与规程

4.3.1 钢结构检测鉴定常见项目

结构在长期的自然环境和使用环境的双重作用下,其功能将逐渐减弱,这是一个不可逆转的客观规律,如果能够科学地评估这种损伤的规律和程度,及时采取有效的处理措施,可以延缓结构损伤的进程,以达到延长结构使用寿命的目的。钢结构房屋由于结构的先天缺陷及恶劣使用环境引起的结构缺陷和损伤、设计标准及使用要求的改变,都将导致原结构可靠性的改变,有时经过检测加固后才能保证功能的正常使用及功能改变的顺利进行。钢结构构件的检测主要包括材料,连接,尺寸与偏差,缺陷、损伤与变形,构造及涂装等,见表4-1。

表 4-1　　　　　　　　　　　　　钢结构构件的检测项目

序号	检测类型	检测项目
1	材料	(1)检测材料的屈服强度、抗拉强度、伸长率及冷弯检测; (2)检测钢材化学成分及冲击功

序号	检测类型	检测项目
2	连接	(1)超声波检测焊接连接的焊缝; (2)焊钉连接应进行弯曲检测; (3)高强螺栓连接应检查材料性能和扭矩系数,同时检查外露丝扣
3	尺寸与偏差	(1)构件尺寸偏差检测; (2)安装偏差的检测
4	缺陷、损伤与变形	(1)检测外观缺陷; (2)检测裂纹、局部变形、锈蚀等钢结构损伤; (3)检测板件凹凸变形等
5	构造	(1)核算钢结构长细比、宽厚比; (2)核实支撑体系的连接
6	涂装	(1)涂料的检测; (2)涂层厚度的检测; (3)涂装的外观质量检测
7	钢网架	(1)检测节点承载力; (2)检测焊缝质量; (3)检测尺寸与偏差; (4)检测杆件的不平直值; (5)检测网架挠度
8	实荷检测	对于大型复杂钢结构体系,可进行原位非破坏性实荷检测

4.3.2 钢结构检测鉴定常用规范与规程

钢结构检测鉴定常用规范与规程主要分为设计施工标准、钢材及制品标准、焊接及其材料标准、紧固件及连接标准、金属材料化学成分及力学性能试验标准、无损检测及相关标准等,见表 4-2。

表 4-2 钢结构检测鉴定常用规范与规程

一、常用钢结构设计施工标准			
标准名称	编号	标准名称	编号
钢结构设计标准	GB 50017—2017	钢结构工程施工质量验收规范	GB 50205—2001
冷弯薄壁型钢结构技术规范	GB 50018—2002	网架结构设计与施工规程	JGJ 7—1991
工业建筑防腐蚀设计标准	GB/T 50046—2018	网架结构工程质量检验评定标准	JGJ 78—1991
涂装前钢材表面锈蚀等级和除锈等级	GB/T 8923.1—2011	门式刚架轻型房屋钢结构技术规范	GB 51022—2015
钢结构防火涂料	GB 14907—2002	钢桁架检验及验收标准	JG 9—1999
钢网架检验及验收标准	JG 12—1999	钢桁架质量标准	JG 8—1999
高层民用建筑钢结构技术规程	JGJ 99—2015	建筑钢结构焊接技术规程	JGJ 82—2002

续表

一、常用钢结构设计施工标准

钢结构高强度螺栓连接技术规程	JGJ 82—2011	预应力筋用锚具、夹具和连接器应用技术规程	JGJ 85—2010
钢结构—管道涂装技术规程	YB/T 9256—1996	钢结构检测评定及加固技术规程	YB 9257—1996
型钢混凝土组合结构技术规程	JGJ 138—2001	矩形钢管混凝土结构设计规程	CECS 159:2004
预应力钢结构技术规程	CECS 212:2006	门式刚架轻型房屋钢构件	JG 144—2002
建筑钢结构防火技术规范	CECS 200:2006	钢结构防火涂料应用技术规程	CECS 24:1990

二、常用钢材及制品标准

标准名称	编号	标准名称	编号
钢分类	GB/T 3304—1991	优质碳素结构钢	GB/T 699—2015
普通碳素结构钢	GB/T 700—2006	焊接结构用耐候钢	GB/T 4172—2000
高耐候结构钢	GB/T 4171—2008	建筑结构用钢板	GB/T 19879—2015
桥梁用结构钢	GB/T 714—2015	不锈钢热轧钢板和钢带	GB/T 4237—2015

三、常用焊接及其材料标准

标准名称	编号	标准名称	编号
焊接术语	GB/T 3375—1994	焊缝符号表示方法	GB/T 324—2008
钢结构焊缝外形尺寸	JB/T 7949—1999	焊接工艺规程及评定的一般原则	GB/T 19866—2005

四、常用紧固件及连接标准

紧固件机械性能、螺栓、螺钉和螺柱	GB 3098—2000	钢结构用高强度大六角头螺栓、大六角螺母、垫圈型式尺寸与技术条件	GB 1231—2006
钢结构用高强度大六角头螺栓	GB/T 1228—2006	六角头螺栓—A 和 B 级	GB/T 5782—2000
钢结构用高强度大六角头螺母	GB/T 1229—2006	六角头螺栓— C 级	GB/T 5780—2000
钢网架螺栓球节点用高强度螺栓	GB/T 16939—2016	电弧螺柱焊用圆柱头焊钉	GB/T 10433—2002
栓接结构用紧固件	GB/T 18230—2000	自钻自攻螺钉	GB/T 15856—2002

五、部分金属材料化学成分及力学性能试验标准

钢和铁化学成分测定用试样的取样和制样方法	GB/T 20066—2006	钢及钢制品力学性能试验取样位置及试样制备	GB/T 2975—2018
钢的化学成分允许偏差	GB/T 222—2006	钢铁及合金化学分析方法	GB/T 223.10—2000
金属材料低温拉伸试验方法	GB/T 13239—2006	金属材料室温拉伸试验方法	GB/T 228—2010
金属表面洛氏硬度试验方法	HB 5147—1996	金属肖氏硬度试验方法	GB/T 4341—2001
金属材料弯曲试验方法	GB/T 232—2010	黑色金属硬度及强度换算值	GB/T 1172—1999

六、部分无损检测及相关标准

建筑结构检测技术标准	GB/T 50344—2004	无损检测 通用术语和定义	GB/T 20737—2006
无损检测 应用导则	GB/T 5616—2006	焊缝无损检测符号	GB/T 14693—1993
钢结构超声波探伤及质量分级法	JG/T 203—2007	金属熔化焊焊接头射线照相	GB/T 3323—2005
无损检测 磁粉检测	GB/T 15822—2005	无损检测 渗透检测	GB/T 18851—2005

续表

六、部分无损检测及相关标准			
钢焊缝手工超声波探伤方法和探伤结果分级	GB/T 11345—2013	无损检测 渗透检测和磁粉检测观察条件	GB/T 5097—2005
建筑钢结构焊缝超声波探伤	JB/T 7524—1994	射线照相探伤方法	JB/T 9217—1999
无损检测 焊缝磁粉检测	JB/T 6061—2007	承压设备无损检测	JB/T 4730—2005
焊接球节点钢网架焊缝超声波探伤及质量分级法	JG/T 3034.1—1996		

4.4　既有钢结构加固简介

既有钢结构加固简介

4.4.1　钢结构加固的一般规定

1.钢结构的加固应根据可靠性鉴定所评定的可靠性等级和结论进行。

2.加固后钢结构的安全等级应根据结构破坏后果的严重程度、结构的重要性(等级)和加固后建筑物功能是否改变、结构使用年限确定。

3.钢结构加固设计应与实际施工方法紧密结合,并应采取有效措施保证新增截面、构件和部件与原结构连接可靠,形成整体共同工作。

4.对于高温、腐蚀、冷脆、振动、地基不均匀沉降等原因造成的结构损坏,提出其相应的处理对策后再进行加固。

5.对于可能出现倾斜、失稳或倒塌等不安全因素的钢结构,在加固之前,应采取相应的临时安全措施,以防止事故的发生。

6.在加固施工过程中,若发现原结构或相关工程隐蔽部位有未预见损伤或严重缺陷时,应立即停止施工,会同加固设计者采取有效措施后方能继续施工。

7.钢结构的加固设计应综合考虑其经济效益,应不损伤原结构,避免不必要的拆除或更换。

4.4.2　钢结构加固的计算原则

1.计算简图应与实际情况相符,并应适当考虑结构实际工作中的有利因素,如结构的空间作用、新结构与原结构的共同工作等。

2.结构的验算截面,应考虑损伤、缺陷、裂缝和锈蚀等不利影响。计算中尚应考虑加固部分与原构件协同工作的程度、加固部分可能的应变滞后的情况等,对其总的承载能力予以适当折减。

3.承载能力验算时,应考虑结构实际工作中的荷载偏心、结构变形和局部损伤、施工偏差以及温度作用等不利因素使结构产生的附加内力。

4.加固后使结构重量增加或改变原结构传力路径时,应对建筑物的基础进行验算。

5.对焊接结构,加固时原有构件或连接的实际应力值应小于 $0.55f_y$,且不得考虑加固构件的塑性变形发展;非焊接钢结构加固时,其实际应力值应小于 $0.7f_y$。当不满足时,不得在负荷状态下进行加固。

4.4.3　钢结构加固的设计与施工

1.结构加固设计应具备的基本资料

(1)原结构的竣工图(包括更改图)和验收记录。

(2)原结构的计算书。

(3)结构或构件破损情况检查报告。

(4)原结构的建造历史和使用情况。

(5)原钢材材质报告或现场材质检验报告。若缺乏原始资料,则应在原结构上取样检验。

(6)原结构构件制作、安装验收记录。

(7)现有实际荷载和加固后新增加荷载的数据等。

2.加固方案的选择

钢结构加固改造的主要方法有减轻荷载、改变结构计算图形、加大原结构构件截面和连接强度、阻止裂纹扩展等。当有成熟经验时,亦可采用其他方法。

注意:加固方案不仅要技术先进、经济合理、加固效果良好,还要尽可能不影响生产、方便施工;加固设计应遵守《钢结构设计标准》;尽量减少加固工作量,充分发挥原有结构的潜力;在负荷状态下加固时,首先应尽量减轻施工荷载,减轻或卸掉活荷载,以减小原有结构构件中的应力。

钢结构加固一般采用焊接连接和高强螺栓连接,有时亦可采用焊缝和高强螺栓混合连接。一般来讲焊接结构的加固以采用焊接连接为主,应避免仰焊;当施焊困难且零件的接触面较紧贴时,可采用摩擦型高强螺栓连接;对轻钢结构杆件,因截面过小,故在负荷状态下不得采用电焊加固;在受拉构件中,加固焊缝的方向应与构件中拉应力的方向一致。

3.钢结构加固的施工

钢结构加固的施工主要分为三种情况:当结构损坏较严重或构件及接头的应力很高时,需卸荷降低应力;从原结构上拆下加固或更新部件;负荷加固。施工时要注意:加固时,必须保证结构的稳定;清除原结构表面的灰尘,刮除油漆、锈迹,以利于施工;先修复结构上的缺陷、损伤(如位移、变形、挠曲等),然后进行加固。

在负荷状态下用焊接连接加固时,应注意以下问题:

(1)应慎重选择焊接参数(如电流、电压、焊条直径、焊接速度等),尽可能减小焊接时输入的热能量,避免由于焊接输入的热量过大而使结构构件丧失过多的承载能力。

(2)确定合理的焊接顺序,以便尽可能减小焊接应力。

(3)先加固最薄弱的部位和应力较高的杆件。

(4)凡能立即起到补强作用,并对原构件强度影响较小的部位先施焊,如加固桁架的腹杆时,应先焊好杆件两端节点的焊缝,然后再焊中段焊缝;加大角焊缝的厚度时,必须从焊缝受力较低的部位开始施焊。

(5)采用焊接加固的环境温度应在 0 ℃以上,最好在 ＋10 ℃及以上的环境下施焊。

4.4.4　常见钢结构加固方法简介

1.改变结构计算图形

改变结构计算图形的加固改造方法是指采用改变荷载分布状况、传力途径、节点性质和边界条件,增设附加杆件和支撑、施加预应力、考虑空间协同工作等措施对结构进行加固的方法。

除应对被直接加固结构进行承载能力和正常使用极限状态的计算外,尚应对相关结构进行必要的验算,并采取切实可行的合理构造措施,保证其安全。

改变结构计算图形的一般加固方法有:

(1)对结构采用增加结构或构件刚度的方法

①增加支撑形成空间结构并按空间结构验算,如增加屋盖支撑以提高结构空间刚度,使排架柱可以按空间结构进行验算,挖掘结构的潜力。如图 4-5 所示为增加屋盖支撑以提高空间刚度。

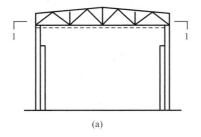
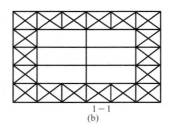

图 4-5　增加屋盖支撑以提高空间刚度

②增设支撑以提高结构刚度,或者调整结构的自振频率等以提高结构承载力和改善结构动力特性,如图 4-6(a)所示。

③增设支撑或辅助杆件使结构的长细比减小以提高其稳定性,如图 4-6(b)所示。

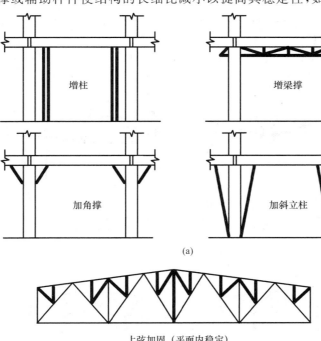

(a)

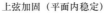

(b)

图 4-6　增设支撑

④在排架结构中重点加强某一列柱的刚度,使之承受大部分水平力,以减轻其他列柱负荷。
⑤在塔架等结构中设置拉杆或适度张紧的拉索以提高结构的刚度,如图 4-7 所示。

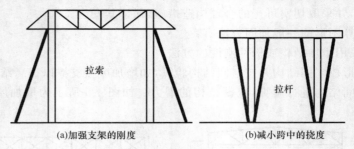

(a)加强支架的刚度　　　　(b)减小跨中的挠度

图 4-7　设置拉杆或拉索

(2)对受弯杆件采用改变其截面内力的方法
①改变荷载的分布,例如将一个集中荷载转化为多个集中荷载。
②改变端部支撑情况,例如变铰接为刚性连接。
③增加中间支座或将简支结构端部连接成连续结构。
④调整连续结构的支座位置。
⑤将结构变为撑杆式结构。
⑥施加预应力,如图 4-8 所示。

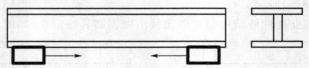

图 4-8　施加预应力加固

(3)对桁架采取改变其杆件内力的方法
①增设撑杆变桁架为撑杆式结构,如图 4-9 所示。

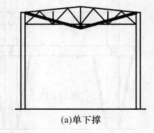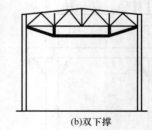

(a)单下撑　　　　(b)双下撑

图 4-9　增设撑杆

②加设预应力拉杆,如图 4-10 所示。

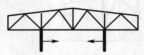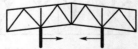

(a)桁架下加直线预应力拉杆　　　　(b)平行弦加直线预应力拉杆

(c)桁架下加折线预应力拉杆

图 4-10　加设预应力拉杆

2.加大构件截面的加固

加固可能在负荷、部分卸荷或全部卸荷状况下进行,加固前、后结构的几何特性和受力状况会有很大不同,因而需要根据结构加固期间及前、后,分阶段考虑结构的截面几何特性、损伤状况、支撑条件和作用于其上的荷载及其不利组合,确定计算简图,进行受力分析,找出结构的可能最不利受力,以确保安全可靠。对于超静定结构尚应考虑因截面加大,构件刚度改变使体系内力重分布的可能。需注意:

(1)加固时的净空限制,使补强零件不与其他构件相碰。

(2)补强方法应能适应原有构件的几何形状或已发生的变形情况,以利于施工。

(3)尽量减少补强施工工作量,尽可能采用焊接方法补强,尽量减少焊接工作量和注意合理的焊接顺序。

(4)尽可能使被补强构件的重心轴位置不变,以减少偏心所产生的弯矩。

(5)考虑补强后的构件以便于油漆和维护,避免形成易于积聚灰尘的坑槽而引起锈蚀。

(6)焊接补强时应采取措施尽量减小焊接变形。

(7)受压构件或受弯构件的受压翼缘破损和变形严重时,为避免矫正变形或拆除受损部分,可在杆件周围包以钢筋混凝土,形成劲性钢筋混凝土的组合结构,应在外包钢筋混凝土部位焊接能传递剪力的零件。

(8)完全卸载时,构件强度与稳定性计算与新结构相同。

(9)负载状态下,原构件承载力应至少有20%的富余。加固后构件承载力计算应根据荷载状态分别进行计算。对于静力荷载或间接动力荷载构件,按加固后整个截面进行承载力计算。但为安全计,应根据原构件受力状态引入钢材强度折减系数,轴心受力实腹式构件取0.8,偏心构件、受弯构件及格构式构件取0.9,综合考虑了施工条件恶劣、应力滞后、焊接残余变形和残余应力影响等。钢材强度设计值取新、旧钢材中之较小者。对于动力荷载,应以弹性阶段按原构件截面边缘屈服准则进行计算。加固前原构件的应力和加固后增加应力之和不应大于钢材强度设计值。

(10)负载状态下采用焊接方法加大构件截面时,应首先根据原构件的受力、变形和偏心,校核在加固施工阶段的强度和稳定性,原构件的 β 值(截面应力 σ 与钢材强度设计值的比值)满足下列要求时,方可在负载状态下加固:对于静力荷载或间接动力荷载构件,$\beta \leqslant 0.8$;对于动力荷载构件,$\beta \leqslant 0.8$。

3.连接的加固与加固件的连接

钢结构连接方法,即焊缝、铆钉、普通螺栓和高强螺栓连接方法的选择,应根据结构需要加固的原因、目的、受力状况、构造及施工条件,并考虑结构原有的连接方法确定。

构件截面的补增或局部构件的替换都需要适当的连接,补强的杆件必须通过节点加固才能参与原结构工作,被破坏了的节点需要加固。钢结构中连接和节点加固至关重要。加固连接有螺栓连接和焊接等方式。加固连接方式选用必须满足既不破坏原结构功能,又能参与工作的要求。加固现场施工焊接最为方便;但焊接对钢材材性求最高,在原结构资料不全、材性不明的情况下,用焊接加固必须取样复验,以保证可焊性。

原高强螺栓连接的加固仍用高强螺栓加固,个别情况可同时使用高强螺栓和焊接来加固。但要注意螺栓的布置位置,使二者变形协调。原焊接连接的加固,仍用焊接加固。加固方式有以下两种:

（1）加大焊缝高度（堆焊）

为了确保安全，焊条直径不宜大于 4 mm，每道焊缝的堆高不宜超过 2 mm，如需加高量大，则每次以 2 mm 为限。后一道堆焊应待前一道堆焊冷却到 100 ℃ 以下才能施焊。

（2）加长焊缝长度

在原有节点能允许增加焊缝长度时，应首先采用本方法。

节点连接损伤的加固主要采用焊接加固法，有补焊短斜板、加长焊缝、加高焊缝、增大节点板等方法。

4. 裂纹的修复与加固

结构因荷载反复作用及材料选择、构造、制造、施工、安装不当等产生具有扩展性或脆断倾向性裂纹损伤时，应设法修复。

主要步骤是分析产生裂纹的原因及其影响的严重性，对不宜采用修复加固的构件，应予拆除更换；对需要进行修复加固的带裂纹的构件，应采用临时性应急措施，以防止裂纹的进一步扩展；对带裂纹的构件进行疲劳验算；进行裂纹的可扩展性评估，了解裂纹的稳定性情况；针对裂纹的不同稳定性进行修复加固设计，并在此基础上拟订裂纹的修复加固具体方案；根据拟订的方案实施裂纹的修复加固。

裂纹的临时止裂措施：在裂纹端外顺其可能的扩展方向$(0.5\sim1.0)t$处钻孔（t为构件的板厚），孔的直径约取 $1.0t$。使裂纹端部的应力集中大为减弱，缓解裂纹继续扩展的趋势，如图 4-11 所示。

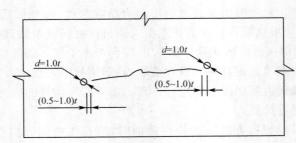

图 4-11　裂纹的临时钻孔止裂

裂纹的修复加固大体可分为焊补法修复、嵌板法修复和附加盖板法修复等。

4.4.5　常见钢结构加固计算简介

1. 轴心受力构件的加固计算

轴心受力构件一般是对称的，如果构件损伤不严重，可采用对称形式加固；如果损伤非对称，则宜采用不改变截面形心位置的加固方式，以减小附加受力的影响。当采用非对称或改变截面形心位置的加固截面时，应按偏心受力构件计算。

（1）轴心受拉构件（图 4-12）

承受静力荷载构件应满足

$$\frac{N}{A_n^0+\Delta A_n}\leqslant kf \tag{4-1}$$

摩擦型高强螺栓连接的强度计算应满足

$$\left(1-0.5\frac{n_1}{n}\right)\frac{N}{A_n^0+\Delta A_n}\leqslant f,\frac{N}{A^0+\Delta A}\leqslant kf \tag{4-2}$$

式中　ΔA、ΔA_n——加固后新增面积；

　　　A^0、A_n^0——加固前面积；

　　　n——加固前、后一端螺栓数；

　　　n_1——加固前、后最外列螺栓数；

　　　k——加固折减系数，$k=0.8$；

　　　f——钢材的抗弯强度设计值。

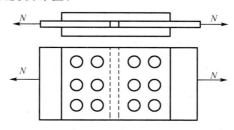

图 4-12　轴心受拉构件加固

（2）轴心受压构件

承受静力荷载应满足

$$\frac{N}{\varphi(A^0+\Delta A)}\leqslant kf \tag{4-3}$$

式中　φ——加固前轴压构件的稳定系数。

2. 受弯构件的加固计算

（1）在主平面内受弯的实腹式加固构件的强度

①承受静力荷载时抗弯强度应满足

$$\frac{M_x}{W_{nx}}+\frac{M_y}{W_{ny}}\leqslant kf \tag{4-4}$$

式中　M_x、M_y——梁在最大刚度平面内（绕 x 轴）、最小刚度平面内（绕 y 轴）的弯矩设
　　　　　　　　计值；

　　　W_{nx}、W_{ny}——对 x 轴、y 轴的净截面模量；

　　　f——钢材的抗弯强度设计值；

　　　k——加固折减系数，$k=0.8$。

②承受静力荷载时抗剪强度应满足

$$\tau=\frac{VS}{I(t_w+\Delta t_w)}\leqslant kf_v \tag{4-5}$$

式中　τ——剪应力；

　　　V——计算截面的剪力设计值；

　　　I——梁的毛截面惯性矩；

　　　S——计算剪应力处以上（或以左／右）毛截面对中和轴的面积矩；

　　　t_w——计算点处截面的宽度或板件的厚度；

　　　f_v——钢材抗剪强度设计值；

　　　k——加固折减系数，$k=0.8$。

4.5   钢结构设计原理简介

钢结构验算主要包括强度验算、稳定性验算、正常使用极限状态验算。钢结构验算主要依据《钢结构设计标准》(GB 50017—2017)。

4.5.1   强度验算

梁双向弯曲时的正应力计算的截面简图如图 4-13 所示,应满足

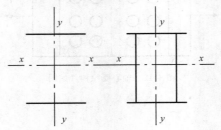

图 4-13   截面简图

$$\sigma=\frac{M_x}{\gamma_x W_{nx}}+\frac{M_y}{\gamma_y W_{ny}}\leqslant f \tag{4-6}$$

式中 σ——正应力;

M_x、M_y——梁在最大刚度平面内(绕 x 轴)、最小刚度平面内(绕 y 轴)的弯矩设计值;

W_{nx}、W_{ny}——对 x 轴、y 轴的净截面模量;

f——钢材的抗弯强度设计值;

r_x、r_y——截面塑性发展系数,对需要计算疲劳的梁,不考虑截面塑性发展,即 $r_x=r_y=1.0$。

此外,当梁受压翼缘的自由外伸宽度与其厚度之比大于 $13\sqrt{235/f_y}$ 时,应取 $r_x=1.0$,以免翼缘因全塑性而出现局部屈曲。

梁截面上任一点的剪应力计算简图如图 4-14 所示,应满足

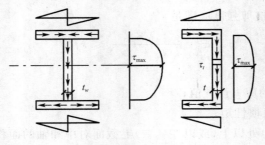

图 4-14   弯矩剪应力计算简图

$$\tau=\frac{VS}{It_w}\leqslant f_v \tag{4-7}$$

式中 τ——剪应力;

V——计算截面的剪力设计值;

I——梁的毛截面惯性矩；

S——计算剪应力处以上(或以左/右)毛截面对中和轴的面积矩；

t_w——计算点处截面的宽度或板件的厚度；

f_v——钢材抗剪强度设计值。

当梁上翼缘受沿腹板平面作用的集中荷载且该荷载处又未设置支撑加劲肋时，腹板计算高度上边缘的局部压应力计算简图如图 4-15 所示，应满足

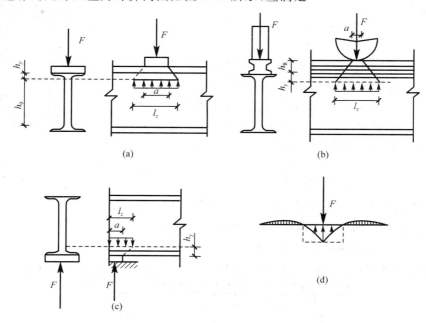

图 4-15　局部压应力计算简图

$$\sigma_c = \frac{\psi F}{t_w l_z} \leqslant f \tag{4-8}$$

式中　σ_c——局部压应力；

F——集中荷载，对动力荷载应考虑动力系数；

ψ——集中荷载增大系数，对重级工作制吊车梁取 $\psi = 1.35$，其他梁取 $\psi = 1.0$；

l_z——集中荷载在腹板计算高度上边缘的假定分布长度；

f——钢材抗压强度设计值。

梁的腹板计算高度边缘处，若同时受较大的正应力、剪应力和局部压应力，或同时受较大的正应力和剪应力(如连续梁中部支座处或梁的翼缘截面改变处等)时，其折算应力计算简图如图 4-16 所示，应满足

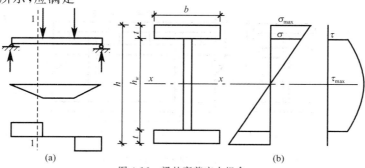

图 4-16　梁的弯剪应力组合

$$\sqrt{\sigma^2 + \sigma_c^2 - \sigma\sigma_c + 3\tau^2} \leqslant \beta_1 f \tag{4-9}$$

当 σ 与 σ_c 异号时，$\beta_1 = 1.2$；当 σ 与 σ_c 同号或 $\sigma_c = 0$ 时，取 $\beta_1 = 1.1$。

4.5.2 稳定性验算

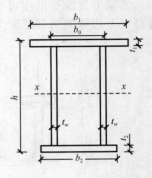

图 4-17 箱梁截面梁

在最大刚度主平面内受弯的构件，其计算简图如图 4-17 所示，整体稳定性应满足

$$\frac{M_x}{\varphi W_x} \leqslant f \tag{4-10}$$

式中　M_x——最大刚度主平面内的最大弯矩；

　　　W_x——按受压翼缘确定的毛截面模量；

　　　φ——整体稳定系数，按设计规范确定。在两个主平面受弯的 H 形型钢截面或工字形截面构件，其计算简图如图 4-17 所示，整体稳定性应满足

$$\frac{M_x}{\varphi_b W_x} + \frac{M_y}{\gamma_y W_y} \leqslant f \tag{4-11}$$

式中　W_x、W_y——按受压纤维确定的对 x、y 轴的毛截面模量；

　　　φ_b——在最大刚度主平面内弯矩的整体稳定系数；

　　　γ_y——绕 y 轴弯曲的塑性发展系数。

仅配置横向加劲肋的腹板，其计算简图如图 4-18 所示，各区格的局部稳定应满足

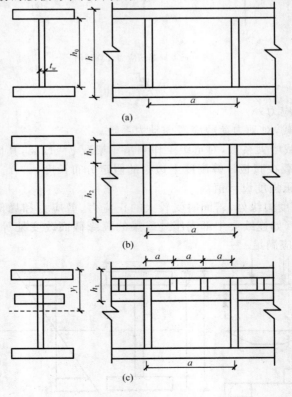

图 4-18 腹板加劲肋布置

$$\left(\frac{\sigma}{\sigma_{cr}}\right)^2+\left(\frac{\tau}{\tau_{cr}}\right)^2+\frac{\sigma_c}{\sigma_{c,cr}}\leqslant1 \tag{4-12}$$

式中　σ——所计算腹板区格内，由平均弯矩产生的腹板计算高度边缘的弯曲压应力，$\sigma=Mh_c/I$（h_c 为腹板弯曲受压区高度，对双轴对称截面，$h_c=h_0/2$）；

τ——所计算腹板区格内，由平均剪力产生的腹板平均剪应力，$\tau=V/(h_wt_w)$；

σ_c——所计算腹板区格内，腹板边缘的局部压应力，$\sigma_c=F/(t_wl_z)$；

σ_c、σ_{cr}、$\sigma_{c,cr}$——相应应力单独作用下的屈曲应力，梁受压翼缘自由外伸宽度 b 与其厚度 t 之比 $\dfrac{b}{t}\leqslant13\sqrt{235/f_y}$。

4.5.3　正常使用极限状态验算

承受轴向拉力或压力的构件刚度用长细比控制应满足

$$\lambda_{max}=(l_0/i)_{max}\leqslant[\lambda] \tag{4-13}$$

式中　λ_{max}——杆件的最大长细比；

l_0——杆件的计算长度；

i——截面回转半径；

$[\lambda]$——容许长细比，梁和桁架的挠度不超过规范所规定的容许挠度 $v\leqslant[v]$。

4.6　某门式刚架检测

4.6.1　工程概述

某公司仓库(图 4-19)为单层门式刚架结构，单榀刚架立面如图 4-20 所示。厂房跨度为 21 m，长度为 90 m，柱距为 9 m，檐高为 7.2 m，屋面坡度为 1:10。刚架为等截面的梁、柱与柱脚为铰接。材料采用 Q235 钢，焊条采用 E43 型。

该建筑结构的安全等级为二级，抗震设防类别为丙类，抗震设防烈度为 7 度，设计基本地震加速度为 0.1g，结构的阻尼比为 0.035。地基基础设计等级为丙级，基础形式为独立基础，混凝土强度设计等级为 C35，设计埋深为 1.6 m，地基承载力特征值为 230 kPa。该建筑主刚架钢材采用 Q235B 板材，檩条、墙梁、支撑等其他材料采用 Q235B 型钢。

该建筑于 2007 年 12 月开始施工，于 2009 年 5 月竣工。由于该仓库在使用阶段出现地面开裂、钢构件锈蚀、漏雨等多处质量问题，为保证工程的安全及满足正常使用，甲方委托某检测机构对该建筑物进行了全面的可靠性鉴定，该机构于 2010 年 11 月 9 日派技术人员前往现场开始检测鉴定。

图 4-19 仓库外观

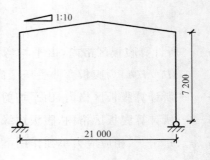

图 4-20 单榀刚架立面

4.6.2 损伤调查

现场外观普查结果见表 4-3。

表 4-3 现场外观普查结果

编号	位置	调查结果
1	地基基础	仓库北边及西边部分外墙角散水与墙体发生脱离开裂（图 4-21）。裂缝宽度为 1～10 mm，沿墙角蔓延发展，且有继续发展的倾向
2	室内地坪	起砂较为严重，地坪破损处有较多散落砂粒，地坪面层局部出现龟裂、剥落，基层起粉，有较多的散落砂粒（图 4-22）
3	伸缩缝	室内回填土出现不均匀沉降，伸缩缝处出现高差错台现象，在仓库地坪表面出现 4 条纵、横向收缩裂缝（图 4-23）
4	墙梁钢构件	仓库西边部分墙梁钢构件发生锈蚀现象。规范[2]要求钢构件涂装 2～7 mm 厚防火涂层，但经现场调查发现钢构件整体未涂装防火涂层，未按规范要求施工
5	围护墙	部分围护墙上塑钢窗密封条已脱落，并出现渗水现象（图 4-24）
6	地下防水	经过现场查看，地下防水基本完好，个别地方有潮湿现象，但没有明显渗漏

图 4-21 墙角散水开裂

图 4-22 室内地坪起砂

图 4-23　地坪收缩裂缝　　　　　　　　　　图 4-24　部分塑钢窗密封条脱落

4.6.3　荷载调查

荷载包括恒载和活荷载,应根据建筑物现在、未来的使用状况确定。本建筑物为门式刚架的仓库,已经投入使用,因此按照正常设计荷载使用。

根据规范[3],将该建筑物的荷载(标准值)列于表 4-4。

表 4-4　　　　　　　　　　　荷载调查结果　　　　　　　　　　　kN/m²

荷载类型	荷载名类	荷载数值
恒载	屋面板	0.18
	檩条支撑	0.15
	横梁自重	0.15
活荷载	屋面活荷载	0.5
	屋面雪荷载	0.3
	风荷载	0.5

4.6.4　结构形式确认

该工程结构体系为门式刚架,作为单层仓库,主要承重构件为钢柱及梁。

4.6.5　现场检测

1.地基基础

基础设计埋深为 1.6 m,经现场开挖实测,埋深满足设计要求。该仓库的基础混凝土设计强度为 C35,碳化深度为 4 mm,采用回弹法[4]检测混凝土强度,检测结果见表 4-5。

表 4-5　　　　　　　　　　　回弹法检测结果　　　　　　　　　　　MPa

构件名称	设计强度等级	轴线位置	混凝土强度平均值	标准差	现龄期混凝土强度推定值
基础	C35	3/E	42.1	3.20	36.9
	C35	1/C	42.2	4.24	35.2
	C35	4/A	41.3	3.77	35.1

由表 4-5 可以看出,通过回弹法检测,现龄期混凝土强度推定值最低为 35.1 MPa＞35 MPa,满足设计要求。

2. 室内地坪混凝土强度、厚度检测

该仓库的地坪混凝土设计强度为 C25,现场采用钻芯法[5]抽检结构混凝土强度,随机抽取 3 块地坪,每块地坪钻取 1 个芯样,芯样在委托方的见证下,依据规范[5]要求钻取,地坪混凝土厚度通过芯样混凝土的厚度进行测量,检测结果见表 4-6。将芯样制成标准试样进行混凝土抗压强度试验,获得芯样混凝土强度换算值,检测结果见表 4-6。

表 4-6　　　　　　　　　地坪混凝土厚度、芯样抗压强度检测结果

取芯位置	轴线	混凝土厚度/mm	芯样描述	芯样高度/mm	芯样直径/mm	破坏荷载/kN	抗压强度换算值/MPa
地坪(C—1)	3—4/C—E	143	无异常	87.40	88.30	131.3	21.5
地坪(C—2)	3—4/A—C	153	无异常	91.02	87.20	177.7	29.8
地坪(C—3)	7—8/C—E	158	无异常	89.25	86.00	212.9	26.7

3. 主体钢结构检测

(1)钢结构构件尺寸和焊缝探伤检测

①尺寸检查

该仓库钢柱设计规格为 H600×300×6×8,钢梁设计规格为 H600×300×6×8。现场通过游标卡尺对刚架柱、钢梁翼缘板厚、截面宽度、高度进行复核测量,均满足原设计要求。

该仓库柱间支撑采用交叉支撑,分别设置于南、北两端跨,满足原设计要求。设计要求支撑采用直径为 $\phi22$ mm 的圆钢,实际测得柱间支撑直径为 $\phi22$ mm,满足原设计要求。

②钢构件焊缝探伤检测

根据设计要求,钢柱、钢梁的焊缝质量等级为二级。为检验对接焊缝质量,对该仓库主体钢构件对接焊缝进行了超声波探伤[6],抽检比例为 20%[7],共 64 条焊缝。根据《钢结构施工质量验收规范》[8],所抽检的对接焊缝均能满足二级标准要求。

(2)刚架柱垂直度检测

现场采用电子全站仪对部分刚架柱进行了垂直度检测,检测结果见表 4-7。

表 4-7　　　　　　　　　刚架柱垂直度检测结果

轴号	方向	差值/mm	规范要求	评定
4/C	偏南	12		不合格
4/C	偏南	19		不合格
1/A	偏北	26		不合格
2/A	偏北	17	根据《门式刚架轻型房屋钢结构技术规程》[3],刚架柱允许垂直度为 10 mm	不合格
5/A	偏北	11		不合格
1/E	偏南	1		合格
2/E	偏南	9		合格
4/E	偏北	3		合格

(3)主体结构整体垂直度检测

现场对仓库女儿墙的 4 个角点采用全站仪进行了建筑整体垂直度检测,测点位置及检测结果见表 4-8。

表 4-8			厂房整体垂直度检测结果
测点编号	轴线位置	测量高度/m	实测倾斜量
1	1/A	8.05	向西倾斜 13 mm, 向南倾斜 3 mm。倾斜矢量：南偏西 77°,13.3 mm
2	1/E	8.09	向东倾斜 3 mm, 向南倾斜 15 mm。倾斜矢量：南偏东 11°,15.3 mm
3	8/E	8.11	向东倾斜 22 mm, 向北倾斜 11 mm。倾斜矢量：北偏东 63°,24.6 mm
4	8/A	8.04	向东倾斜 20 mm, 向南倾斜 21 mm。倾斜矢量：南偏东 45°,29 mm

根据《钢结构施工质量验收规范》[8], 主体结构整体垂直度的允许偏差为 $H/1\,000=7.2$ mm; 因此, 从表 4-8 可以看出该建筑的整体垂直度均不满足规范要求。

(4)钢构件防腐、防火涂层检测

按照设计要求, 钢构件表面应当涂装 2~7 mm 厚防火涂层, 该仓库钢结构整体未发现涂装防火涂层, 不符合设计和规范[2]要求。

采用涂层厚度测量仪对该仓库 5 轴线位置的部分刚架柱和钢梁构件进行了防腐涂层厚度检测, 检测结果见表 4-9。

表 4-9					防腐涂层厚度检测结果		
轴线	测区编号	各测区测点厚度实测值及平均值/μm				设计要求/μm	评定
		1	2	3	平均值		
5/A	1	96	102	110	102.7	≥125	不符合设计要求
	2	102	85	96	94.3		
	3	91	85	91	89.0		
	4	95	96	103	98.0		
	5	102	106	96	101.3		
5/C	1	102	99	93	98.0	≥125	不符合设计要求
	2	96	83	76	85.0		
	3	95	116	102	104.3		
	4	102	110	86	99.3		
	5	96	102	96	98.0		
5/E	1	96	85	102	94.3	≥125	不符合设计要求
	2	106	112	86	101.3		
	3	90	92	101	94.3		
	4	85	96	98	93.0		
	5	93	90	121	101.3		

从表 4-9 中可以看出, 钢构件防腐涂层不满足规范要求, 而且所有钢构件无防火涂层, 也不满足规范[2]和设计要求。

4.6.6　数据处理

刚架结构承载力与稳定性验算, 限于篇幅取其中一榀框架进行详细验算。

1. 截面几何特性及内力组合

截面实测几何特性见表 4-10,截面形式如图 4-25 所示。

表 4-10　　　　　　　　　　　　　　　梁、柱的截面几何特性

构件名称	截面类型	面积/mm^2	I_x/$\times 10^6\ mm^4$	W_x/$\times 10^4\ mm^3$	I_y/$\times 10^6\ mm^4$	W_y/$\times 10^4\ mm^3$	i_x/mm	i_y/mm
梁	H600×300×6×8	9472	520	173	36	24	234	61.6
柱	H600×300×6×8	9472	520	173	36	24	234	61.6

按承载能力极限状态进行内力分析,需要进行以下可能的组合:

(1)1.2 恒载效应＋1.4 活荷载效应。

(2)1.0 恒载效应＋1.4 风荷载效应。

(3)1.2 恒载效应＋1.4×0.9(活荷载效应＋风荷载效应)。

取 4 个控制截面,如图 4-26 所示。

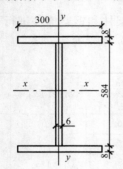

图 4-25　梁柱的截面尺寸

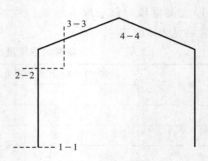

图 4-26　控制截面

限于篇幅,不再展开详细的荷载统计计算,荷载的大小见表 4-11,内力组合见表 4-12。

表 4-11　　　　　　　　　　　　　　各情况作用下的荷载　　　　　　　　　　　　kN

截面	内力	恒载	活荷载	左风荷载
1—1	M	0	0	0
	N	−45.36	−47.25	46.95
	V	−19.32	−18.05	24.55
2—2	M	−127.84	−129.94	147.59
	N	−45.36	−47.25	46.95
	V	−19.32	−18.05	16.45
3—3	M	−127.84	−129.94	147.59
	N	−21.75	−22.66	21.04
	V	43.41	45.22	−45.08
4—4	M	92.83	96.70	−77.57
	N	−21.75	−22.66	21.04
	V	2.18	2.27	−1.81

截面	内力	1.2恒载+1.4活荷载	1.0恒载+1.4风荷载	1.2恒载+1.4×0.9(风荷载+活荷载)
1—1	M	0	0	0
	N	−120.58	20.37	−54.70
	V	−48.45	15.05	−18.48
2—2	M	−335.33	78.79	−131.27
	N	−120.58	20.37	−54.81
	V	−48.45	3.71	−25.20
3—3	M	−335.33	78.79	−131.17
	N	−64.30	7.71	−28.14
	V	115.40	−19.70	52.27
4—4	M	246.78	−15.77	135.50
	N	−57.82	7.71	−28.14
	V	5.79	−0.35	3.20

表 4-12 · 内力组合值 · kN

2. 截面验算

控制内力组合项目有：$+M_{max}$与相应的 N、V（以最大正弯矩控制）；$-M_{max}$与相应的 N、V（以最大负弯矩控制）；N_{max}与相应的 M、V（以最大轴力控制）；N_{min}与相应的 M、V（以最小轴力控制）。

由表 4-12 可得，各截面的控制内力为

1—1 截面的控制内力为：$M=0$，$N=-120.58$ kN，$V=-48.45$ kN。

2—2 截面的控制内力为：$M=-335.33$ kN·m，$N=-120.58$ kN，$V=-48.45$ kN。

3—3 截面的控制内力为：$M=-335.33$ kN·m，$N=-64.30$ kN，$V=115.40$ kN。

4—4 截面的控制内力为：$M=246.78$ kN·m，$N=-57.82$ kN，$V=5.79$ kN。

(1)刚架柱验算[9]（取 2—2 截面内力）

平面内长度计算系数根据《钢结构设计规范》[5]附录表 D-2 得

$$K=\frac{I_c l_R}{I_R H}=\frac{10.5}{7.2}=1.46,$$

故

$$\mu=2.26$$

$$H_{0x}=7.2\times2.26=16.3 \text{ m}$$

平面外计算长度：考虑压型钢板墙面与墙梁紧密连接起到了应力蒙皮作用，与柱连接的墙梁可作为柱平面的支撑点，但为了安全起见，计算长度按两个墙梁间距考虑，即

$$H_{0y}=7\ 200/2=3\ 600 \text{ mm}$$

故

$$\lambda_x=\frac{H_{0x}}{ix}=\frac{16\ 300}{234}=69.7$$

$$\lambda_y=\frac{L_{0y}}{iy}=\frac{3\ 600}{61.6}=58.4$$

①局部稳定验算

构件局部稳定验算是通过限制板件的宽厚比来实现的。

● 柱翼缘

$$\frac{b}{t} = \frac{(300-6)/2}{8} = 18.38 > 16.79\sqrt{\frac{235}{f_y}} = 16.79\sqrt{\frac{235}{235}} = 16.79$$

● 柱腹板

$$\frac{h_w}{t_w} = \frac{600-16}{6} = 97.33 > 59.85\sqrt{\frac{235}{f_y}} = 59.85\sqrt{\frac{235}{235}} = 59.85$$

由上述计算可知：柱局部稳定满足要求。

②抗剪强度验算

柱截面的最大剪力 $V_{max} = 48.45$ kN

$$V_d = h_w t_w f_v = 584 \times 6 \times 125 \times 10^{-3} = 438 \text{ kN} > V_{max} = 48.45 \text{ kN}$$

抗剪强度满足要求。

压弯剪共同作用下的验算：因 $V < 0.5V_d$，故按 $M \leqslant M_e^N = M_e - NW_e/A_e$ 进行运算。

$$M_e = W_e f = 173 \times 10^4 \times 215 \times 10^{-6} = 371.95 \text{ kN} \cdot \text{m}$$

$M_e^N = M_e - N_e W/A_e = 371.95 - 120.58 \times 371.95/9\,472 = 367.2 \text{ kN} \cdot \text{m} > 335.33 \text{ kN} \cdot \text{m}$

满足要求。

③稳定性验算

刚架柱平面内稳定性验算

$$\lambda_x = 69.7 < [\lambda] = 180$$

b 类截面，由《钢结构设计标准》[5]附表 C-2 查得，$\varphi_x = 0.752$。

$$N'_{Ex} = \frac{\pi^2 EA}{(1.1\lambda_x^2)} = \frac{3.14^2 \times 2.06 \times 10^5 \times 9\,472}{(1.1 \times 69.7^2)} \times 10^{-3} = 3\,600 \text{ kN}, \beta_{mx} = 1.0$$

则 $\dfrac{N}{\varphi_x A} + \dfrac{\beta_{mx} M_x}{\gamma_x[1-0.8(N/N'_{Ex})]W_x} = \dfrac{120.58 \times 10^3}{0.752 \times 9\,472} + \dfrac{1.0 \times 335.33 \times 10^6}{1.05 \times 173 \times 10^4 \times (1-0.8 \times \frac{120.58}{3\,600})}$

$$= 206.61 \text{ N/mm}^2 < f = 235 \text{ N/mm}^2$$

满足要求。

刚架柱平面外稳定性验算：

$$\bar{\lambda} = \lambda_y \sqrt{f/235} = 58.4$$

b 类截面，由《钢结构设计标准》[5]附表 C-2 查得，$\varphi_y = 0.818$

$$\beta_{tx} = 0.65 + 0.35\frac{M_2}{M_1} = 0.65 + 0.35 \times \frac{1}{2} = 0.825$$

$$\varphi_b = 1.07 - \frac{\bar{\lambda}^2}{44\,000} = 1.07 - \frac{58.4^2}{44\,000} = 0.99, 则$$

$$\frac{N}{\varphi_y A} + \eta\frac{\beta_{tx} M_x}{\varphi_b W_{px}} = \frac{120.58 \times 10^3}{0.818 \times 9\,472} + 1.0 \times \frac{0.825 \times 335.33 \times 10^6}{0.99 \times 173 \times 10^4} = 177 \text{ N/mm}^2 < f = 235 \text{ N/mm}^2$$

满足要求。

（2）刚架梁验算[9]（取 3—3 截面内力）

$$M=-335.33 \text{ kN} \cdot \text{m}, N=-64.30 \text{ kN}, V=115.40 \text{ kN}$$

①局部稳定验算

梁翼缘：

$$\frac{b}{t}=\frac{(300-6)/2}{8}=18.38>16.79\sqrt{\frac{235}{f_y}}=16.79\sqrt{\frac{235}{235}}=16.79$$

梁腹板：

$$\frac{h_w}{t_w}=\frac{600-16}{6}=97.33>59.85\sqrt{\frac{235}{f_y}}=59.85\sqrt{\frac{235}{235}}=59.85$$

由上述计算可知：柱局部稳定性不满足要求。

②强度验算

抗剪强度验算：

柱截面的最大剪力为 $V_{max}=115.4$ kN

$$V_d=h_w t_w f_v=584\times6\times125\times10^{-3}=438 \text{ kN}>V_{max}=115.40 \text{ kN}$$

满足要求。

弯矩作用下的验算：

$$M_d=M=173\times10^4\times215\times10^{-6}=371.95 \text{ kN} \cdot \text{m}>335.33 \text{ kN} \cdot \text{m}$$

满足要求。

③稳定性验算

刚架梁平面内稳定性验算：验算方法与柱平面内的稳定性验算相同，由于 $N_梁<N_柱$，$M_梁=M_柱$，因而可以满足要求。

刚架梁平面外稳定验算：

一般刚架平面外稳定靠支撑来保证，考虑檩条处设置隅撑以保证屋脊负弯矩使下翼缘受压时有支撑，在支撑点处设置隅撑以保证横梁全截面受支撑，则横梁成为平面外 3 m 支撑的压弯构件，取其中一段计算。由 $\lambda_y=3\,000/61.6=48.7$ 及 b 类截面，由《钢结构设计标准》[5]附表 C-2 查得，$\varphi_y=0.865$。由于存在端弯矩及横梁弯矩，所以 $\beta_{tx}=1.0$，则

$$\varphi_b=1.07-\frac{58.4^2}{44\,000}=0.99$$

由于内力沿杆件线性变化，所以取较大值 64.3 kN，所以

$$\frac{N}{\varphi_y A}+\eta\frac{\beta_{tx}M_x}{\varphi_b W_{px}}=\frac{64.3\times10^3}{0.865\times9\,472}+1.0\times\frac{1.0\times335.33\times10^6}{0.99\times173\times10^4}=203.64 \text{ N/mm}^2<f=210 \text{ N/mm}^2$$

故满足要求。

4.6.7　鉴定结论及建议

鉴定结论及建议见表 4-13。

表 4-13　　　　　　　　　　　　鉴定结论及建议

序号	鉴定结论	建议
1	刚架柱、刚架梁尺寸满足原设计要求；其柱间支撑为 $\phi22$ mm，满足原设计要求	无

续表

序号	鉴定结论	建议
2	对钢结构焊缝探伤：该仓库主体钢结构对接焊缝进行了超声波探伤，抽检比例为20%，共64条焊缝。根据《钢结构工程施工质量验收规范》[8]，所抽检的对接焊缝均能满足二级标准要求	无
3	抽检的部分刚架柱垂直度不满足规范要求；建筑整体垂直度不满足规范要求	对所有的刚架柱、刚架梁重新进行测量核对，对竖向垂直度不满足施工规范要求的构件应采取纠偏措施
4	钢构件防腐涂层厚度不满足规范要求；钢构件未涂装防火涂层，不满足规范和设计要求	对所有钢构件重新按规范设计要求涂装防腐和防火涂层
5	刚架结构承载力满足规范和设计要求，刚架稳定性满足规范和设计要求	无
6	仓库地坪表面出现4条纵横向收缩裂缝	由设计单位对地坪裂缝提出处理意见，对沉降错缝较大的地坪需进行凿除，对回填土进一步压实后重新浇筑地坪混凝土
7	部分围护墙上塑钢窗密封条脱落，部分屋顶彩钢板脱漆	对脱漆的屋顶彩钢板进行更换，对于密封胶脱落的塑钢窗进行补胶或更换

4.7　工程实例1　工程加固

4.7.1　工程背景

鄂前旗演艺中心位于内蒙古自治区鄂尔多斯市鄂托克前旗上海庙镇新区，其建筑面积约为12 000 m²。鄂前旗演艺中心屋盖为空间网架结构[10]，直径约为96 m，网架形式为多层正四角锥，采用螺栓球节点连接。屋面网架周边为钢柱上弦支撑。演艺中心的屋面网架平面与立面及外部形状如图4-27及图4-28所示。2010年12月，鄂尔多斯伊金霍洛旗赛马场在施工过程中坍塌，造成重大事故，而鄂前旗演艺中心属于同期的同类建设项目。为防止出现类似事故，确保结构安全，当地旗政府要求工程停工鉴定。该项目网架结构设计复杂，施工难度较大，且工程在施工过程中存在一些问题：施工设计反复修改，工程存在赶工期的现象，质量存在部分缺陷。

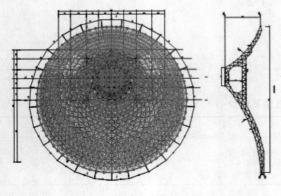

图4-27　屋面网架平面与立面

图4-28　屋面网架外部形状

4.7.2　工程问题及分析过程

该项目由北京某设计院负责设计,采用 MSTCAD、SAP200 软件进行分析计算,计算参量按照相关规范严格取值。

该屋面网架可视为空间立体桁架,杆件间由球节点铰接,杆件只存在拉压应力,没有剪应力。支座分布在周围一圈 78 个铰支点和中间部分立柱。若支座完全为刚性,则在计算时网架支座无横向位移,支座提供完全的约束,杆件应力较大;若支座非完全刚性存在横向位移,则通过释放位移来释放或转移杆件最大应力,使得杆件的应力较小。这两种支座刚度的计算方法,均直接影响杆件的设计应力,从而影响杆件的设计尺寸[10]。

该设计院有类似项目丰富的设计经验,理论计算时如果对支座刚度、支座横向位移取值合适,即可有效降低杆件的设计应力,降低材料成本,但不影响结构安全。鄂前旗演艺中心在计算时就考虑了上述因素。

通过降低支座刚度来降低网架应力的方法,是在考虑结构在施工安装时严格按照设计图纸、施工质量较高、杆件缺陷较少的前提下,既然降低了计算要求,相应就需要提高施工质量,以确保结构安全。

第一阶段现场调查时,该项目屋面网架的结构已基本组装完成,正在开始准备铺设屋面材料,即外力荷载还未施加。

从现场检查中发现了一些施工问题,主要有:套筒存在松动、破损、缺失,两端面垂直角度偏差较大,高强螺栓外露等,如图 4-29～图 4-33 所示。

图 4-29　套筒松动

图 4-30　紧固螺栓缺失、松动

图 4-31　杆件弯曲变形

图 4-32　支座螺栓松动

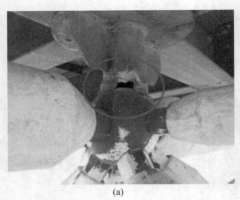
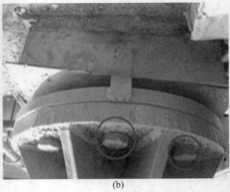

(a)　　　　　　　　　　　　(b)

图 4-33　其他损伤

　　该鉴定机构某房屋安全鉴定师通过有限元分析计算,在建模中对支座采取完全刚性的假定,目的在于使得计算结果更加偏于安全。

　　计算荷载完全按照设计图纸给出数据,材料强度、参数等依据相关规范,计算结果中,部分杆件应力超出规范要求,部分杆件富裕度不够。计算结果如图 4-34 所示。

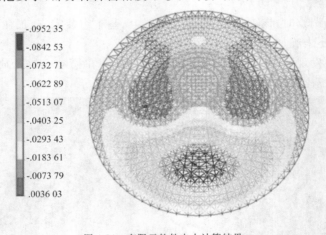

| -.0952 35 |
| -.0842 53 |
| -.0732 71 |
| -.0622 89 |
| -.0513 07 |
| -.0403 25 |
| -.0293 43 |
| -.0183 61 |
| -.0073 79 |
| .0036 03 |

图 4-34　有限元软件内力计算结果

　　通过与设计方交流,设计方认为支座刚度不应采用无限刚度,现实中不可能做到刚度无限大,应适量放松水平刚度,减小杆件计算应力。检测机构认为,通过现场的检查结果,屋面结构存在诸多问题,特别是杆件应力弯曲数量较多,部分节点存在施工缺陷,严重影响杆件的稳定性,稳定强度大大降低。在这种情况下,提高计算安全度有助于保证结构的安全。在施工质量难以保障的条件下,再减小计算结果可靠度,不利于安全。

4.7.3　结论及建议

　　对于存在稳定性承载力不足的杆件,检测方认为进行更换是较为稳妥的办法。但该屋面网架结构主体已基本施工完成,网架下的临时支撑已经撤出,若此时再进行更换,则要重新拆除并重新安装结构,成本将成倍增加。

　　在既考虑安全又降低成本的条件下,设计方与检测方重新进行沟通协商。首先,对于结构计算而言,降低荷载是减小杆件应力的有效手段。现在屋面荷载未完全施加上去,可以考虑降低荷载这一方案。

根据设计变更,将屋面铺设材料进行更换,少铺一层非完全必要的屋面材料,并采用更轻的材料,上弦杆设计静载降低 20％。计算结果显示,超限杆件数量大大减少。

由于荷载变更后,超限杆件数量大大减少,所以可不进行大面积的杆件更换,建议采用部分杆件加固的方法。通过计算讨论,初步建议对 6 根应力比偏高的杆件采取套管加固设计。

具体加固方案如下:

1. 加固钢管为 Q235B 无缝钢管。

2. 外径为 180 mm 的 4 根杆件采用 D203×10 mm 无缝钢管加固,外径为 89 mm 的 2 根采用 D102×5 mm 无缝钢管加固。

3. 加固钢管应与原杆件保持可靠连接,以确保内力可靠传递[10]。

加固方案确定之后,计算分析表明,成功地降低了网架杆件的应力比,提高了强度储备,其中最大强度应力比为 0.71,最大稳定应力比为 0.81,均满足规范[8]的要求。

通过优化的加固改造设计,鄂前旗演艺中心屋面网架的安全性得到了提高。同时,该优化方案没有通过简单的替换杆件,而是通过降低荷载和杆件加固设计,在保证安全的前提下,极大地降低了加固成本,达到了三赢的效果:甲方的建筑有了安全保证;设计方避免了大规模方案整改,降低了成本;检测方严格履行了自己的义务,确保了结构的安全。

4.8　工程实例 2　钢屋架检测

4.8.1　工程简介

杭州市郊的某单跨封闭式屋架结构的长度为 36 m,柱距为 4 m,跨度为 $l=9$ m,屋面材料为波形石棉瓦,规格为 1 820 mm×725 mm×8 mm。其他主要参数:坡度 $i=1:3$,恒载为 0.3 kN/m²,活荷载为 0.6 kN/m²,屋架支撑在钢筋混凝土柱顶,混凝土标号为 C20,柱顶标高为 6 m,钢材标号为 Q235-B.F,其设计强度为 $f=215$ kN/m²,焊条采用 E43 型,手工焊接,荷载分项系数为 $\gamma_G=1.2$,$\gamma_Q=1.4$。

4.8.2　屋架形式及结构尺寸

屋架为人字形六节间三角形。屋架坡度为 1:3,屋面倾角 $\alpha=\arctan(1/3)=18.43°$,$\sin\alpha=0.316\ 1$,$\cos\alpha=0.948\ 7$。

屋架计算跨度:$l_0=l-300=8\ 700$ mm

屋架跨中高度:$h=l_0/6=1\ 450$ mm

上弦长度:$L=l_0/(2\cos\alpha)=4\ 585$ mm

节间长度:$a=L/3=1\ 528$ mm

节间水平方向尺寸长度:$a'=a\cos\alpha=1\ 449$ mm

上弦杆截面为 2∟50×5,下弦杆为 2∟40×5,根据几何关系得屋架各杆件的几何尺寸如图 4-35 所示。

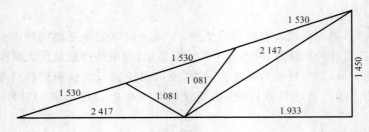

图 4-35 杆件的几何尺寸

4.8.3 内力计算

根据建筑结构静力计算手册查的内力系数和内力设计值见表 4-14,杆件内力图如图 4-36 所示。

表 4-14 杆件内力系数及内力值

杆件名称	杆件	内力系数	内力设计值/kN
上弦	AB	−7.91	−52.92
	BC	−6.64	−44.42
	CD	−7.27	−48.64
下弦	A-1	7.5	50.18
	1-2	4.5	30.12
腹板	B-1、C-1	−1.34	−8.96
	D-1	3	20.07
	D-2	0	0

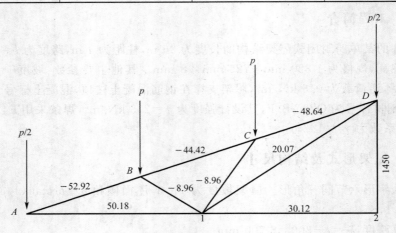

图 4-36 杆件内力图

上弦杆端节间的最大正弯矩:$M_1 = 0.8 M_0$。

其他节间的最大正弯矩和节点负弯矩为:$M_2 = \pm 0.6 M_0$。

上弦杆集中荷载:$p' = (1.2 \times 0.3 + 1.4 \times 0.6) \times 0.725 \times 4 = 3.48$ kN。

节间最大弯矩:$M_0 = p'a/4 = 3.48 \times 1.450/4 = 1.26$ kN·m。

则 $M_1 = 0.8 M_0 = 0.8 \times 1.26 = 1.008$ kN·m,$M_2 = \pm 0.6 M_0 = \pm 0.6 \times 1.26 = \pm 0.756$ kN·m。

4.8.4　构件验算

限于篇幅,取上弦杆进行验算。

上弦杆截面为 $2 \llcorner 50 \times 5$:$A = 9.61 \text{ cm}^2$,$r = 5.5 \text{ mm}$,$i_x = 1.53 \text{ cm}$,$i_y = 2.38 \text{ cm}$,$W_{x\max} = 15.79 \text{ cm}^3$,$W_{x\min} = 6.26 \text{ cm}^3$

(1)强度计算

杆件单向受弯,按拉弯和压弯构件的强度计算公式计算:

查《钢结构设计标准》知 $\gamma_{x1} = 1.05$,$\gamma_{x2} = 1.2$,$[\lambda] = 10$,取 AB 段上弦杆(最大内力杆段)验算,轴心压力 $N = 52.92 \text{ kN}$。

最大节间正弯矩:$M_x = M_1 = 1.008 \text{ kN} \cdot \text{m}$

最大负弯矩:$M_x = M_2 = 0.756 \text{ kN} \cdot \text{m}$

正弯矩截面:

$$\frac{N}{A_n} + \frac{M_x}{\gamma_{x1} W_{nx}} = \frac{N}{A} + \frac{M_x}{\gamma_{x1} W_{x\max}} = \frac{52.92 \times 10^3}{9.61 \times 10^2} + \frac{1.008 \times 10^6}{1.05 \times 15.79 \times 10^3}$$
$$= 115.9 \leqslant f = 215 \text{ N/mm}^2$$

负弯矩截面:

$$\frac{N}{A_n} + \frac{M_x}{\gamma_{x2} W_{nx}} = \frac{N}{A} + \frac{M_2}{\gamma_{x2} W_{x\min}} = \frac{52.92 \times 10^3}{9.61 \times 10^2} + \frac{0.756 \times 10^6}{1.2 \times 6.26 \times 10^3}$$
$$= 155.7 \leqslant f = 215 \text{ N/mm}^2$$

所以上弦杆的强度满足要求。

(2)弯矩作用平面内的稳定性计算

应按下列规定计算:

对角钢水平肢 1:$\dfrac{N}{\varphi_x A} + \dfrac{\beta_{mx} M_x}{\gamma_x W_{1x}\left(1 - 0.8 \times \dfrac{N}{N'_{Ex}}\right)} \leqslant f = 215 \text{ N/mm}^2$

对角钢水平肢 2:$\left| \dfrac{N}{A} - \dfrac{\beta_{mx} M_x}{\gamma_x W_{2x}\left(1 - 1.25 \times \dfrac{N}{N'_{Ex}}\right)} \right| \leqslant f = 215 \text{ N/mm}^2$

因杆段相当于两端支撑的构件,杆上同时作用有端弯矩和横向荷载,并使构件产生反向曲率,故按《钢结构设计规范》取等效弯矩 $\beta_{mx} = 0.85$。

长细比:$\lambda_x = \dfrac{l_{ox}}{i_x} = \dfrac{152.8}{1.53} = 100 \leqslant [\lambda] = 150$

该截面属于 b 类截面,查表得 $\varphi_x = 0.555$

欧拉临界应力:$N_{E'x} = \dfrac{\pi^2 EA}{1.1 \lambda_x^2} = \dfrac{3.14^2 \times 206 \times 10^3 \times 9.61 \times 10^2}{1.1 \times 100^2} \times 10^{-3} = 177.44 \text{ kN}$

所以 $\dfrac{N}{N_{Ex}} = \dfrac{52.92}{177.44} = 0.298\,2$

用最大正弯矩进行计算:$M_x = M_1 = 1.008 \text{ kN} \cdot \text{m}$

$W_{1x} = W_{x\max} = 15.79 \text{ cm}^3$,$W_{2x} = W_{x\min} = 6.26 \text{ cm}^3$

$$\frac{N}{\varphi_x A} + \frac{\beta_{mx} M_x}{\gamma_x W_{1x}\left(1 - 0.8\dfrac{N}{N_{Ex}}\right)} = \frac{52.92 \times 10^3}{0.555 \times 9.61 \times 10^2} + \frac{0.85 \times 1.008 \times 10^6}{1.05 \times 15.79 \times 10^3 \times (1 - 0.8 \times 0.298\,2)}$$
$$= 167.1 \text{ N/mm}^2 \leqslant f = 215 \text{ N/mm}^2$$

$$\left| \frac{N}{A} - \frac{\beta_{mx}M_x}{\gamma_x W_{2x}\left(1-1.25\frac{N}{N_{E'x}}\right)} \right| = \left| \frac{52.92 \times 10^3}{9.61 \times 10^2} - \frac{0.85 \times 1.008 \times 10^6}{1.2 \times 6.62 \times 10^3(1-1.25 \times 0.2982)} \right|$$

$$= 116.9 \ \text{N/mm}^2 \leqslant f = 215 \ \text{N/mm}^2$$

用最大负弯矩进行验算：$M_x = M_2 = 0.756 \ \text{kN·m}$

$W_{1x} = W_{x\min} = 6.26 \ \text{cm}^3$，$\gamma_x = \gamma_{x2} = 1.20$

$$\frac{N}{\varphi_x A} + \frac{\beta_{mx}M_x}{\gamma_x W_{1x}\left(1-0.8\frac{N}{N_{E'x}}\right)} = \frac{52.92 \times 10^3}{0.555 \times 9.61 \times 10^2} + \frac{0.85 \times 0.756 \times 10^6}{1.2 \times 6.26 \times 10^3 \times (1-0.8 \times 0.2982)}$$

$$= 211.6 \ \text{N/mm}^2 < f = 215 \ \text{N/mm}^2$$

故满足要求。

（3）弯矩作用平面外的稳定性计算

验算条件：$\dfrac{N}{\varphi_y A} + \dfrac{\beta_{tx}M_x}{\varphi_b W_{1x}} \leqslant f = 215 \ \text{N/mm}^2$

因侧向无支撑长度 l_1 为 305.6 cm，故验算上弦杆的 BC 段在弯矩作用平面外的稳定性。

等弯系数：$\beta_{tx} = \beta_{mx} = 0.85$。

杆 BC 的内力为 $N_1 = 44.42$，为压应力。

弯矩作用的平面计算长度 $l_{ax} = 152.8$ cm。

侧向无支撑长度 $l_1 = 2 \times 152.8 = 305.6$ cm。

所以 $l_{oy} = l_1(0.75 + 0.25N_1/N) = 293.3$ cm。

长细比：$\lambda_{oy} = \dfrac{l_{oy}}{i_y} = \dfrac{293.3}{2.38} = 123.2 < [\lambda] = 150$

属 b 类截面，查《钢结构》[9] 附录 17-2 表得 $\varphi_y = 0.422$。

用最大正弯矩进行计算：$M_x = M_1 = 1.008 \ \text{kN·m}$，$W_{1x} = W_{x\max} = 15.79 \ \text{cm}^3$，对弯矩使用角钢水平肢受压的双角钢 T 形截面，规范规定整体稳定系数为

$$\varphi_b = 1 - 0.0017\lambda_y\sqrt{\frac{f_y}{235}} = 1 - 0.0017 \times 123.2 \times 1 = 0.791$$

得 $\dfrac{N}{\varphi_y A} + \dfrac{\beta_{tx}M_x}{\varphi_b W_{1x}} = \dfrac{52.92 \times 10^3}{0.422 \times 9.61 \times 10^2} + \dfrac{0.85 \times 1.008 \times 10^6}{0.791 \times 15.79 \times 10^3}$

$$= 199.1 \ \text{N/mm}^2 \leqslant f = 215 \ \text{N/mm}^2$$

用最大负弯矩进行计算：$M_x = M_2 = 0.756 \ \text{kN·m}$，$W_{1x} = W_{x\max} = 15.79 \ \text{cm}^3$，对弯矩使用角钢水平肢受拉的双角钢 T 形截面，规范规定整体稳定系数为

$$\varphi_b = 1 - 0.0005\lambda_y\sqrt{\frac{f_y}{235}} = 1 - 0.0005 \times 123.2 \times 1 = 0.938$$

得 $\dfrac{N}{\varphi_y A} + \dfrac{\beta_{tx}M_x}{\varphi_b W_{1x}} = \dfrac{52.92 \times 10^3}{0.422 \times 9.61 \times 10^2} + \dfrac{0.85 \times 0.756 \times 10^6}{0.938 \times 15.79 \times 10^3}$

$$= 174 \ \text{N/mm}^2 \leqslant f = 215 \ \text{N/mm}^2$$

所以平面外长细比和稳定性均可满足要求。

（4）局部稳定性验算

验算条件：

翼缘自由外伸宽厚比：$\dfrac{b'}{t} \leqslant 15\sqrt{\dfrac{235}{f_y}} = 15$

腹板高厚比：当 $a_0 \leqslant 1.0$ 时：$\dfrac{h_0}{t_w} \leqslant 15\sqrt{\dfrac{235}{f_y}} = 15$

当 $a_0 > 1.0$ 时：$\dfrac{h_0}{t_w} \leqslant 18\sqrt{\dfrac{235}{f_y}} = 18$

$a_0 = \dfrac{\sigma_{max} - \sigma_{min}}{\sigma_{max}}$，$\sigma_{max}$ 为腹板计算高度边缘的最大压应力，σ_{min} 为腹板计算高度另一边缘相应的应力。

$b' = b - t = 50 - 5 = 45$ mm

$h_0 = b - t = 50 - 5 = 45$

$t_w = t = 5$ mm

翼缘：$\dfrac{b'}{t} = \dfrac{45}{5} = 9$

腹板：$\dfrac{h_0}{t_w} = \dfrac{45}{5} = 9$

故满足要求。

4.8.5　结　论

上弦杆截面满足各项要求，截面满足强度、稳定性要求。

4.9　工程实例 3　H 型钢厂房检测

4.9.1　工程简介

某钢铁公司 H 型钢厂房（图 4-37）为 L 形，长边为单层三跨钢结构排架，短边为单层双跨钢结构排架，基础为桩基础。屋面活荷载为 0.5 kN/m²，基本雪压为 0.35 kN/m²，基本风压为 0.40 kN/m²，地面的表面粗糙度类别为 A 类，建筑抗震设防烈度为 7 度，设计基本地震加速度值为 0.1g，设计地震分组为第三组，抗震设防类别为丙类。该厂房建成使用过程中出现吊车梁卡轨，为查明卡轨原因，确保安全使用，进行本次检测。

图 4-37　厂房内部

4.9.2 损伤调查

现场外观普查如图 4-38～图 4-50 所示,结果见表 4-15～表 4-17。限于篇幅,表中数据为部分构件的损坏状况。

表 4-15 轨道及吊车梁损伤调查

编号	位置	损伤描述	示图编号
1	B/7	轨道焊缝错位	图 4-38
2	B/11	轨道严重损坏	图 4-39
3	A/1 南—A/1	轨道凹陷裂缝	图 4-40
4	A/17—A/18	吊车轨道断裂	图 4-41
5	A/29—A/30	吊车轨道螺栓松动,无法固定	图 4-42

 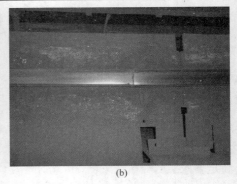

(a)   (b)

图 4-38 B/7 轨道焊缝错位

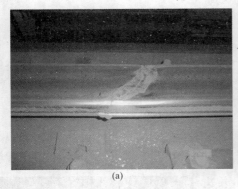 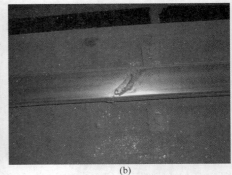

(a)   (b)

图 4-39 B/11 轨道严重损坏

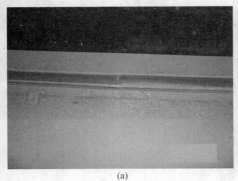 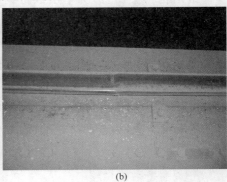

(a)   (b)

图 4-40 A/1 南—A/1 轨道凹陷裂缝

(a)　　　　　　　　　　　(b)

图 4-41　A/17—A/18 吊车轨道断裂

图 4-42　A/29—A/30 吊车轨道螺栓松动，无法固定

表 4-16 构件锈蚀损伤调查

编号	位置	损伤描述	示图编号
1	D/12、D/10、D/8（柱）	锈蚀	图 4-43
2	12—13/A 南	柱间支撑连接处锈蚀	图 4-44
3	B/10、B/11	柱间支撑、柱锈蚀严重	图 4-45
4	E/11 南	柱顶和屋架连接处螺栓锈蚀	图 4-46

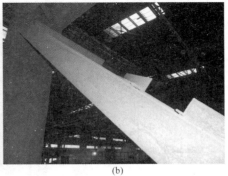

(a)　　　　　　　　　　　(b)

图 4-43　D/12、D/10、D/8（柱）锈蚀

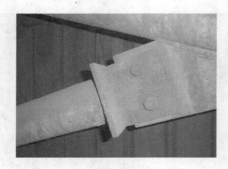

图 4-44 12—13/A 南柱间支撑连接处锈蚀

(a) (b)

图 4-45 B/10、B/11 柱间支撑、柱锈蚀严重

(a) (b)

图 4-46 E/11 南柱顶和屋架连接处螺栓锈蚀

表 4-17 构件松动、破坏、脱落损伤调查

编号	位置	损伤描述	图片编号
1	A 轴南 12—13	斜向支撑螺栓松动	图 4-47
2	B/4—B/5	南屋顶屋面板剥落	图 4-48
3	E4	柱顶与屋面连接处螺栓脱落	图 4-49
4	E/9	无螺栓且螺栓锈蚀严重	图 4-50

图 4-47 A 轴南 12—13 斜向支撑螺栓松动

图 4-48　B/4－B/5 南屋顶屋面板剥落

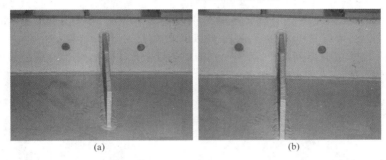

图 4-49　E4 柱顶与屋面连接处螺栓脱落

图 4-50　E/9 无螺栓且螺栓锈蚀严重

4.9.3　荷载调查

荷载包括恒载和活荷载,应根据建筑物现在、未来的使用状况确定。本建筑物为钢厂 H 型钢车间,已经投入使用,因此按照正常设计荷载使用。其他荷载按设计图纸取值。

根据设计图纸及规范[3],将该建筑物的部分活荷载(标准值)列于表 4-18。

表 4-18　　　　　　　　　　　活荷载标准值　　　　　　　　　　　　　kN/m²

位置	标准值
吊车安全走道及过道平台	2.00
改造吊车梁系统检修平台	3.00
原吊车梁系统检修平台	5.00
屋面活荷载	0.50
屋面雪荷载	0.35
风荷载	0.40

4.9.4 结构形式确认

经现场确认,厂房主要承重结构为排架,钢柱与屋架之间通过螺栓连接,螺栓分布在翼缘内侧,判定柱与屋架连接为铰接;钢柱与基础之间通过螺栓在上、下翼缘各加一块垫板焊接,螺栓连接分布在翼缘外侧,判定柱与基础连接为刚性连接。

4.9.5 现场检测

1.构件截面尺寸复核

该厂房确定了 32 根钢柱、3 道吊车梁、3 根防风柱、8 榀屋架作为本次尺寸检测的范围,检测所抽样构件的全部尺寸,每个尺寸在构件的 3 个部位量测,取 3 处测试值的平均值作为该尺寸的代表值。取样现场使用钢尺及游标卡尺对厂房钢柱、屋架、吊车梁、抗风柱、柱间支撑、水平支撑、檩条、墙梁等构件的平面布置以及截面尺寸进行检测,如图 4-51 所示。由于篇幅所限,检测的尺寸不再列出。最终检测结果表明:所有构件尺寸均满足设计要求。

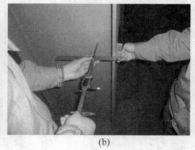

(a)　　　　　　　　　　　　　　(b)

图 4-51　现场检测构件尺寸

2.吊车梁轨道屈曲检测

用直尺分别测量 A 轴线吊车梁轨道、E 轴线吊车梁轨道外缘到柱外缘的距离。结果如图 4-52、图 4-53 所示。

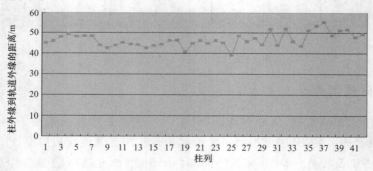

图 4-52　A 轴线吊车梁轨道外缘到柱外缘的距离

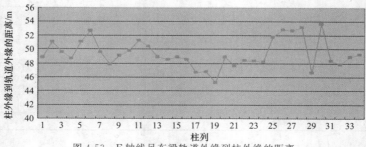

图 4-53　E 轴线吊车梁轨道外缘到柱外缘的距离

E轴线吊车梁轨道偏差超过《起重设备安装施工及验收规范》(GB 50278—2010)中表6.0.2通用桥式起重机的偏差限值。

3. 连接检测

(1)焊缝连接检测

首先通过目测检查焊缝表面质量,主要包括裂纹、气孔、夹渣、未熔透、虚焊、咬边、弧坑等;之后应用焊缝检验尺对焊缝的外形尺寸进行测量,主要测量焊接母材的坡口角度、间隙、错位、焊缝高度、焊缝宽度和角焊缝高度;最后用超声探伤仪对焊缝的内部缺陷进行检测。如图4-54所示。

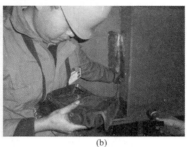

(a)　　　　　　　　　　　　　(b)

图 4-54　焊缝检测

依据《钢焊缝手工超声波探伤方法和探伤结果分级》评定所检焊缝质量符合设计要求。

(2)螺栓连接检查

首先对螺栓的直径、数量、排列方式进行了检查,重点对螺栓缺失及相邻部位其他损伤进行了仔细调查,其次用扭力扳手对螺栓的紧固性进行了复查。如图4-55所示。

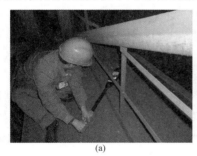

(a)　　　　　　　　　　　　　(b)

图 4-55　高强螺栓检测

检测结果表明,部分螺栓缺失,部分高强螺栓松动严重。

4. 防腐涂层厚度检测

用涂层测厚仪对该厂房抽检构件进行防腐涂层厚度测定,在构件长度内每隔3 m取一截面。对于柱,在所选择的位置中分别测出6个点,计算出它们的平均值,并检查涂层厚度是否均匀,是否存在离析、坠流等现象。限于篇幅,检测数据不再列出。

检测结果:37.8%的构件防腐涂层厚度满足《钢结构工程施工质量验收规范》"涂层干漆总厚度室外150 μm,室内125 μm,其允许偏差为—25 μm"的要求,62.2%的构件防腐涂层厚度不满足要求。

5. 结构沉降及构件垂直度检测

采用 DS₃ 型微倾水准仪检测厂房主体相对不均匀沉降,主体相对不均匀沉降检测结果如图 4-56 所示,主体倾斜如图 4-57 所示。

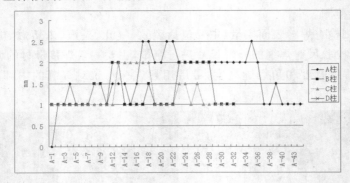

图 4-56　厂房主体相对不均匀沉降量

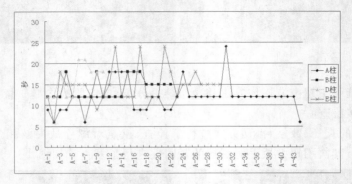

图 4-57　厂房主体倾斜

以厂区(A/33)柱高程为基准,首次测量得 A—E 轴线柱相对沉降量如图 4-56 中的四条折线表示,由图 4-56 知最大沉降差为 2.5 mm,满足《钢结构工程施工质量验收规范》表 E.0.2 限值的规定;且自 2013 年 11 月 7 日到 2014 年 2 月 18 日期间,间隔 20 日左右连续进行了 5 次观测,观测结果表明该厂房结构沉降稳定,沉降量之差未超出限值。

E 轴线倾斜程度如图 4-57 中的四条折线所示。倾斜角度最大发生值没有超过 25 s,满足《钢结构工程施工质量验收规范》表 E.0.1 限值的规定。

6. 屋盖调查

该厂房屋盖主要存在屋面板螺钉脱落、构件锈蚀等问题,如图 4-58、图 4-59 所示。

图 4-58　屋面板螺钉脱落

图 4-59　屋盖构件锈蚀

4.9.6 数据处理

1.排架验算

根据实测的厂房各项指标(其余参数选取参见原设计文件),利用中国建筑科学研究院开发软件 PKPM,选取具代表性的 1 榀排架进行结构承载力、稳定性、变形验算。厂房 31 轴线结构模型、计算简、钢梁绝对挠度及节点位移如图 4-60～图 4-63 所示。

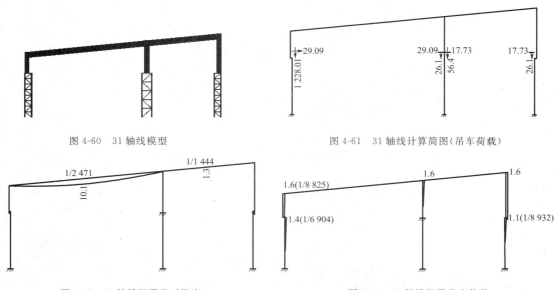

图 4-60 31 轴线模型

图 4-61 31 轴线计算简图(吊车荷载)

图 4-62 31 轴线钢梁绝对挠度

图 4-63 31 轴线钢梁节点位移

验算结果表明,该钢结构厂房各榀排架的作用弯矩与考虑屈曲后抗弯承载力比值、平面外稳定应力比、平面内稳定应力比均小于 1;排架柱长细比、斜梁挠跨比以及节点在恒载、活荷载、风荷载、吊车水平荷载、地震作用下的位移均满足《钢结构设计标准》(GB 50017—2017)要求。

2.屋架验算

利用中国建筑科学研究院开发的软件 PKPM,选取 1 榀屋架进行结构承载力、稳定性、变形验算。屋架结构简图、计算简图、应力比及节点位移如图 4-64～图 4-67 所示。

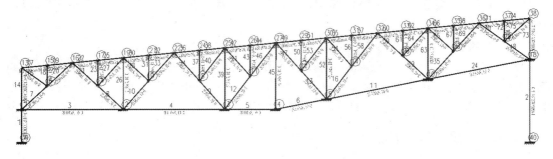

图 4-64 钢屋架 1 结构简图

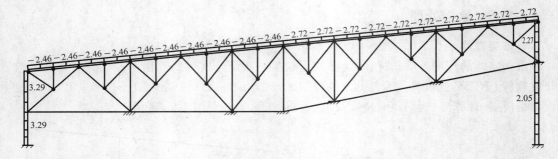

图 4-65 钢屋架 1 计算简图（风荷载）

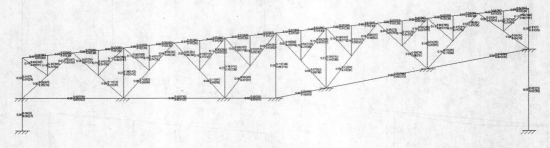

图 4-66 钢屋架 1 应力比

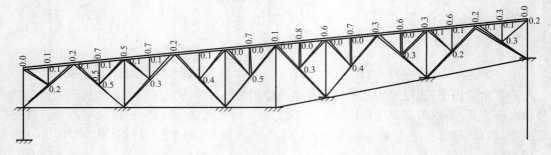

图 4-67 恒载＋活荷载节点位移图

验算结果表明，该钢结构厂房屋架的强度计算应力比、剪应力比、平面内稳定应力比、平面外稳定应力比均小于1，满足《钢结构设计标准》（GB 50017—2017）要求；节点在恒载、活荷载、风荷载、地震作用下的位移等均较小，满足《钢结构设计标准》（GB 50017—2017）要求。

3. 吊车梁验算

利用中国建筑科学研究院开发的软件 PKPM，选取最不利成品跨的吊车梁进行结构验算。验算结果表明，吊车梁上翼缘宽厚比、梁截面应力、局部挤压应力、吊车梁水平挠度和疲劳应力计算、梁竖向挠度、梁截面加劲肋等计算均满足设计要求。

4.9.7 鉴定结论及建议

1. 鉴定结论

(1)该 H 型钢厂房结构整体安全。

(2)该 H 型钢厂房柱沉降、倾斜未超出相关规范限值。

（3）该 H 型钢厂房吊车卡轨主要原因为吊车轨道紧固件松动、高强螺栓连接松动甚至脱落导致吊车轨道屈曲过大。

（4）该 H 型钢厂房屋盖结构锈蚀损伤严重且涂层厚度不满足规范要求。

（5）该 H 型钢厂房结构布置与构件尺寸满足设计要求。

2. 建议

（1）对吊车轨道及其制动结构进行大修。

（2）对厂房锈蚀构件先除锈后喷防腐漆。

（3）对吊车梁高强螺栓进行检修。

（4）更换屋面板。

（5）对结构主体进行整体涂装。

4.10　小　结

本章结合 4 个工程实例介绍了钢结构厂房中最常见的门式刚架、钢网架结构、钢屋架检测及某钢铁公司 H 型钢厂房检测，与民用建筑相比，钢结构厂房有自身的特点，可根据不同的特征，有针对性进行检测。同时，也应该看到对钢结构厂房的安全鉴定仍有许多问题需要解决：

1. 对钢结构厂房进行检测时发现，钢结构材料物理力学性能的现场无损检测技术、钢构件应力的现场无损测定技术和结构关键部位应力及损伤现场测试技术的发展是目前亟待解决的问题。

2. 目前对于钢结构厂房的检测鉴定尚停留在对具体结构或构件的检测层面上，而工程结构的检测和加固往往问题复杂，涉及因素众多，如何定性考虑这些因素也是目前所面临的挑战。

3. 加固材料的长期受力工作性能、加固材料与原结构共同工作、二次受力理论的深层次研究、黏结材料对界面黏结能力的研究及界面黏结破坏也是目前工业建筑加固迫切需要解决的问题；另外，结构加固设计的后续可工作寿命如何确定也是可拓展的研究课题。目前的结构加固主要集中在静力的直接加固理论与技术方面，而间接加固、动力加固等问题的研究较少。

4. 在既有结构可靠性鉴定中，存在着大量的不确定信息和因素，与结构的几何特征、材料特性、荷载特性、失效准则及人为因素有关。这些不确定性大致可分为三类，即随机性、模糊性及未确知性。科学合理地处理这些不确定因素，对结构可靠性理论的发展和完善起着重要作用。

习题与思考题

1. 如何判断工业厂房的结构形式？

2. 在工业厂房安全检测中验算复核时，现在为什么一般采用电算形式？有什么利弊？

3. 如果工业厂房的倾斜度不满足要求,应采取什么措施?

4. 如何考虑锈蚀对钢结构工业厂房的影响?

5. 火灾对工业厂房的影响有哪些?对承载力有什么影响?

6. 厂房在建设过程中,构件安装精度超过了规范允许的范围,我们能否判别结构不安全?应如何处理?

参考文献

[1] GB 50144—2008.工业建筑可靠性鉴定标准[S].北京:中国建筑工业出版社,2008.

[2] CECS 24:90.钢结构防火涂料应用技术规范[S].北京:中国工程建设标准化协会,1990.

[3] CECS 102:2002.门式刚架轻型房屋钢结构技术规程(2012 版).[S].北京:中国计划出版社,2012.

[4] JGJ/T 23—2011.回弹法检测混凝土抗压强度技术规程[S].北京:中国建筑工业出版社,2011.

[5] CECS 03:2007.钻芯法检测混凝土强度技术规程.[S].北京:中国计划出版社,2007.

[6] GB/T 11345—1989.钢焊缝手工超声波探伤方法和探伤结果分级.[S].北京:中国标准出版社,1989.

[7] GB/T 50621—2010.钢结构现场检测技术标准[S].北京:中国建筑工业出版社,2011.

[8] GB 50205—2001.钢结构工程质量验收规范[S].北京:中国计划出版社,2002.

[9] 陈绍蕃,顾强.钢结构[M].北京:中国建筑工业出版社,2011:112—164.

[10] 黄柏兴.工业及民用建筑结构检测鉴定及其加固设计[D].北京:清华大学学报,2011:24—41.

[11] GB 50009—2012.建筑结构荷载规范[S].北京:中国建筑工业出版社,2012.

[12] GB 50007—2011).建筑地基基础设计规范[S].北京:中国建筑工业出版社,2012.

[13] GB 50010—2010.混凝土结构设计规范[S].北京:中国建筑工业出版社,2010.

[14] GB 50017—2017.钢结构设计标准[S].北京:中国计划出版社,2017.

[15] 张学宏.建筑结构[M].北京:中国建筑工业出版社,2008:107—131.

第5章　高层建筑及大跨度空间结构动力性能检测

学习目标

(1)了解结构动力性能检测的适用范围及相关术语含义。

(2)了解模态参数识别的基本原理、动力测试及健康监测的目的。

(3)了解工程结构动力测试的基本流程及实测信号的处理方法。

5.1　引　言

近年来,随着科技与经济的发展,建筑结构不断向高层、超高层或大跨、超大跨方向发展,特别是北京 2008 年奥运会、上海 2010 年世界博览会及 2011 年深圳大学生运动会之后,大批量的大跨空间结构得到了迅猛发展。这些建筑投资巨大,多为关系到国计民生的公共建筑或区域标志性建筑,其使用期往往长达几十年、甚至上百年。它们处于自然环境中,不可避免地遭受到环境侵蚀、材料老化、地基不均匀沉降、复杂荷载的长期效应与疲劳效应、突变效应以及多种因素耦合作用的影响,必然产生损伤累积,导致结构抗力衰减,在极端情况下就会引发灾难性突发事件。因此,为了保障重大工程结构的安全性、适用性与耐久性,对于长期在役的重要结构,如果能够适时地对其结构健康状况做出正确评估,掌握结构的工作状态,将有利于达到确保结构安全的目的[1,2]。

结构动力检测是一门多学科交叉的综合工程学科,既要求有力学、结构、振动等理论知识,又要求会损伤检测试验,并且系统论、信息论、控制论、非线性科学等最新的技术在其中都有广泛的用武之地。其自身的独特优点(不受结构复杂程度的限制且可以对结构进行整体评估)有效地弥补了传统静力检测方法存在的诸多缺陷和不足,特别是近年来,高效模块化、数字化的结构动力响应量测技术为结构动力检测的实现提供了强大的支持,使其逐渐走向成熟,且在土木工程领域得到了广泛应用。

5.2　结构动力性能检测的适用范围

1.《高层建筑混凝土结构技术规程》(JGJ 3—2010)限定的大跨度结构。

2.《高层建筑混凝土结构技术规程》(JGJ 3—2010)限定的复杂、混合结构以及平、立面不规则结构。

3.房屋高度大于 60 m 的高层建筑结构。

4.斜拉桥、悬索桥及《公路桥涵设计通用规范》(JTG D60－2004)限定的大桥、重要大桥、特大桥。

5.采用新型材料的建筑结构。

5.3   主要概念

在建筑结构检测、诊断及其安全评价研究领域中,国内外既有文献涉及许多术语,由于各种原因,不同作者甚至同一作者在不同时期对其理解存在着差异,这势必影响到对问题理解的准确程度。根据《建筑结构设计术语和符号标准》(GB/T 50083－1997)《建筑结构检测技术标准》(GB/T 50344－2004)等现有规范,并参考其他文献,本书对结构检测及健康监测的相关术语加以说明,并列举了部分术语的主要实现途径,见表 5-1。

表 5-1   术语及其解释

术语	定义	主要实现途径
环境激励 (Ambient Excitation)	在自然环境中由于风荷载、工作激励、冲击波等随机引起的扰动	直接采用自然界中的车辆、行人、风及其组合
人工激励 (Artificial Excitation)	通过某种激振装置对结构施加激励的方式	力锤、激振器等
结构损伤 (Structural Damage)	由于荷载、环境侵蚀、灾害和人为因素等造成了结构或结构构件发生非正常的位移、变形、开裂以及材料的破损和劣化等损坏	—
传感器优化布置 (Optimal Sensor Placement)	构建一个最佳的传感器结构类型、数量及位置方案,能够更好地获取结构的动力响应信息,从而获得传感器成本与系统监测性能指标之间的最佳平衡	有效独立法(EI 法)、序列法、广义遗传算法等
模态识别 (Modal Identification)	从结构不同位置的动力响应信号中提取出结构的模态参数(模态振型、固有频率和阻尼比)	功率谱峰值(PP)法、频域分解(FDD)法、随机子空间(SSI)法、Hilbert-Huang 变换等
模型修正 (Model Updating)	采用一定的数学手段和有限元计算方法,结合结构的静、动力实测数据对初始有限元模型进行优化,使得优化后模型的计算值与试验实测值趋于一致,达到提高模型精度的目的	矩阵型修正法、参数型修正法、基于智能计算的模型修正法(神经网络、支持向量机)等
损伤识别 (Damage Identification)	通过比较结构在健康状态和在役的不同时期所检测或监测到的结构状态及性能参数,以一定的分析方法判断在役结构整体有无损伤以及损伤的位置和程度的过程,通常也称为损伤诊断(Damage Diagnosis)	基于模态信息的损伤识别方法(如基于频率、振型的损伤识别方法)、基于小波分析的损伤识别方法、基于智能计算的损伤识别方法(神经网络、支持向量机)等

续表

术语	定义	主要实现途径
安全性评价 （Safety Evaluation）	通过对所测结构或构件当前状态的数据分析与处理，利用合理的参数指标与其临界失效状态进行比较，然后采用适宜的评价方法，确定其安全等级，是结构可靠性鉴定的主要组成部分	可靠度理论、层次分析法、模糊评估法、灰关联评价法等

5.4　模态参数识别基本理论

模态参数识别基本理论

5.4.1　环境激励下模态参数识别的方法

环境激励下模态参数识别的方法利用自然振动，仅根据系统的响应就可识别结构的模态参数，具有以下优点[3]：

1. 无须激励源，只要直接测试结构在环境激励下的振动响应数据即可进行模态参数识别。

2. 该方法识别的模态参数符合实际工况及边界条件，能真实地反映结构在工作状态下的动力学特性。

3. 费用少、安全性好，实施人工激励可能造成结构局部损伤，而环境激励则避免了此种情况的发生。

4. 不会中断结构的正常使用，可以实现在线识别等。

因此，它更加适合工程结构的实际使用，是目前工程结构系统识别方面十分活跃的研究课题[3-5]。

经过近几十年的发展，人们已经提出了多种环境激励下模态参数识别的方法，特别是近几年来，随着土木行业尤其是大型桥梁、空间结构对模态分析工作的需要，原有的方法进一步改善，并涌现了很多新的方法。环境激励模态参数识别的方法主要可分为两类：频域内的非参数方法和时域内的参数方法。Rodrigues 在 2004 年分析了多种环境激励模态参数识别方法，并按照数值计算方法加以总结，如图 5-1 所示[6]。

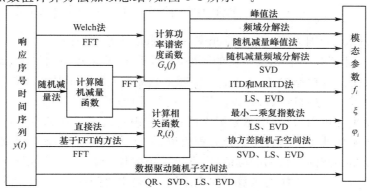

图 5-1　环境激励下的模态识别方法

5.4.2　模态分析原理

模态分析的经典定义：将线性定常系统振动微分方程组中的物理坐标变换为模态坐标，使方程组解耦，成为一组以模态坐标及模态参数描述的独立方程，以便求出系统的模态参数[7]。

模态分析实质上是一种坐标变换，其目的在于把原物理坐标系中描述的相应向量转换到模态坐标系中来描述，通过对结构或部件的测试数据的处理和分析，识别出系统的模态参数，为结构系统的振动特性分析、故障诊断和预报以及结构动力特性的优化设计提供依据。

对于 N 个自由度的有阻尼体系，它的运动微分方程可以表述为

$$M\ddot{y} + C\dot{y} + Ky = f(t) \tag{5-1}$$

式中，$f(t)$ 是激振力向量；$\ddot{y}$、$\dot{y}$、y 分别为响应加速度、速度、位移向量；M、C、K 分别为质量、阻尼、刚度矩阵。

对式（5-1）两侧进行拉普拉斯变换，然后在时域内两侧求导，对于线性时不变系统（既满足叠加原理又具有线性时不变特性），令拉氏变换因子仅在纯虚数范围内取值 $s=j\omega$，则运动微分方程变为代数矩阵方程，即

$$(K - M\omega^2 + j\omega C)Y = F \tag{5-2}$$

$$H(\omega) = \frac{Y}{F} = \frac{1}{K - M\omega^2 + j\omega C} \tag{5-3}$$

令式（5-3）为系统的位移频响函数，即系统频响函数为系统在频域中输出幅值（响应向量 $Y(\omega)$）和输入幅值（激励向量 $F(\omega)$）之比。频率响应函数中第 i 行第 j 列的元素为

$$H_{ij}(\omega) = \frac{Y_i(\omega)}{F_j(\omega)} \tag{5-4}$$

表示仅在 j 坐标激振（其余坐标激振力为零）时，i 坐标响应与激振力频谱幅值之比。利用实对称矩阵的加权正交性，假设阻尼矩阵 C 也满足振型正交性关系，即

$$\varphi^T M \varphi = \begin{bmatrix} \ddots & & \\ & m_r & \\ & & \ddots \end{bmatrix}, \quad \varphi^T K \varphi = \begin{bmatrix} \ddots & & \\ & k_r & \\ & & \ddots \end{bmatrix}, \quad \varphi^T C \varphi = \begin{bmatrix} \ddots & & \\ & C_r & \\ & & \ddots \end{bmatrix}$$

则频率响应函数可以表述为

$$H_{ij}(\omega) = \sum_{r=1}^{N} \frac{\varphi_{ri}\varphi_{rj}}{m_r\left[(\omega_r^2 - \omega^2) + j2\xi_r\omega_r\omega\right]} \tag{5-5}$$

式中，$\omega_r^2 = \dfrac{k_r}{m_r}$；$\xi_r = \dfrac{c_r}{2m_r\omega_r}$；$m_r$、$k_r$ 分别为第 r 阶模态质量和模态刚度（又称为广义质量和广义刚度）；ω_r、ξ_r、φ_r 分别为第 r 阶模态频率、模态阻尼比和模态振型。

从式（5-5）可以看出 N 自由度系统的频率响应，等于 N 个单自由度系统频率响应的线性叠加。为了确定全部模态参数 ω_r、ξ_r、φ_r，实际上只需测量频响函数矩阵的一列（对应一点激振，各点测量）或一行（对应依次各点激振，一点测量）即可。

从上述理论推导可以得出，模态分析或模态参数识别的主要任务就是以系统各阶主振型所对应的模态坐标使坐标耦合的微分方程组解耦，成为一组以模态坐标及模态参数描述的独立方程。依据实测的输入和响应信号，求出系统的频响函数，进而从实测的频响函数估计各阶模态参数 ω_r、ξ_r、φ_r。频响函数反映系统输入、输出之间的关系，并表示系统的固有特性，与激励力的形式与大小无关（限于线性范围以内）。

5.4.3　功率谱峰值法

峰值法最初是基于结构自振频率在其频率响应函数上会出现峰值,成为特征频率的良好估计。由于环境激励下无法得到结构的频率响应函数,故只能用环境振动响应信号的自谱来代替,此时,特征频率可以由平均正则化功率谱密度曲线上的峰值来确定,故称之为功率谱峰值法(Power Spectrum Density Peak Method)。其识别模态参数具有速度快,直观性强,容易操作等优点[8],因此在工程结构中应用广泛。

经过数据预处理的振动信号中或多或少都包含一些随机信号的成分,所以动力测试的频域处理将按照随机振动理论中频域处理的方式进行。由于随机信号无法像确定性信号那样用精确的数学表达式来描述,信号的积分不能收敛,因此随机信号不能直接进行傅里叶变换,只能通过统计的方式利用自相关函数的傅里叶变换来描述其振动频域特性。

传统的模态参数识别方法中,频响函数的表达式如式(5-4)所示,频响函数表示响应信号和激励信号频域幅值之比。工程结构由于具有构件众多、结构庞大的特点,实际工程中绝大部分仅能采取环境激励的方式进行测试,因此不能识别系统的输入激励,故不能利用传统的频响函数测定方法识别系统模态参数。

根据线性结构系统识别理论,可以推导出一种基于频响函数的模态参数识别方法。具体推导过程如下:

对于满足各态历经平稳随机过程的随机信号 $x(t)$ 和 $y(t)$,根据随机振动理论,自相关函数 $R_{xx}(\tau)$ 及互相关函数分别为

$$R_{xx}(\tau) = E\left[x(t)x(t+\tau)\right] = \lim_{T\to\infty}\frac{1}{T}\int_{-\frac{T}{2}}^{\frac{T}{2}} x(t)x(t+\tau)\mathrm{d}t \tag{5-6}$$

$$R_{xy}(\tau) = E\left[x(t)y(t+\tau)\right] = \lim_{T\to\infty}\frac{1}{T}\int_{-\frac{T}{2}}^{\frac{T}{2}} x(t)y(t+\tau)\mathrm{d}t \tag{5-7}$$

式中,τ 为时间坐标的延迟移动值。分别对式(5-6)和式(5-7)进行傅里叶变换,得到自功率谱函数 $G_{xx}(\omega)$ 和互功率谱函数 $G_{xy}(\omega)$,即

$$G_{xx}(\omega) = \int_{-\infty}^{+\infty} R_{xx}(\tau)\exp(-j\omega\tau)\mathrm{d}\tau \tag{5-8}$$

$$G_{xy}(\omega) = \int_{-\infty}^{+\infty} R_{xy}(\tau)\exp(-j\omega\tau)\mathrm{d}\tau \tag{5-9}$$

对于线性结构,由线性理论可知,如果输入满足平稳性,输出也满足平稳性,则各种权函数之间满足一定的数学对应关系,如图 5-2 所示。

输入 $Y(t)$ ⟶ 权函数 $H(n)$ ⟶ 输出 $X(t)$

图 5-2　权函数对应关系

从形式上,频响函数是一种权函数,表达的是系统的输入与输出函数的傅里叶变换,即输出与输入的数学变换。利用线性结构的振动特性,由随机振动的理论知识及数学推导可知,频响函数为自功率谱和互功率谱的一种权函数[9],从而对于激励信号无法测量的振动测试,可以利用功率谱之间的权函数对应关系,以响应频响函数来识别结构的模态参数,响应频响函数即

$$H_{xy}(\omega) = \frac{G_{xy}(\omega)}{G_{xx}(\omega)} \tag{5-10}$$

式中，$G_{xx}(\omega)$ 为响应信号中参考点的自功率谱；$G_{xy}(\omega)$ 为响应信号中测试点与响应点之间的互功率谱。

测试响应参考点选择的原则是振动较大的点，这样会和其他测点的位置相关性较好，但参考点的选择也应避开各阶模态的节点。如果测量扭转模态，参考点选择应避开扭转的中轴线。

由于自谱不包含相位信息，所以在确定某个振型两个位置之间的振动方向时，需进行互谱分析，第 x 点与第 y 点之间的相位角为

$$\theta_{xy}(\omega) = \tan^{-1} \frac{G_{xy}(\omega)}{G_{xx}(\omega)} \tag{5-11}$$

相位角 $\theta_{xy}(\omega)$ 在 0°附近，说明两点位移同相位。相位角在 180°附近，说明两点位移反相位。明确测点之间的相位关系即可确定振型形状。

按照式(5-5)并进行复数变换，得到响应频响函数的表达式

$$
\begin{aligned}
H_{xy}(\omega) &= \sum_{r=1}^{N} \frac{\varphi_{xr}\varphi_{yr}}{M_r \left[(\omega_r^2 - \omega^2) + j2\xi_r\omega_r\omega \right]} \\
&= \sum_{r=1}^{N} \frac{1}{K_{er}} \left[\frac{1-r^2}{(1-\bar{\omega}_r^2)^2 + (2\zeta_r\bar{\omega})^2} - \frac{2\zeta_r\bar{\omega}}{(1-\bar{\omega}_r^2)^2 + (2\zeta_r\bar{\omega})^2} \right]
\end{aligned} \tag{5-12}
$$

式中，$K_{er} = \omega_r^2 M_{er} = \dfrac{K_r}{\varphi_{xr}\varphi_{yr}}$ 为第 r 阶等效刚度；$M_{er} = \dfrac{M_r}{\varphi_{xr}\varphi_{yr}}$ 为第 r 阶等效质量；M_r、K_r、ζ_r 分别为第 r 阶模态质量矩阵、第 r 阶模态刚度矩阵、第 r 阶模态阻尼矩阵；$\bar{\omega}_r$ 为频率比或相对频率，$\bar{\omega}_r = \dfrac{\omega}{\omega_r}$。

当 ω 趋近于某阶模态的固有频率时，该阶模态将起主导作用，称为主导模态，其余模态的影响可以用一复常数来表示，第 r 阶的响应频响函数可以表示为

$$H_{xy}(\bar{\omega}) = \frac{1}{K_{er}} \left[\frac{1-\bar{\omega}_r^2}{(1-\bar{\omega}_r^2)^2 + (2\zeta_r\bar{\omega})^2} - \frac{2\zeta_r\bar{\omega}}{(1-\bar{\omega}_r^2)^2 + (2\zeta_r\bar{\omega})^2} \right] + (H_C^R + jH_C^I) \tag{5-13}$$

响应频响函数的实部和虚部分别为

$$H_{xy}^R(\bar{\omega}) = \frac{1}{K_{er}} \left[\frac{1-\bar{\omega}_r^2}{(1-\bar{\omega}_r^2)^2 + (2\zeta_r\bar{\omega})^2} \right] + H_C^R \tag{5-14}$$

$$H_{xy}^I(\bar{\omega}) = \frac{1}{K_{er}} \left[\frac{-2\zeta_r\bar{\omega}}{(1-\bar{\omega}_r^2)^2 + (2\zeta_r\bar{\omega})^2} \right] + jH_C^I \tag{5-15}$$

由于剩余模态是一常数，与 ω 无关，故在实频图和虚频图上都相当于将横坐标平移了一定的距离。

1. 结构振动频率识别

当 $\bar{\omega} = 1$ 时，结构的响应频响函数取到极值，固有频率可以根据响应频响函数的平均响应峰值来确定。

2. 振型阻尼比识别

各阶振型的阻尼比可以通过半功率带宽来识别。对于黏性阻尼系统，半功率带宽识别阻尼比的公式为

$$\zeta_r = \frac{\omega_b - \omega_a}{2\omega_r} \tag{5-16}$$

式中，ω_r 是第 r 阶峰值频率；ω_a、ω_b 分别是峰值的 $1/\sqrt{2}$ 幅值水平线与功率谱曲线的交点频率

$(\omega_b > \omega_a)$。

3. 结构振型识别

识别出结构的固有频率后,可根据频响函数的虚部(不计剩余模态)识别出结构的振型。

对于各阶主模态,$\bar{\omega}=1$,$\{H^l_{xy}(\bar{\omega}=1)\}_r = -\dfrac{1}{2\zeta_r K_{er}} = -\dfrac{\varphi_{xr}\varphi_{yr}}{2\zeta_r K_r}$,从而

$$\{H^l_{xy}(\bar{\omega}=1)\}_r = \left\{\frac{G_{xy}(\bar{\omega}=1)}{G_{xx}(\bar{\omega}=1)}\right\}_r = -\frac{\varphi_{xr}\varphi_{yr}}{2\zeta_r K_r} \tag{5-17}$$

分别将各测点的响应信号$(y=1,2,\cdots\cdots n)$和参考点做互谱分析,可得结构的第 r 阶振型系数矩阵,即

$$\left\{\begin{matrix} G_{x1}(\bar{\omega}=1) \\ G_{x2}(\bar{\omega}=1) \\ \vdots \\ G_{xn}(\bar{\omega}=1) \end{matrix}\right\}_r = -\frac{\varphi_{xr}}{2\zeta_r K G_{xx}(\bar{\omega}=1)_r}\left\{\begin{matrix} \varphi_{1r} \\ \varphi_{2r} \\ \vdots \\ \varphi_{nr} \end{matrix}\right\}_r \tag{5-18}$$

对于单参考点,φ_{xr}、$G_{xx}(\bar{\omega}=1)_r$ 均为常数,利用式(5-11)得出测点之间的相位关系,从而响应信号的互谱函数可反映出结构的振动形状,采用参考点的振型系数进行归一化,进而得到结构的振型。

5.4.4　平均正则化功率谱法

由于土木工程结构尺寸都比较大,试验测点很多,为了包含所有测点的功率谱密度信息,可以利用平均正则化功率谱密度($ANPSD$)来选取峰值,进行频率识别,即

$$ANPSD(f_e) = \frac{1}{l}\sum_{i=1}^{l}\frac{PSD_i(f_e)}{\sum_{e=1}^{n}PSD_i(f_e)} \tag{5-19}$$

式中,f_e 为第 e 阶频率;PSD_i 为第 i 测点的功率谱密度函数;l 为测点总数。

可以看出,式(5-19)将所有测点的功率谱密度进行了合成,为多测点模态参数识别提供了便利。

5.5　工程实例 1　某 30 层框支剪力墙结构动力性能检测

5.5.1　工程概况

本工程为框支剪力墙结构,结构设计使用年限为 50 年。地下 1 层为架空层,地上30 层,其中地上 1 层为转换层,转换层以上共 29 层。地上 1 层层高为 5.7 m,2 层及以上各层层高均为 2.9 m。框支框架及与主楼相连的网点框架抗震等级为二级;剪力墙底部加强部位(基础~标高 5.700 范围)抗震等级为二级;非底部加强部位剪力墙(5.400~屋顶)抗震等级为三级。建成后的住宅楼立面如图 5-3 所示,传感器布置如图 5-4 所示(X、Y 代表各方向的传感器)。

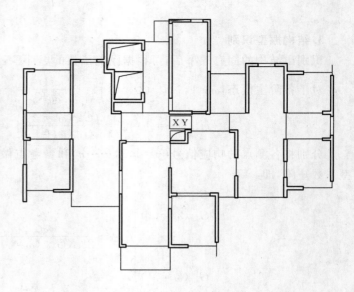

图 5-3　住宅楼立面　　　　　　　　　　　　　　　图 5-4　传感器布置

5.5.2　动力检测的目的及方案

对本新建工程进行动力检测,旨在获悉其前两阶自振频率和振型,与设计理论参数相互对照,从宏观角度评价结构的可靠性,并可以基于实测模态数据对初始有限元模型进行修正,从而为结构若干年后的可靠性评估建立基准模型。

采用环境激励,分别在结构地上 1 层、7 层、13 层、19 层、23 层、29 层的地面或屋顶均匀地布置了 X、Y 双向采集器,采集设备为江苏东华 DH5907 模态振动测试系统。振动传感器如图 5-5 所示,采样频率为 50 Hz,采集时间约为 30 min,实测速度时程曲线如图 5-6 所示。

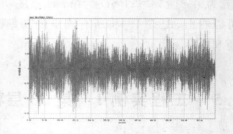

图 5-5　振动传感器　　　　　　　　　　　　　　图 5-6　速度时程曲线

5.5.3　模态参数识别及结果分析

采用 DH5907 自带模态分析软件对实测速度时程进行分析,得到的幅值数据瀑布图如图 5-7 所示,为对比频率识别值与理论计算值的差异,进行了相对误差分析,见表 5-2,振型识别如图 5-8 所示,模态识别具体过程见文献[7],频率识别结果见表 5-2。

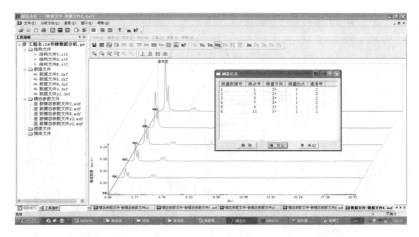

图 5-7　幅值数据瀑布图

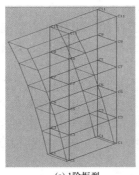

(a) 1阶振型

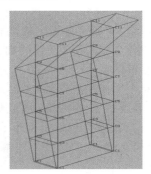

(b) 2阶振型

图 5-8　振型识别

表 5-2　　　　　　　　　　　　　　　频率识别结果

模态阶次	实测频率值	理论频率值	相对误差/%
1	0.59	0.57	3.51
2	0.83	0.81	2.47

由图 5-7、图 5-8 及表 5-2 可知：

(1)试验测得的模态频率略高于理论计算频率,说明结构实际刚度较大,该建筑物的动态性能符合要求。同时,模态频率与理论计算频率较为相近,说明建立的初始有限元计算模型较为合理。

(2)结构振型与计算吻合较好,说明结构的荷载分布、施工质量、结构体系、计算模型等与预期一致。

5.6　工程实例 2　某体育场钢屋盖动力测试及长期健康监测

5.6.1　工程概况

某体育场钢屋盖结构体系为单层折面空间网格结构,屋盖外围护构件为幕墙系统,内侧为膜结构。钢屋盖平面为轴对称椭圆形,尺寸约为 285 m×270 m;屋盖结构由 20 个形状相近的结构单元构成,悬挑长度在不同的区域分别为 51.9～68.4 m,钢屋盖外圈高差为 12 m,内圈高差为 8.56 m。该体育场的效果图如图 5-9 所示,建成后的场馆如图 5-10 所示。

图 5-9   某体育场的效果图

该体育场钢屋盖结构构成可分为主杆件和次杆件。主杆件为空间三角形网格,二次结构为每一个三角形网格空间斜面内设置的细分三角形网格梁(4×4 格)。主杆件与次杆件构成"空间斜板",具有板的受力变形特征。

屋盖钢结构的 20 个单元呈椭圆形布置,在肩部形成压力环,成为单元的空间支点,即每个单元受到空间支点和支座边界约束,形成稳定受力结构。钢屋盖每个单元由 13 个面、23 根杆件、8 个节点组成。13 个面以折面形式排布,构成结构面外刚度,抵抗重力作用下的弯矩。整个屋盖钢结构通过 20 个球铰支座落在标高为 6 m 的钢筋混凝土结构大平台上,结构模型如图 5-11 所示。

图 5-10   建成后的场馆

图 5-11   结构模型

5.6.2   结构运营状态下健康监测的必要性

目前,风工程理论能够给出小尺度、简单体形结构上的风压力分布,但对大尺度或体形复杂的结构不能从理论上提供风压力分布和风振系数。目前的解决途径为采用风洞试验,但由于空间的限制,风洞试验模型与原型结构的缩尺比例太小,风洞试验结果与真实结构风压力分布存在误差。因此需要对真实结构进行风压力分布和脉动风实测,以补充风荷载基础数据来验证结构设计的安全性。

该体育场整体结构为大跨柔性结构,整体振动对脉动风的反作用不能忽视。其单层折面空间网格结构可能存在整体和局部的气固耦合振动,且可能造成自激振动,因此有必要对整体和局部结构风压力分布和风致振动进行监测。

单层折面空间网格结构为创新结构,尽管部分杆件、环梁及支撑为关键杆件的理论分析和试验研究已较充分,但其实际受力状态需进一步验证,有必要对受力较大和重要的杆件进行监测和报警。同时,该体育场整体结构变形对使用功能也有一定影响,故结构变形也成为结构健康监测的重要内容[11]。

5.6.3　健康监测系统

健康监测系统主要包括传感器系统、数据系统、健康诊断系统,如图 5-12 所示。限于篇幅,本章节主要介绍健康监测系统的研发及应用。

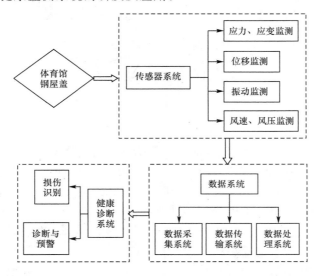

图 5-12　监测系统组成

在结构运营使用过程中,在以下各时期提交监测报告,且竣工验收后观测不少于5 年[12]:

(1)钢屋盖主体结构验收(幕墙张拉膜、马道等安装完毕)时。

(2)大运会开幕式、重要体育赛事、大型演出、大型表演及大型集会等期间。

(3)每次大风过程中(8 级风或以上)。

(4)本场地烈度 4 度及以上地震。

(5)任何异常情况。

5.6.4　振动监测

结构振动监测主要监测选定点在风荷载、地震作用下的振动响应,直接测量加速度振动,目标为前 6 阶模态。根据 Midas Gen ver 7.0 软件的计算结果优化布置测点,如图 5-13所示,其中 2 个测点需要测量其 3 个方向的加速度,5 个测点需要测量 2 个方向的加速度,其余各点皆监测其单向加速度。测点在每一个大环上都有设置,并考虑对称和不对称的情况,对称布置可以判断实际结构的对称性,不对称布置的测点可以测取更多的信息。X、Y、Z 分别表示监测各方向的传感器。

为测出前 6 阶的整体平动模态及竖向振动第 1 阶模态,选定测点应能监测出单向至3 个方向的加速度振动,分别选用朗斯 ULT2056 型、ULT2031 型、和 ULT2061 型测振加速

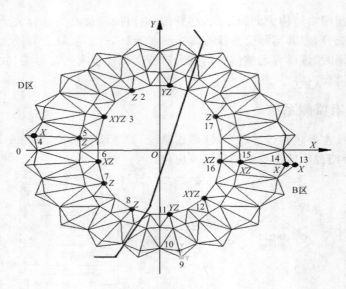

图 5-13 振动测点布置方案

度传感器。ULT20 系列内装 *IC* 压电加速度传感器为内装微型 *IC* 放大器的压电加速度传感器,它将传统的压电加速度传感器与电荷放大器集于一体,能直接与记录、显示和采集仪器连接,简化了测试系统,提高了测试精度和可靠性。为确保检修时不被损坏,加速度传感器应放在设计好的钢制盒内,如图 5-14(a)所示。

(a) 加速度传感器   (b) CBook2000高速便携数据采集系统

图 5-14 振动测试现场

结构振动数据采集采用朗斯的高速便携数据采集系统 CBook2001E,配合 CM4016 16 通道振动信号调理模块,可实现振动数据通过以太网接口高速数据采集,如图 5-14(b)所示。

5.6.5 动态位移监测结果及分析

2012 年第 8 号台风"韦森特"于 7 月 23～24 日经过深圳,登陆时中心最大风力达 13 级,达到 40 m/s 的风速,中心最低气压为 955 百帕,为 2012 年登陆我国的最强台风[13]。本文以此时间段为例对应力应变、位移及振动数据进行分析处理,以期及时、准确地了解该体育场钢屋盖在长期风力等恶劣条件下的工作状态,从而保证结构的安全性。

为详细考察台风引起的振动对钢屋盖的影响及振动传播规律,在对加速度信号进行去趋势项、消噪和滤波预处理后,对其进行二次积分计算,得出时间-动态位移曲线。其中加速度传感器的量程为 3g,分辨率为 0.000 02g,灵敏度为 1.5 V/g,加速度的采样频率为

256 Hz。数据提取的时间从 2012 年 7 月 23 日 12：00 到 2012 年 7 月 24 日 12：00，时间横跨 24 h。由于本次监测过程记录数据量很大，对所有数据进行分析不现实且不必要，因此随机选取测点 12Z、17Z、2Z 向传感器（简称 12Z、17Z、2Z）的实测结果，具体位置如图 5-13 所示。

图 5-15 所示为 2012 年 7 月 24 日 4：00～5：00 时间段（台风较大时间段）测点 12Z 的加速度时程曲线及二次积分后的位移时程曲线，为进行对比，选取天气良好的一天（2012 年 8 月 13 日 12：00 至 2012 年 8 月 14 日 12：00，天气晴朗、微风），图 5-16 所示为 2012 年 8 月 14 日 4：00－5：00 时间段测点 12Z 的加速度时程曲线及积分后的位移时程曲线。图 5-17 所示为测点 12Z 在 2012 年 7 月 23 日 12：00 到 2012 年 7 月 24 日 12：00 的位移包络曲线，图 5-18 所示为测点 12Z 在 2012 年 8 月 13 日 12：00 到 2012 年 8 月 14 日 12：00 的位移包络曲线。

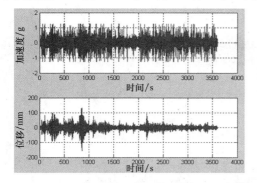

图 5-15　加速度及位移时程曲线（台风期间）

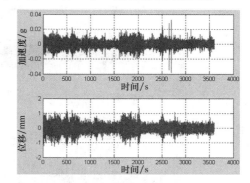

图 5-16 加速度及位移时程曲线（无台风）

由图 5-15～图 5-18 可以得出如下结论：

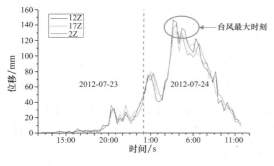

图 5-17　位移包络曲线（台风期间）

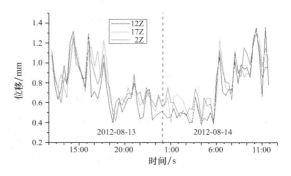

图 5-18　位移包络曲线（无台风）

结构在没有台风吹来之前，动态位移约为 1.0 mm，在 2012 年 7 月 23 日 18：00 开始动态位移超过 2 mm，说明风荷载正在逐渐加大，到 2012 年 7 月 24 日 3：00 到 5：00 之间，风力达到最大，结构在此测点上最大竖向动态位移达到 140 mm，之后风力随着时间的推移而逐渐变小。由 2012 年 8 月 13 日 4：00 到 5：00 的位移曲线（图 5-18）可以看出结构的动态位移基本上在 1.3 mm 以内，说明该传感器能够很好地监测出结构的动态位移，且结构变形处于弹性阶段。

5.6.6　台风期间频率识别结果

由于为环境激励，所以加速度信号在测量过程中不可避免地会受到各种因素的干扰，输出信号如不进行处理，会造成信号的信噪比较差，模态参数识别结果的精度也会受到影响[18]，因此对原始信号进行去除趋势项、消噪和滤波等预处理，如图 5-19 所示。以台风期间（2012 年 7 月 24 日 4：00～5：00 时间段）的 B 区 4 通道为例进行说明，如图 5-20 所示。

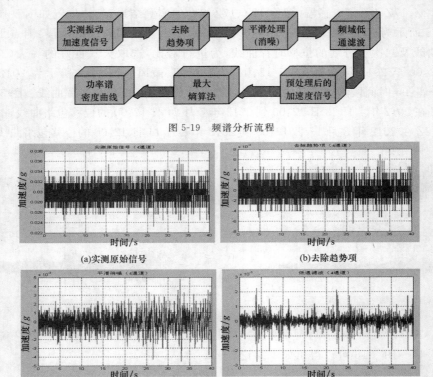

图 5-19　频谱分析流程

(a)实测原始信号　　　　　　　　　　(b)去除趋势项

(c)消噪　　　　　　　　　　　　　(d)低通滤波

图 5-20　振动信号预处理

　　根据监测方案，屋盖的振动监测目标为前 6 阶频率及前 4 阶局部振型，为便于论述，选择局部的折面肋杆进行分析，选取台风期间（2012 年 7 月 24 日 4：00～5：00 时间段）测点 13、14、15、16 的 X 传感器数据计算，以 14X 为参考点，设定误差范围为 5％，得到平均正则化功率谱，以 14X、15X 测点的功率谱曲线得到辅助正则化功率谱，如图 5-21 所示[19,20]。利用功率谱分析软件[21]得到的频率识别结果如图 5-22 所示。

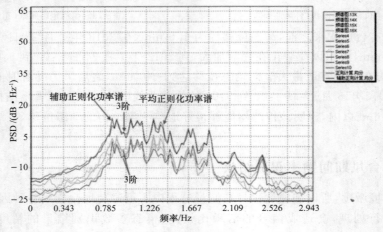

图 5-21　功率谱曲线（台风期间）

图 5-22　频率识别结果（台风期间）

5.6.7　无台风频率识别结果

选取 2010 年 12 月 16 日（主体结构已完工，天气：小雨；气温：6～10 ℃；东北风 3～4 级[22]）18:00～19:00 时间段测点 13、14、15、16 的 X 传感器数据进行计算，以 14X 为参考点，得到平均正则化功率谱，以 14X、15X 测点的功率谱曲线得到辅助正则化功率谱，如图 5-23 所示。利用功率谱分析软件得到的最终结果如图 5-24 所示。

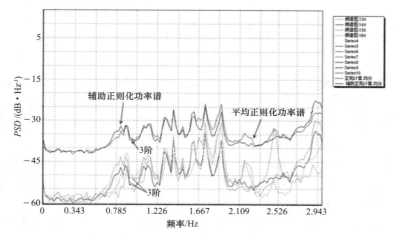

图 5-23　功率谱曲线（无台风）

图 5-24　频率识别结果（无台风）

为对比两次测试结果（频率识别值）的差异，进行了相对误差分析，结果见表 5-3。

表 5-3　　　　　　　　　　　　　相对误差分析　　　　　　　　　　　　　Hz

阶次	识别值（台风）	识别值（无台风）	相对误差/%	阶次	识别值（台风）	识别值（无台风）	相对误差/%
1	0.835	0.834	0.12	4	1.054	1.079	2.37
2	0.908	0.907	0.11	5	1.128	1.128	0
3	0.981	0.956	2.55	6	1.177	1.152	2.12

由表 5-3 可看出，两次的相对误差最大为 2.55％，主要原因如下：

1.改进的功率谱算法在计算时会因为曲线的选择不同致使最终的频率识别产生误差（如：辅助功率谱计算及振型准则筛选时）。

2.环境激励过程中不可避免地存在噪声干扰，某些模态常会因噪声污染而造成识别精度降低[23]。

5.6.8 结 论

通过对 2012 年第 8 号台风"韦森特"期间的动态位移、模态数据与正常天气下的分析对比,得到以下主要结论:

1. 结构在台风到来之前,动态位移约为 1.0 mm,风力达到最大时结构的最大竖向动态位移达到 140 mm,之后风力随着时间的推移而逐渐变小。台风过后结构的动态位移基本上在 1.3 mm 以内,说明该传感器能够很好地监测出结构的动态位移,同时也可说明结构变形处于弹性阶段。

2. 由频率识别结果可看出,台风期间和正常天气期间频率相对误差仅为 2.55%,说明结构仍按照原来的设计状态进行工作,整体结构处于安全状态。

5.7 小 结

本章论述了动力性能检测的范围,明确了动力检测及健康监测领域关键术语的含义。以某 30 层框支剪力墙结构的动力检测及某体育馆钢屋盖动力监测为例,介绍了动力检测及监测的基本内容及相关流程,并得出了一些有意义的结论,但就目前结构健康监测的发展来看,仍然存在以下尚待解决的问题:

1. 由于大型土木工程结构都是复杂非线性系统,测点数量巨大,往往导致数据海量但又不完备。研发相应的优化算法、信息处理方法来达到真正意义上的实时损伤监测诊断是当前结构健康监测的一大难点。

2. 传感器的优化布设是土木工程健康监测与诊断中的又一个重要问题,出于对经济成本和结构运行状态等因素的考虑,如何做到使用尽量少的传感器获取尽可能多的结构信息是当前的一大难点。

3. 传感器由于时间和环境的变化导致其性能退化乃至发生故障,严重影响了结构的损伤诊断效率及准确性。如何排除性能退化和实效的传感器同样是当前应急需解决的问题。

4. 光纤传感和无线传感是结构健康监测的重要发展方向。无线监测系统可以大大减少结构上信号线的布置数量,节约成本且不必担心信号线老化对信号采集的影响,具有广阔的应用前景。

5. 结构健康监测系统的研究开发是近年来土木工程领域的重点、热点课题,但目前尚缺乏统一的标准或规程。

习题与思考题

1. 人工激励与环境激励的主要区别是什么?各适用于何种测试情况?

2. 请从自己的角度讨论结构动力性能检测的适用范围。

参考文献

[1] 汪菁.深圳市民中心屋顶网架结构健康监测系统及其关键技术研究[D].武汉:武汉理工大学学报,2008.

[2] Cigada, A., Caprioli, A., Redaelli, M., Vanali, M. Vibration testing at Meazza stadium: "Reliability of operational modal analysis to health monitoring purposes", Journal of Performance of Constructed Facilities, 2008, Vol. 22, No. 4, 228-237.

[3] 刘伟. 空间网格结构健康监测系统关键技术研究[D]. 哈尔滨: 哈尔滨工业大学学报, 2009.

[4] 欧进萍. 重大工程结构的累积损伤与安全评定. 走向 21 世纪的中国力学——中国科协第 9 次青年科学家论坛报告文集. 北京: 清华大学出版社, 1996:179~189.

[5] 欧进萍. 重大工程结构智能传感器网络与健康监测系统的研究与应用[J]. 中国科学基金, 2005, 1:8~12.

[6] Rodrigues J. Stochastic Modal Identification. Methods and Applications in Civil Engineering Structures [Ph. D. Thesis]: Univ. of Porto (FEUP/LNEC); 2004.

[7] 傅志方, 华宏星. 模态分析理论与应用[M]. 上海: 上海交通大学出版社, 2000.

[8] Guid De Roeck, et a1. Benchmark Study on system Identifications through Ambient Vibration Measurements[C]. 18thIMAC. 2000, 1106-1112.

[9] 王济, 胡晓. MATLAB 在振动信号处理中的应用[M]. 北京: 中国水利水电出版社, 2006, 66-78.

[10] 姜浩. 基于环境激励下的预应力桥梁模态参数识别与损伤诊断[D]. 吉林大学学报, 2009.

[11] 刘琼祥, 张建军, 郭满良, 等. 深圳大运中心体育场钢屋盖设计难点与分析[J]. 建筑结构学报, 2011, 32(5):39-47.

[12] 北京市建筑工程研究院. 深圳大运中心主体育场健康监测方案[R]. 北京: 北京市建筑工程研究院, 2009.

[13] 孟昭博. 西安钟楼的交通振动响应分析及评估[D]. 西安: 西安建筑科技大学学报, 2009.

[14] 刘才玮, 吴金志, 张毅刚. 最大熵谱在空间网格结构频谱分析中的应用[J]. 建筑结构, 2013, 43(4):33-36.

[15] 张毅刚, 刘才玮, 吴金志, 等. 适用空间网格结构模态识别的改进功率谱峰值法[J]. 振动与冲击, 2013, 32(9):10-15.

[16] 张毅刚, 刘才玮, 吴金志. 功率谱自动分析软件 V1. 0[P]. 软件注册权: 2012SR077080, 2012.

[17] 刘会, 张亮亮, 杨转运, 等. 采用不同方法识别结构模态参数的比较[J]. 重庆大学学报, 2010, 33(6), 60-66.

第6章　桥梁检测与承载能力评定方法

学习目标

(1) 了解桥梁结构损伤机理及常见加固方法。
(2) 了解现行桥梁结构检测与承载能力评定的规范、国家标准、规程的应用。
(3) 了解配筋混凝土的基本计算原理。
(4) 掌握配筋混凝土桥梁检算系数的确定及承载能力评定方法。
(5) 了解桥梁结构承载能力评定的现状及发展前景。

6.1　引　言

改革开放以来,我国桥梁事业发展迅猛,而既有桥梁随服役年限的增长亦逐渐进入了养护维修阶段,同时,新材料、新工艺、新结构形式的采用也越来越多,部分桥梁因追赶工期,采用劣质材料,选用不当施工方法等原因而出现诸多病害。为适应公路桥梁车辆荷载不断发展的需求,充分发挥既有公路桥梁的效用,使之能继续安全地为社会发展和公众通行提供便利,根据交通部颁布的《公路养护技术规范》[1]要求,必须对桥梁的承载能力进行检测与评定[2]。

桥梁的承载能力反映了结构抗力与荷载效应的对比关系,就桥梁结构而言,结构抗力与荷载效应之间存在某种程度的不确定性与时间变异性。评定的主要目的是为了检验既有桥梁安全或可靠性水平及其满足当前桥梁评估规范要求和实际通行荷载需求的能力,得到桥梁结构的实际承载性能,并对其是否满足承载能力要求进行评定[3]。

桥梁结构的检测评定主要包括桥梁的现场检查、结构检算以及荷载试验,通过外观检查可基本确定桥梁结构物的使用状况,桥梁承载能力评定以实际桥梁检测数据为基础,按照既定的规则进行计算,得到一个与实际承载力有密切关系的检算系数,以此衡量桥梁的承载能力。在对桥梁结构病害检测分析和鉴定评估的基础上,对于不满足承载能力要求的应有针对性地制订桥梁改造加固设计方案,使构件乃至整个桥梁结构的承载能力及其使用性能得到提高,以满足新的要求。

桥梁结构损伤机理

6.2　桥梁结构损伤机理

在役桥梁结构随着时间的延续,受结构使用条件及环境侵蚀等因素的影响,加之设计和施工的不当,将发生材料老化与结构损伤,造成桥梁病害,使得结构性能退化,使用功能逐步降低。一般而言,服役期越长,其损伤越严重。钢筋混凝土桥梁损伤类型主要有以下方面:

6.2.1　混凝土裂缝

目前混凝土结构的任何损伤与破坏,一般都是首先在混凝土中出现裂缝,而裂缝是混凝土结构承载能力、耐久性及防水性降低的主要原因。

引起裂缝的原因很多,可归纳为两大类[4]:

第一类,由外荷载引起的裂缝,称为结构性裂缝(受力裂缝),其裂缝的分布及宽度与外荷载有关。这种裂缝的出现预示着结构承载力可能不足或存在其他严重问题。

第二类,由变形引起的裂缝,称为非结构性裂缝,如温度变化、混凝土收缩等因素引起的结构变形受到限制时,在结构内部就会产生自应力。当自应力达到混凝土抗拉强度极限值时,就会引起混凝土裂缝。裂缝一旦出现,变形将得到释放,自应力也随之消失。

1. 结构性裂缝(受力裂缝)

结构性裂缝是由荷载引起的,其裂缝与荷载相对应,主要是设计原因和施工原因引起的,另外还有一些是由使用原因引起的,如地震作用、汽车超载等。

实践证明,在正常使用条件下,裂缝宽度小于 0.3 mm 时,钢筋不致生锈。为确保安全,在各类环境中允许裂缝宽度还应小一些。按照《公路钢筋混凝土及预应力混凝土桥涵设计规范》[5]第 4.5.2 条公路桥涵混凝土结构及构件应根据其表面直接接触的环境确定所处环境类别划分标准见表 6-1。

表 6-1　　　　　　　　　　　　　　　　环境类别划分

环境类别	环境条件
Ⅰ类—一般环境	仅受混凝土碳化影响的环境
Ⅱ类—冻融环境	受反复冻融影响的环境
Ⅲ类—近海或海洋氯化物环境	受海洋环境下氯盐影响的环境
Ⅳ类—除冰盐等其他氯化物环境	受除冰盐等氯盐影响的环境
Ⅴ类—盐结晶环境	受混凝土孔隙中硫酸盐结晶膨胀影响的环境
Ⅵ类—化学腐蚀环境	受酸碱性较强的化学物质侵蚀的环境
Ⅶ类—磨蚀环境	受风、水流或水中夹杂物的摩擦、切削、冲击等作用的环境

结构性裂缝可根据构件的受力特征判断。图 6-1 所示为钢筋混凝土简支 T 梁的典型结构性裂缝分布示意图。

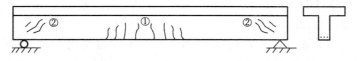

图 6-1　钢筋混凝土梁结构性裂缝

图 6-1 中①所示的跨中截面附近下缘受拉区的竖向裂缝是最常见的结构性裂缝。在正常设计和使用情况下,裂缝宽度不大,间距较密,分布均匀。若竖直裂缝宽度过大,超过规范规定的限值,则结构正截面承载力不足。图 6-1 中②所示为支点(或腹板宽度变化处)附近截面由主拉应力引起的斜裂缝。在正常设计和使用情况下很少出现斜裂缝,即使出现,裂缝

宽度也很小。若斜裂缝宽度过大,则结构的斜截面承载力不足,存在发生斜截面脆性破坏的潜在危险,应引起足够的重视。

有些结构性裂缝(受力裂缝)是由设计错误和施工方法不当所造成的。例如:钢筋锚固长度不足、计算图示与实际受力不符、构件刚度不足、次内力考虑不全面和施工安装构件支承吊点错误等都可能使构件产生裂缝。此外,在超静结构中基础不均匀沉降将引起结构的内力变化,可能导致结构出现裂缝。这些裂缝也属于结构性裂缝的范畴。

2. 非结构性裂缝

混凝土的非结构性裂缝根据其形成的时间可分为混凝土硬化前裂缝、硬化过程裂缝和完全硬化后裂缝。非结构性裂缝的产生受混凝土材料组成、浇筑方法、养护条件和使用环境等多种因素影响,如收缩裂缝、温差裂缝、钢筋锈胀裂缝等。

(1)收缩裂缝

干缩是指混凝土凝固过程中混凝土中多余水分蒸发,体积缩小。同时,凝缩是指水泥和水起水化作用逐渐硬化而形成的水泥骨架不断紧密,体积缩小。收缩中以干缩为主,占总收缩量的 8/10~9/10。收缩量随时间的延长而不断加大,初期收缩较快,尔后日趋缓慢。

收缩裂缝发生在混凝土面层,裂缝浅而细,宽度多在 0.05~0.2 mm。对板类构件多沿短边方向,均匀分布于相邻两根钢筋之间,方向与钢筋平行。对高度较大的钢筋混凝土梁,由于腰部水平钢筋间距过大,在腰部(或腹板)产生竖向收缩裂缝,但多集中在构件中部,中间宽两头细,至梁的上、下缘附近逐渐消失,梁底一般没有裂缝。大体积混凝土在平面部位收缩裂缝较多,侧面也有所见。收缩裂缝对构件承载力影响不大,主要影响结构外观和耐久性。

(2)温差裂缝

钢筋混凝土结构随着温度变化将产生热胀冷缩变形,这种变形受到约束时,在混凝土内部就会产生拉应力,当此应力达到混凝土的抗拉强度极限值时,即会引起混凝土裂缝。这种裂缝称为温差裂缝。按结构的温度场、温度变形、温度应力不同,温差裂缝可分为三种类型:

①截面均匀温差裂缝

一般桥梁结构为杆件体系长细结构,当温度变化时,构件截面受到均匀温差的作用,可忽略横截面两个方向的变形,只考虑沿梁长度方向的温度变形,当这种变形受到约束时,在混凝土内部就会产生拉应力,出现裂缝。例如:连续梁预留伸缩缝的伸缩量过小,或有施工散落的混凝土碎块等杂物嵌入伸缩缝,或堆集于支座处没有及时清理,使伸缩缝和支座失灵等,当温度急剧变化时,结构伸长受到约束,上部桥跨结构就会出现这种截面均匀温差裂缝,严重者还可能造成墩台的破坏。

②截面上、下温差裂缝

以桥梁结构中大量采用的箱形梁为例,当外界温度骤然变化时,会造成箱内、外的温度差,考虑到桥梁为长细结构,可以认为在沿梁长方向箱内、外的温差是一致的,沿水平横向没有温差。可将三维热传导等问题简化为沿梁的竖向温度梯度来确定,一般假设梁的截面高度方向上温差呈线性变化。

在这种温差作用下,梁不但有轴向变形,还伴随产生弯曲变形。梁的弯曲变形在超静定结构中不但引起结构的位移,而且因多余约束存在,还要产生结构内部温度应力。当上、下温差变形产生的应力达到混凝土抗拉强度极限值时,混凝土就要出现裂缝,这种裂缝称为截面上、下温差裂缝。

③截面内、外温差裂缝

水泥在水化过程产生一定的水化热,其大部分热量是在水泥浇筑后 3 日以内放出的。大体积混凝土产生的大量水化热不容易散发,内部温度不断上升,而混凝土表层散热较快,使截面内部产生非线性温度差。另外,预制构件采用蒸气养护时,由于混凝土升温或降温过快,致使混凝土表面剧烈升温或降温,也会使截面内部产生非线性温度差。在这种截面温差作用下,结构将产生弯曲变形,且符合平截面假设,截面纵向纤维因温差的伸长将受到约束,产生温度自应力。对超静定结构还会产生阻止挠曲变形的约束应力。有时此温度应力是相当大的,尤其是混凝土早期强度比较较低,很容易造成混凝土裂缝。

混凝土温差裂缝有以下特点:

● 裂缝发生在板上时,多为贯穿裂缝;发生在梁上时,多为表面裂缝。

● 梁板式结构或长度较大的结构,裂缝多平行于短边。

● 大面积结构(例如桥面铺装)裂缝多纵横交错。

● 裂缝宽度大小不一,一般在 0.5 mm 以下,且沿结构全长没有多大变化。

预防温差裂缝的主要措施是合理设置温度伸缩缝,在混凝土组成材料中掺入适量的磨细粉煤灰,减少水化热,加强混凝土养护,严格控制升温和降温速度。

(3)钢筋锈胀裂缝(顺筋裂缝)

钢筋混凝土结构的裂缝与钢筋的腐蚀相互作用,裂缝会增加混凝土的渗透性,使钢筋的腐蚀加重,另一方面钢筋腐蚀后,腐蚀产物体积膨胀,使混凝土保护层沿纵筋方向出现裂缝,严重者混凝土保护层会完全脱落。

对预应力混凝土构件而言,由于预压应力过大或管道灌浆受冻、膨胀等原因也可能出现顺筋裂缝。这种裂缝是不可恢复的,会加剧预应力筋的腐蚀(又称为应力腐蚀),预应力筋腐蚀又会进一步加剧顺筋裂缝的扩展。如此恶性循环,带有极大的危险性,应引起足够的重视,及时处理[4]。

6.2.2　混凝土结构的其他损伤

混凝土损伤比较常见的还有钢筋锈蚀、混凝土碳化、海水腐蚀、混凝土冻融破坏等,其损伤机理具体见本教材第 3 章。

混凝土结构的其他损伤是指由荷载作用或设计考虑不周、施工控制不严、养护管理不善等引起混凝土结构产生的如麻面、蜂窝、空洞、磨损、露筋等。这些不同程度的损伤会引起混凝土结构的耐久性降低,构件的承载力降低等一系列不良后果。

6.3　桥梁检测项目及规范、规程

在桥梁服役使用过程中,由于各种自然因素的侵蚀、荷载的反复作用,特别是超载车辆的作用,桥梁结构就会产生各种损伤或局部破坏。随着桥梁服役时间的延长,损伤程度也会越来越严重,病害会不断发展。为保障桥梁的安全运营,延长其使用寿命,就需要对在役桥梁进行检测评定,为在役桥梁使用的安全可靠及维修加固提供必要的依据和积累技术资料。

6.3.1 桥梁检测项目

根据《公路桥梁技术状况评定标准》[6]第 3.2.3 条规定,桥梁技术状况评定等级分为五类,桥梁总体技术状况等级评定等级为四、五类的桥梁,拟通过加固手段提高荷载等级的桥梁,以及遭受自然灾害、突发事件或有超重车辆通行等造成桥梁损害时,应进行特殊检查。其中特殊检查包含了桥梁结构承载能力的评定。桥梁总体技术状况评定等级见表 6-3。

表 6-3 桥梁总体技术状况评定等级

等级	桥梁总体技术状况
一级	全新状态,功能完好
二级	有轻微缺损,对桥梁使用功能无影响
三级	有中等缺损,尚能维持正常使用功能
四级	主要构件有大的缺损,严重影响桥梁使用功能;或影响承载能力,不能保证正常使用
五级	主要构件存在严重缺损,不能正常使用,危及桥梁安全,桥梁处于危险状态

根据检查、检测情况确定各评价指标的评定标度,通过对桥梁综合技术状况、耐久性恶化状况、结构的截面缺损状况和运营荷载状况的评定,确定桥梁结构的检算系数、耐久性恶化系数、截面折减系数和活荷载影响修正系数。

进行检测评定时,有关作用(或荷载)及其组合在无特殊要求时宜采用设计荷载标准。经过加固的桥梁,在承载能力检测评定时,有关作用(或荷载)及其组合宜选用加固时采用的标准[7]。桥梁检测分类见表 6-4。

表 6-4 桥梁检测分类

检测类别		检测周期	检测说明
经常检测		根据桥梁技术状况而定,一般每月不得少于一次,汛期应加强不定期检测	采用目测方法,并配以简单工具进行测量,现场记录所检测项目的缺损类型,可以编制桥梁经常检测记录表;主管部门可以自行进行检测
定期检测		根据技术状况确定,最长不得超过两年,新建桥梁交付使用一年后,进行第一次定期检测,临时桥梁每年检测不少于一次。在经常检测发现主要部(构)件的缺损明显达到三、四、五类技术状况时,应立即安排一次定期检测	查清桥梁的病害原因、破损程度、承载能力、抗灾能力,确定桥梁技术状况的工作。需要进行特殊检测的桥梁通常均需要进行承载能力检测评定。定期检测、特殊检测应委托有相应资质和能力的单位承担
特殊检测	专门检测	根据经常检测和定期检测的结果,需要进一步判明损坏原因、缺损程度或使用能力的桥梁,针对病害进行专门的现场试验检测、验算与分析等鉴定工作	
	应急检测	当桥梁受到灾害性损伤后,为查明破损状况,采取应急措施,组织恢复交通,对结构进行的详细检测和鉴定工作	

桥梁检测的工作内容比较多,涉及很多方面。一般情况下,桥梁检测的基本内容如图 6-2 所示。

图 6-2　桥梁检测的基本内容

6.3.2　桥梁检测依据

目前公路桥梁检测及承载能力检测评定的参考规范较多,其常用规范如下:

1.《公路工程技术标准》(JTG B01—2014)

2.《公路工程质量检验评定标准》(JTG F80/1—2017)

3.《公路桥涵设计通用规范》(JTG D60—2015)

4.《公路桥涵养护规范》(JTG H11—2018)

5.《公路工程结构可靠度设计统一标准》(GB/T 50283—1999)

6.《公路钢筋混凝土及预应力混凝土桥涵设计规范》(JTG 3362—2018)

7.《公路桥梁承载能力检测评定规程》(JTG/T J21—2011)

8.《公路桥梁技术状况评定标准》(JTG/T H21—2011)

9.《公路钢筋混凝土及预应力混凝土桥涵设计规范》(JTG D62—2004)

10.《回弹法检测混凝土抗压强度技术规程》(JGJ/T 23—2011)

11.《预应力筋用锚具、夹具和连接器应用技术规程》(JGJ 85—2010)

12.《超声回弹法综合法检测混凝土抗压强度技术规程》(CECS 02:2005)

13.《超声法检测混凝土缺陷技术规程》(CECS 21:2000)

14.《钻芯法检测混凝土强度技术规程》(CECS 03:2007)

15.《后装拔出法检测混凝土强度技术规程》(DBT29—237—2016)

各规范在检测评定中的作用及相互关系如图 6-3 所示[3]。

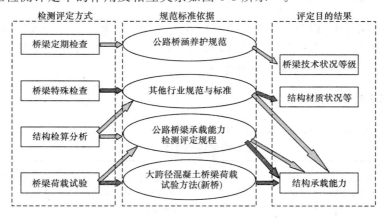

图 6-3　各规范在检测评定中的作用及相互关系

6.4 桥梁加固方法简介

在对桥梁结构病害检测分析和鉴定评估的基础上，当桥梁结构因荷载标准提高、原结构承载能力严重削弱、桥面过窄妨碍车辆畅通等原因无法满足承载能力、通行能力等方面要求时，需要对桥梁进行加固补强或技术改造。

桥梁加固的含义为对有缺陷的桥梁主要承重构件进行补强，改善结构性能，恢复和提高桥梁结构的安全度，提高其承载能力、通行能力，以延长桥梁的使用寿命，使整个桥梁结构可满足规定的承载力要求，并满足规定的使用功能需求。桥梁加固一般针对桥梁技术状况等级评定为三～五类桥梁，个别的针对荷载等级需要提高的桥梁或者临时需要通过特种车或超重车的桥梁。

6.4.1 加固的性质

根据桥梁病害检测分析和鉴定评估结果，桥梁结构加固设计可分为承载力加固（强度加固）、使用功能加固（刚度加固）、耐久性加固和抗震加固四种情况，见表6-5。

表 6-5　　　　　　　　桥梁结构加固设计分类

加固设计类别	加固目的
承载力加固	确保结构安全工作的基础，是桥梁改造加固设计的核心内容。承载力加固一般采用加大截面尺寸和配筋的方法补充承载力的不足，设计时应考虑桥梁带载加固分阶段受力的特点，注意新加补强材料与原结构的整体工作
使用功能加固	确保桥梁正常工作的需要，主要对活荷载变形或振动过大的构件加大截面尺寸，提高截面刚度，以满足结构使用功能要求
耐久性加固	对结构损伤部位进行修复和补强，以阻止结构损伤部位的性能继续恶化，消除损伤隐患，提高结构的可靠性与使用功能，延长结构使用寿命
抗震加固	对遭受地震破坏的结构进行修复，增强结构的延性和整体工作性能，提高结构的抗震能力

6.4.2 桥梁加固与加宽设计相结合

在公路改造设计中，很多情况下桥梁加固和加宽是同时进行的。在加宽宽度不大的情况下，尽量将加宽部分与原桥连为一体，使新、旧桥共同工作，利用新加宽部分，调整原桥内力，减轻原梁负担，间接达到加固补强的目的。

6.4.3 桥梁常见加固方法

桥梁加固补强的方法很多，基本上可以划分为两大类，见表6-6。

表 6-6　　　　　　　　桥梁结构加固补强方法分类

加固补强类别		常见加固方法
第一类	改变结构体系，调整结构内力及减轻原梁负担	加斜撑以减小梁的跨度、简支梁改为连续结构、增加纵梁数目、调换梁位置

加固补强类别		常见加固方法
	加大截面尺寸和配筋	增大构件截面加固法、增焊主筋加固法
第二类 加固薄弱构件	受拉区增设抗拉 补强材料	补焊钢筋加固法、粘贴钢板加固法、粘贴高强复合纤维（碳纤维、苏纶纤维）加固法、粘贴玻璃钢加固法
	预应力加固	体外预应力加固法、粘贴预应力加固法

6.5　基本计算原理简介

6.5.1　结构混凝土强度的计算

根据行业标准《回弹法检测混凝土抗压强度技术规程》[8]第 7.0.3 条规定，用回弹法检测混凝土强度时，构件的现龄期混凝土强度推定值，当构件测区数少于 10 个时，取构件测区最小强度值；当构件测区数大于或等于 10 个时，要计算给出平均强度值和标准差。构件混凝土强度的具体计算参照《回弹法检测混凝土抗压强度技术规程》[8]。

6.5.2　受弯构件正截面承载力复核

截面复核是指已知截面尺寸，根据检测推定出的混凝土强度级别以及钢筋在截面上的布置，通过计算截面的承载力 M_u 或者复核控制截面承受某个弯矩计算值 M 是否安全。

因矩形截面在桥梁工程中很少采用，故具体验算可参照《公路钢筋混凝土及预应力混凝土桥涵设计规范》[5]第 5.2.2 条计算。

对于 T 形截面受弯构件，参照《公路钢筋混凝土及预应力混凝土桥涵设计规范》[5]第 5.2.3 条规定的截面复核方法及计算步骤如图 6-4 所示。

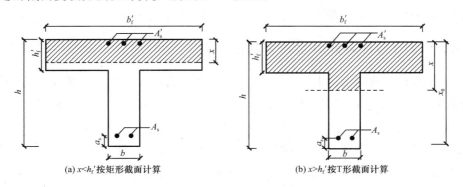

图 6-4　双筋 T 形截面受弯构件正截面承载能力验算计算图

1.检查钢筋布置是否符合规范要求

2.判定 T 形截面的类型

这时，若满足 $f_{cd}b_f'h_f' \geq f_{sd}A_s$，即钢筋所承受的拉力 $f_{sd}A_s$ 小于或者等于全部受压翼缘高度 h_f' 内混凝土压应力合力 $f_{cd}b_f'h_f'$，则 $x \leq h_f'$，属于第一类 T 形截面；否则，属于第二类 T 形截面；

（3）当为第一类 T 形截面时

由 $f_{cd}b'_f x \geqslant f_{sd}A_s$ 求得受压区高度 x，满足 $x \leqslant h'_f$，将各已知量及 x 代入

$$M_u = f_{cd}b'_f x(h_0 - x/2) \text{ 或 } M_u = f_{sd}A_s(h_0 - x/2) \tag{6-1}$$

求得正截面抗弯承载力必须满足 $M_u \geqslant M$，否则表明截面承载力不足。

（4）当为第二类 T 形截面时

由 $f_{cd}bx + f_{cd}h'_f(b'_f - b) = f_{sd}A_s$ 求得受压区高度 x，满足 $h'_f < x \leqslant \xi_b h_0$，将各已知量及 x 代入

$$M_u = f_{cd}bx(h_0 - x/2) + f_{cd}(b'_f - b)h'_f(h_0 - h'_f/2) \tag{6-2}$$

即可求得正截面抗弯承载力必须满足 $M_u \geqslant M$，否则表明截面承载力不足。

上述式中

M_u——计算截面所能承受的弯矩设计值；

f_{cd}——旧桥验算时，采用按照回弹法检测并按照规范计算出的混凝土强度值；

f_{sd}——纵向受拉钢筋抗拉强度设计值；

A_s、A'_s——受拉区、受压区纵向普通钢筋的截面面积；

b ——T 形梁截面腹板宽度；

h——T 形梁截面高度；

h_0——T 形梁截面有效高度；

b'_f——T 形截面受压翼缘的有效宽度；

h'_f——T 形截面受压翼缘的有效厚度；

x——混凝土受压区高度；

ξ_b——相对界限受压高度，又称为混凝土受压区高度界限系数，$\xi_b = x_b/h_0$。根据规范[5]
表 5-2.1 采用。

箱形截面受弯构件的正截面抗弯承载力可参照上述方法计算。

6.5.3　受弯构件斜截面承载力复核

首先要先进行抗剪强度的上、下限复核，《公路钢筋混凝土及预应力混凝土桥涵设计规范》[5] 给出的钢筋混凝土梁斜截面抗剪承载力计算公式是以剪切破坏形态的受力特征为基础建立的。

为防止梁发生斜拉破坏，《公路钢筋混凝土及预应力混凝土桥涵设计规范》[5] 第 5.2.11 条规定，矩形、T 形和工形截面受弯构件，其截面尺寸应符合 $\gamma_0 V_d \leqslant 0.51 \times 10^{-3} f_{cu,k}^{1/2} bh_0$（kN）的要求。此公式中规定了钢筋混凝土梁的抗剪强度上限值。

根据《公路钢筋混凝土及预应力混凝土桥涵设计规范》[5] 第 5.2.12 条规定，矩形、T 形和 I 形截面受弯构件，当符合公式 $\gamma_0 V_d \leqslant 0.5 \times 10^{-3} \alpha_2 f_{td} bh_0$ 时，可不进行斜截面抗剪承载力计算，仅需按该规范第 9.3.12 条构造要求配置箍筋足够。

对于梁的剪力组合设计值在抗剪强度上、下限之间时，根据《公路钢筋混凝土及预应力

混凝土桥涵设计规范》[5]第 5.2.9 条规定其斜截面抗剪承载力应按照下列公式进行复核：

$$\gamma_0 V_d \leqslant \alpha_1 \alpha_3 0.45 \times 10^{-3} b h_0 \left[(2+0.6P) f_{cu,k}^{1/2} \rho_{sv} f_{sv} \right]^{1/2} + 0.75 \times 10^{-3} f_{sd} \sum A_{sb} \sin \theta_s \qquad (6\text{-}3)$$

式中　γ_0——桥梁结构的重要性系数，按《公路钢筋混凝土及预应力混凝土桥涵设计规范》[5]第 5.1.5 条的规定采用；

V_d——斜截面受压端上由作用（或荷载）效应所产生的最大剪力组合设计值，kN；

α_1——异号弯矩影响系数，计算简支梁和连续梁近边支点梁短的抗剪承载力时，取 $\alpha_1 = 1.0$；计算连续梁和悬臂梁近中间支点梁段的抗剪承载力时，取 $\alpha_1 = 0.9$；

α_3——受压翼缘影响系数，对矩形截面取 $\alpha_3 = 1.0$，对具有受压翼缘的 T 形、I 形截面取 $\alpha_3 = 1.1$；

b——斜截面受压端正截面处，矩形截面跨度或 T 形和 I 形截面腹板宽度，mm；

h_0——斜截面受压端正截面处梁的有效高度，即纵向受拉钢筋合力点至截面受压边缘的距离，mm；

P——斜截面内纵向受拉钢筋的配筋百分率，$P = 100\rho$，$\rho = A_s / b h_0$，当 $P > 2.5$ 时，取 $P = 2.5$；

$f_{cu,k}$——边长为 150 mm 的混凝土立方体抗压强度标准值，即混凝土的强度等级，MPa；

ρ_{sv}——斜截面内箍筋配筋率，$\rho_{sv} = A_{sv} / s_v b$；

f_{sv}——箍筋的抗拉强度设计值，MPa，按《公路钢筋混凝土及预应力混凝土桥涵设计规范》表 3-2.3－1 采用；

f_{sd}——弯起钢筋的抗拉强度设计值，MPa；

A_{sb}——斜截面内同一弯起平面的弯起钢筋截面面积，mm²；

θ_s——弯起钢筋与梁轴线的夹角，（°）；

f_{td}——混凝土抗拉强度设计值，MPa。

若 $V_{du} > \gamma_0 V_d$，则说明该斜截面的抗剪承载力是足够的。原则上应对承受剪力较大或抗剪强度相对比较薄弱的斜截面进行抗剪承载力验算。《公路钢筋混凝土及预应力混凝土桥涵设计规范》[5]第 5.2.8 条规定，受弯构件斜截面抗剪承载力的验算位置（图 6-5），应按下列规定采用：

1. 简支梁和连续梁近边支点梁段

（1）距支点中心 $h/2$ 处截面（截面 1—1）。

（2）受拉区弯起钢筋弯起点处的截面（截面 2—2、截面 3—3）。

（3）锚于受拉区的纵向钢筋开始不受力处的截面（截面 4—4）。

（4）箍筋数量或间距改变处的截面（截面 5—5）。

（5）构件腹板宽度变化处的截面。

2. 连续梁和悬臂梁近中间支点梁段

（1）支点横隔梁边缘处截面（截面 6—6）。

(a)简支梁和连续梁近边支点梁段

(b)连续梁和悬臂梁近中间点梁段

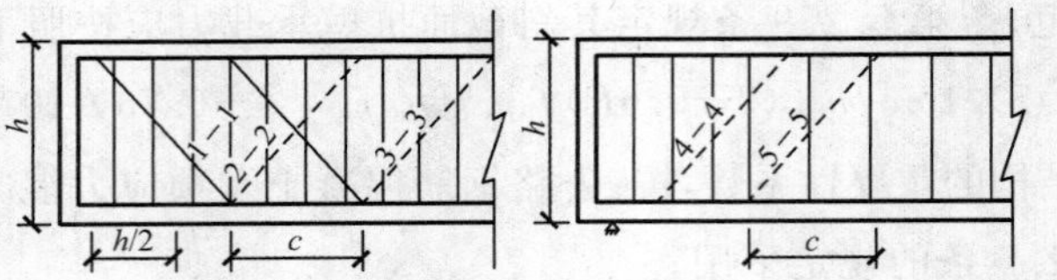

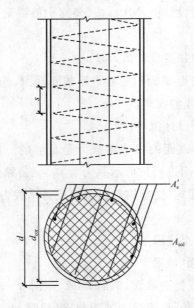

图 6-5　斜截面抗剪承载能力验算位置图

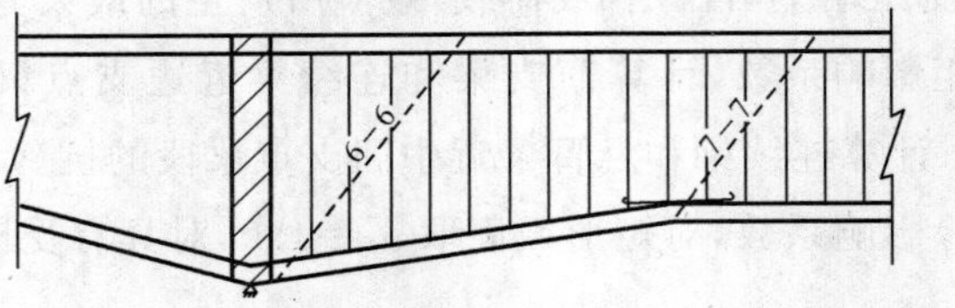

(2)变高度梁高度突变处截面(截面 7—7)。

(3)参照简支梁的要求,需要进行验算的截面。

进行斜截面抗剪承载能力复核时,式中的剪力组合设计值 V_d 应取验算斜截面顶端的数值,即从图 6-5 所示的斜截面验算位置量取斜裂缝水平投影长度 $C \approx 0.6mh_0$,近似求得斜截面顶端的水平位置,并以这一点对应的剪力组合设计值为该斜截面的剪力设计值。

6.5.4　轴心受压构件的正截面承载力验算(图 6-6)

图 6-6　配置螺旋式间接钢筋的钢筋混凝土轴心受压构件截面

对于轴心受压构件的截面验算,首先应检查纵向钢筋及箍筋布置构造是否符合要求。已知截面尺寸和计算长度长细比,由《公路钢筋混凝土及预应力混凝土桥涵设计规范》[5]第 5.3.1 条中表 5.3.1 查得相应的稳定系数 φ,对于配有纵向受力钢筋和普通箍筋的轴心受压构件,其正截面抗压承载力计算式 $N_u = 0.9\varphi(f_{cd}A + f'_{sd}A'_s)$ 计算得到轴心压杆正截面承载

力 N_u,当满足 $N_u > \gamma_0 N_d$ 条件时,承载力满足要求。

构件长细比 $l_0/i \leqslant 48$ 的钢筋混凝土轴心受压构件,当配置螺旋式或焊接环式间接钢筋的轴心受压构件(图 6.6),且间接钢筋的换算截面面积 A_{s0} 不小于全部纵向钢筋截面面积的 25%、间距不大于 80 mm 或 $d_{cor}/5$ 时,根据《公路钢筋混凝土及预应力混凝土桥涵设计规范》[5]第 5.3.2 条其正截面抗压承载力计算式,即

$$N_u = 0.9\varphi(f_{cd}A_{cor} + f'_{sd}A'_s + kf_{sd}A_{s0})\tag{6-4}$$

式中　A_{cor}——螺旋箍筋圈内的核心混凝土截面面积;

　　　A_{s0}——螺旋箍筋的换算截面面积;

　　　f_{sd}——螺旋箍筋的抗拉强度设计值;

　　　k——间接钢筋影响系数,其数值与混凝土强度等级有关:混凝土强度等级为 C50 及以下时,取 $k=2.0$;混凝土强度等级为 C50~C80 时,分别取 $k=2.0~1.7$,中间值直线插入取用。

当满足 $N_u \geqslant \gamma_0 N_d$ 条件时,承载力满足要求。

6.5.5　偏心受压构件的正截面承载力验算

在桥梁结构中,钢筋混凝土圆形截面偏心受压构件应用很广,如柱式墩、台、钻孔灌注桩等。沿周边均匀配置纵向钢筋的圆形截面钢筋混凝土偏心受压构件正截面抗压承载力计算(新规范新增)。当混凝土强度等级在 C30~C50、纵向钢筋配筋率在 0.5%~4% 之间时,沿周边均匀配置纵向钢筋的圆形截面钢筋混凝土偏心受压构件,其正截面抗压承载力计算应符合下列要求,即

$$\gamma_0 N_d \leqslant n_u A f_{cd}\tag{6-5}$$

γ_0——结构的重要性系数;

N_d——构件轴向压力的设计值;

n_u——构件相对抗压承载力,按规范[5]中表 F.0.1 确定;

A——构件截面面积;

f_{cd}——混凝土抗压强度设计值。

6.6　基于检测结果的桥梁承载力评定

通过对桥梁结构进行检测、检算和荷载试验分析,正确评定现有桥梁的承载能力,为确定现有桥梁的使用条件和应采用的技术措施提供可靠根据。当现有公路桥梁有下列情况之一时,必须进行承载能力检测评定:

(1)有明显质量衰退或有较严重病害和损伤的桥梁。

(2)按照《公路桥涵养护规范》(JTG H10-2009)评定技术状况为四类以上者(含四类)。

（3）需提高承载能力及使用功能的桥梁。

（4）需通行特种荷载的桥梁。

（5）缺失技术资料和安全运营资料的桥梁。

（6）发生意外事故并经技术处理后的桥梁。

对于在役桥梁，当结构或构件的承载能力检算系数评定标度为 1 或 2 时，结构或构件的总体技术状况较好，可不进行正常使用极限状态评定计算；当结构或构件的承载能力检算系数评定标度为 3、4 或 5 时，应采用引入检算系数 Z_1 或 Z_2 的方式限制应力、结构变形和裂缝宽度等，进行正常使用极限状态评定计算，即当桥梁结构或构件的承载能力检算系数评定标度≥3 时，应进行正常使用极限状态评定计算。其中：Z_1 是通过检测评定方式确定的承载能力检算系数，Z_2 是通过荷载试验方式确定的承载能力检算系数[7]。

一般情况下，根据桥梁缺损状况调查评估以及质量状况检测评定结果，通过结构检算分析对桥梁结构承载能力做出评定。只有在根据调查、检测与检算结果尚难以确定现有桥梁结构承载能力时，才可通过荷载试验对桥梁的结构状态和工作性能进行测试评估，确定桥梁的承载能力检算系数 Z_2，确定其承载能力。

配筋钢筋混凝土桥梁在计算桥梁结构承载能力极限状态的抗力效应时，应根据桥梁试验检测结果，采用引入检算系数 Z_1 或 Z_2、承载能力恶化系数 ξ_e、截面折减系数 ξ_s 和 ξ_c 的方法进行修正计算。

对配筋混凝土桥梁承载能力极限状态，应根据桥梁检测结果按《公路桥梁承载能力检测评定规程》[7]第 7.3.1 条中公式（7.3.1）进行计算评定，即

$$\gamma_0 S \leqslant R(f_d, \xi_c a_{dc}, \xi_s a_{ds}) Z_1 (1-\xi_e) \tag{6-6}$$

式中　γ_0——结构的重要性系数；

S——荷载效应函数；

R——抗力效应函数；

f_d——材料强度设计值；

a_{dc}——构件混凝土几何参数值；

a_{ds}——构件钢筋几何参数值；

Z_1——承载能力检算系数；

ξ_e——承载能力恶化系数；

ξ_s——钢筋截面折减系数；

ξ_c——配筋混凝土结构的截面折减系数。

进行配筋混凝土桥梁承载能力极限状态评定确定前，应先根据检测结果按照《公路桥梁承载能力检测评定规程》确定桥梁材质状况与状态参数检测评定标度，包括桥梁几何形态参数、桥梁恒载变异状况、桥梁材质强度、混凝土桥梁钢筋锈蚀电位、混凝土桥梁氯离子含量、混凝土桥梁电阻率、混凝土桥梁碳化状况、混凝土桥梁钢筋保护层厚度、桥梁结构自振频率和桥梁基础与地基等。

然后按照规范确定桥梁检算系数、承载能力恶化系数、截面折减系数和活荷载修正系数分别对极限状态方程中结构的抗力和荷载效应进行修正，并通过比较判定结构或构件的承

载能力状况。

1. 检算系数 Z_1

可根据《公路桥梁承载能力检测评定规程》[7]第 7.7.1 条由桥梁结构或构件表观缺损状况、材质强度和桥梁结构自振频率等的检测指标权重值得到结构或构件承载能力检算系数评定标度 D，进而由评定标度 D 及结构的受力状态查阅《公路桥梁承载能力检测评定规程》[7]表 7.7.1-2 求得配筋混凝土桥梁的承载力检算系数 Z_1。

2. 恶化系数 ξ_e

构件恶化状况根据其表观缺损状况、混凝土强度、钢筋锈蚀、混凝土中氯离子含量、混凝土碳化层深度和钢筋保护层厚度等检测结果，采用考虑各检测指标影响权重的综合方法评定，按《公路桥梁承载能力检测评定规程》表 7.7.4-1 确定构件恶化状况评定标度 E，即

$$E = \sum_{j=1}^{7} E_j \alpha_j$$

式中　E_j——结构或构件某项检测评定指标的评定标度；

　　　　α_j——某项检测评定指标的权重，$\sum_{j=1}^{7} \alpha_j = 1$。

此外，桥梁结构或构件功能与材质状况的退化与其所处的环境是密切相关的，因此综合根据恶化状况评定标度 E 及桥梁所处的环境条件，由《公路桥梁承载能力检测评定规程》中表 7.7.4-2 确定配筋混凝土桥梁的承载能力恶化系数 ξ_e。

3. 截面折减系数 ξ_s、ξ_c

在桥梁运营过程中，由于外部作用、材料腐蚀、风化等原因使桥梁结构构件受到截面损伤和材质强度降低，这些截面损伤和强度降低的程度可由截面的折减指数来表示，混凝土截面和钢筋截面折减系数 ξ_c、ξ_s 反映了混凝土桥梁构件截面在使用过程中被削弱的程度。由于桥梁结构中混凝土的非均质性、结构的复杂性和损伤形式的多样性，截面损伤对承载力的影响难以进行定量分析。《公路桥梁承载能力检测评定规程》第 7.7.5 和 7.7.6 条给出了折减系数 ξ_c、ξ_s 的确定方法。

对于配筋混凝土桥梁结构或构件的截面折减系数 ξ_c 的计算，首先依据材料风化、碳化、物理与化学损伤三项检测指标的评定标度计算确定结构或构件截面损伤的综合评定标度 R，即

$$R = \sum_{j=1}^{N} R_j \alpha_j$$

式中　R_j——某项检测指标，按《公路桥梁承载能力检测评定规程》中表 7.7.5-1、表 7.7.5-2 和表 5-7.3 的规定确定；

　　　　α_j——某项检测指标的权重值，$\sum_{j=1}^{N} \alpha_j = 1$，按《公路桥梁承载能力检测评定规程》中表 7.7.5-3 的规定确定；

　　　　N——对混凝土及配筋混凝土结构，$N=3$。

依据截面损伤的综合评定标度 R，按《公路桥梁承载能力检测评定规程》中表 7.7.5-4 确定截面折减系数 ξ_c。

配筋混凝土结构中,发生腐蚀的钢筋截面折减系数 ξ_s,宜根据评定标度按《公路桥梁承载能力检测评定规程》[7] 中表 7.7.6 确定。

4. 活荷载修正系数 ξ_q

桥梁汽车荷载分布的特征可由典型代表交通量、大吨位车辆混入率两个因素决定。通过实际调查重载交通桥梁的典型代表交通量和大吨位车辆混入率,确定活荷载影响修正系数 $\xi_q = (\xi_{q1}\xi_{q2}\xi_{q3})^{1/3}$($\xi_{q1}$ 为典型代表交通量影响修正系数;ξ_{q2} 为大吨位车辆混入影响修正系数;ξ_{q3} 为轴荷载分布影响修正系数)。

根据实际调查的典型代表交通量 Q_m 与设计交通量 Q_d 之比,按《公路桥梁承载能力检测评定规程》[7] 中表 7.7.7-1 选用典型代表交通量影响修正系数 ξ_{q1} 值。

依据实际调查的质量超过汽车检算荷载主车的大吨位车辆的交通量与实际交通量之比,即大吨位车辆混入率 α。按《公路桥梁承载能力检测评定规程》[7] 中表 7.7.7-2 取用大吨位车辆混入影响修正系数 ξ_{q2} 值。

依据实际调查的轴荷载分布中轴质量超过 14 t 所占的百分比,即 β 值,按《公路桥梁承载能力检测评定规程》[7] 中表 7.7.7-3 取用轴荷载分布影响修正系数 ξ_{q3} 值。

最后活荷载影响修正系数就可以按照公式 $\xi_q = (\xi_{q1}\xi_{q2}\xi_{q3})^{1/3}$ 来计算,得到活荷载影响修正系数 ξ_q。

配筋混凝土桥梁承载能力极限状态评定,采用引入桥梁检算系数 Z_1、承载能力恶化系数 ξ_e、截面折减系数 ξ_s 及 ξ_c 和活荷载修正系数 ξ_q 分别对极限状态方程中结构抗力效应函数 R 行修正,并通过比较判断结构或构件的承载能力状况。

5. 检算系数 Z_2

按《公路桥梁承载能力检测评定规程》[7] 中公式检算后作用效应与抗力效应的比值在 1.0~1.2 时,应根据有关规定通过荷载试验评定承载能力。即通过对桥梁施加静力荷载作用,测定桥梁结构在试验荷载作用下的结构响应,如静力荷载试验结构检验系数 ξ(试验荷载作用下测点的实测弹性变位或应变值与相应的理论计算值的比值)小于 1 时,代表桥梁的实际状况要好于理论状况。

当出现下列情况之一时,应判定桥梁承载能力不满足要求:

(1)主要测点静力荷载试验检验系数大于 1。

(2)主要测定相对残余变位或相对残余应变超过 20%。

(3)试验荷载作用下荷载扩展宽度超过《公路桥梁承载能力检测评定规程》表 7.3.4 的限值,且卸载后裂缝闭合宽度小于扩展宽度的 2/3。

(4)在试验荷载作用下,桥梁基础发生不稳定沉降变位。

当上述规定不满足时,应取主要测点应变校验系数或变位校验系数较大值,按《公路桥梁承载能力检测评定规程》表 8.3.2 确定检算系数 Z_2,代替 Z_1 规范的有关规定进行承载力评定。

当按《公路桥梁承载能力检测评定规程》第 8.3.2 条检算的荷载效应与抗力效应的比值小于 1.05 时,应判定桥梁承载能力满足要求;否则,应判定桥梁承载能力不满足要求。

6.7　工程实例　公路旧桥承载能力评定

6.7.1　某旧桥承载能力检算及评定

1. 工程概况

该桥的工程资料见表 6-7[9]。

表 6-7　　　　　　　　　　　　工程资料

项目	具体内容
跨径	标准跨径 $l_b=20$ m，计算跨径 $l=19.50$ m
梁长	19.96 m，分为东、西两半幅
桥面铺装	C20 防水混凝土 2 cm 厚（$\gamma=24$ kN/m³）、4 cm 厚沥青面层（$\gamma=23$ kN/m³）（车道边缘处），桥面横坡为双向，$i_c=1.5\%$
主要材料	混凝土 C30，主筋 HRB335，其他筋 HRB235，钢筋混凝土容重 $\gamma=25$ kN/m³
设计荷载	公路-Ⅱ级
人群荷载	3 kN/m²

主梁横截面布置如图 6-7 所示。横隔梁等细部尺寸可参考相关标准图。

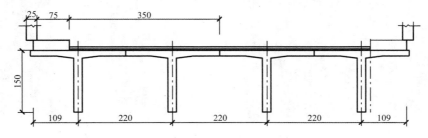

图 6-7　主梁横截面布置（单位：cm）

东半幅于 2009 年 2 月，在某超载车辆作用下直接压断了一片空心板梁，经 3 个月的维修加固现已通车。由于加固期间车流量集中在西半幅的 T 梁上，而西半幅修建更早，设计等级更低，为了检验该半幅桥梁是否具有现行通车承载能力和实际工作性能，某检测机构承担了该桥梁的检测试验工作，现场检测试验自 2009 年 4 月 24 日开始到 5 月 10 日结束。

2. 旧桥病害分析及检测结果

对旧桥以混凝土结构裂缝为主要内容进行各种结构病害的检测与检查。T 梁混凝土表观存在蜂窝麻面现象，预制质量较差。T 梁腹板 1/4 跨到 3/4 跨范围内出现大量密集的竖向裂缝，裂缝高度最高伸至翼缘板底，裂缝宽度最大为 0.3 mm，裂缝的弯拉破坏特征明显；部分 T 梁的缺损率超过 20%；支座附近处 T 梁腹板破碎情况严重，典型病害如图 6-8～图 6-13 所示[10]。

图 6-8 支座处端部底面混凝土纵向劈裂与压碎

图 6-9 1#跨 6# T 梁西侧面北端被水侵蚀

图 6-10 T 梁翼板边缘破损

图 6-11 T 梁下部整条梁出现明显的蜂窝麻面

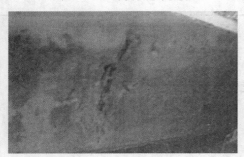

图 6-12 T 梁侧面大面积混凝土剥落、钢筋锈蚀严重

图 6-13 立柱混凝土局部脱落、钢筋锈蚀

3. 检测结果

主要进行了旧桥 T 梁、旧桥盖梁和立柱的混凝土回弹强度检测,混凝土碳化层深度检测,旧盖梁和立柱的预制质量检测,桥梁的自振频率检测。

(1)混凝土强度

在 1# 桥墩东柱和西柱各钻取了 1 个芯样,通过室内试验测得抗压强度为 16.4 MPa 和 12.6 MPa,参照《回弹法检测混凝土抗压强度技术规程》[8],换算得到混凝土的抗压强度,见表 6-8,并进一步得到了平均修正系数为 0.9。

表 6-8　　　　　　　　　　　　　1# 桥墩东柱和西柱的回弹强度和抗压强度

部位	回弹值					换算强度/MPa	修正系数	修正强度/MPa
	测区 1	测区 2	测区 3	平均值	推定值			
东柱	32.7	35.2	37.0	35.0	21.7	17.1	0.96	16.4
西柱	30.5	32.5	36.1	33.0	30.5	15.1	0.83	12.6

注:混凝土强度推定值＝测区强度平均值－1.645 标准差。

T 梁和盖梁等部位的推算强度和修正强度见表 6-9～表 6-10,桥台和盖梁的推算强度按柱子的平均碳化层深度进行推算。

表 6-9　　　　　　　　　旧桥 T 梁的回弹推算强度和修正强度

梁号	T 梁混凝土强度回弹值/MPa					换算强度/MPa	修正强度/MPa
	$L/4$ 测区	$L/2$ 测区	$3L/4$ 测区	平均值	推定值		
1	49.5	48.8	50	49.4	48.7	37.1	33.3
2	51	48.3	49.7	49.7	47.9	35.9	32.3
3	48	49.5	50	49.2	47.8	35.7	32.1
4	49.9	47.8	50.4	49.4	47.5	35.3	31.7

注:桥跨编号顺序自北向南,梁编号顺序自东向西。

表 6-10　　　　　　　　　盖梁的回弹推算强度和修正强度

构件	盖梁混凝土强度回弹值/MPa								换算强度/MPa	修正强度/MPa
	测区 1	测区 2	测区 3	测区 4	测区 5	测区 6	平均值	推定值		
1# 盖梁	48.2	46.6	46.7				47.2	46.6	33.90	30.51
2# 盖梁	43.0	48.9	42.0	45.4	47.2	45.8	45.4	42.0	27.50	24.75
3# 盖梁	45.85	42.0	47.1	43.3	41.5	44.0	44.0	41.5	26.85	24.17
4# 盖梁	47.5	47.3	46.4	48.4	49.0	49.7	48.1	46.4	33.60	30.24

对 T 梁检测结果进行处理,梁实测强度的平均推定值 R_{it} 为 48 MPa,测区平均换算强度修正值 R_{im} 为 36 MPa,修正后的平均修正强度值为 32.35 MPa,该桥 T 梁的混凝土抗压强度推定等级为 C30。

(2)碳化层深度

立柱的碳化层深度基本超过了 10 mm,部分甚至达到了 41.2 mm,碳化非常严重,详见表 6-11。

表 6-11　　　　　　　　　桥部分立柱的碳化层深度

构件	碳化层深度/mm	构件	碳化层深度/mm
1# 桥墩东柱	25.9	1# 桥墩西柱	20.3
2# 桥墩东柱	28.8	2# 桥墩西柱	12.4
3# 桥墩东柱	41.2	3# 桥墩西柱	10.9
4# 桥墩东柱	36.1	4# 桥墩西柱	26.7
平均值	33	平均值	17.58

(3)固有模态参数

根据跑车试验测得桥梁测试跨的一阶、二阶自振频率与阻尼比,见表 6-12。

表 6-12　　　　　　　　　测试跨自振频率与阻尼比

模态	测试跨自振频率/Hz	阻尼比/%
一阶	5.75	3.01
二阶	22.95	1.22

经过相关的模态分析软件处理,得到桥梁的自振频率 f_{mi} 为 5.75 Hz,该桥自振频率设计理论计算值 $f_{di}=5.66$ Hz。由《公路桥梁承载能力检测评定规程》[7]中表 5-9.2 可得桥梁

自振频率评定标度为 2。

4. 承载力检算

(1)受弯承载力 M_u

由检测结果可知，T 梁计算跨径为 19.5 m，混凝土强度等级为 C30，轴心抗压强度设计值 $f_{cd}=14.3$ MPa，抗拉强度设计值 $f_{td}=1.43$ MPa，弹性模量 $E_c=2.80\times10^4$ MPa。钢筋：主筋为 II 级钢，其他钢筋为 I 级钢。T 梁受力钢筋为 12 Φ 22 mm，$f_{sd}=280$ MPa，$A_s=4\,561.6$ mm²。T 梁跨中截面配筋及尺寸如图 6-14 所示。

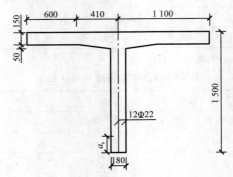

图 6-14　T 梁跨中截面配筋及尺寸(尺寸单位为 mm)

普通钢筋混凝土 T 梁截面抗弯承载力参照《公路钢筋混凝土及预应力混凝土桥涵设计规范》[5]第 5.2.3-2 条规定计算，即

$$x=f_{sd}A_s/(f_{cd}b_f') \tag{6-7}$$

$$M_u=f_{cd}b_f'x(h_0-x/2)+f_{cd}(b_f'-b)h_f'(h_0-h_f'/2) \tag{6-8}$$

式中　b_f'——T 形截面受压翼缘的有效宽度，取 2 200 mm；

　　　h_0——截面有效高度，$h_0=h-a_s$，h 为截面全高；

　　　h_f'——T 形截面受压翼缘厚度，取 160 mm；

　　　b——T 形截面腹板宽度。

截面受压区高度 $x=f_{sd}A_s/(f_{cd}b_f')=280\times45.616/(14.3\times220)=4.06$ cm<15 cm，所以中性轴在翼缘内，属于第一类 T 形截面，可按单筋矩形截面计算。

主筋净保护层 3 cm，12 Φ 22 钢筋外径为 22 mm，则

$$a_s=30+3\times22=96 \text{ mm}$$

$$h_0=h-a_s=1\,500-96=1\,404 \text{ mm}$$

则截面所能承受的弯矩根据式(6-9)计算。

$M_u=f_{cd}b_f'x(h_0-x/2)+f_{cd}(b_f'-b)h_f'(h_0-h_f'/2)$

$=14.3\times2\,200\times40.6\times(1\,404-40.6/2)+14.3\times(2\,200-180)\times160\times(1\,404-160/2)$

$=7\,886.58$ kN·m

(2)支点处斜截面抗剪承载力 V_u

由实测可知，已知支点截面主筋 2 Φ 32，双肢箍筋 $\phi8$ mm，$A_{sb}=1\,609$ mm²，$\theta_s=45°$；$b=0.18$ m；$h_0=1.404$ m；$f_{cu,k}=30$；$f_{sv}=195$ MPa；$\alpha_1=1.0$；$\alpha_2=1.0$；$\alpha_3=1.1$；$\gamma_0=1.0$。

普通钢筋混凝土 T 梁斜截面抗剪承载力参照《公路钢筋混凝土及预应力混凝土桥涵设计规范》第 5.2.9 条规定计算，即

$$\gamma_0V_d\leqslant V_{cs}+V_{sb} \tag{6-9}$$

$$V_{cs} = \alpha_1 \alpha_2 \alpha_3 0.45 \times 10^{-3} bh_0 \left[(2+0.6P) f_{cu,k}^{1/2} \rho_{sv} f_{sv} \right]^{1/2} \tag{6-10}$$

$$V_{sb} = 0.75 \times 10^{-3} f_{sd} \sum A_{sb} \sin \theta_s \tag{6-11}$$

双肢箍筋 $\phi 8$ mm，则 $A_{sv} = 101$ mm^2，箍筋间距 $S_v = 150$ mm。

配筋率：　　　　　$\rho_{sv} = A_{sv}/(s_v b) = 101/(150 \times 180) = 0.003\ 7$

斜截面内纵向受拉钢筋的配筋百分率：$P = 100\rho$

$\rho = A_s/(bh_0) = 1\ 609/(180 \times 1\ 404) = 0.006\ 4$，$P = 100\rho = 0.64 < 2.5$，所以取 $P = 0.64$。

$V_{cs} = 1.0 \times 1.0 \times 1.1 \times 0.45 \times 10^{-3} \times 180 \times 1\ 404 [(2+0.6 \times 0.64) \times 30^{1/2} \times 0.003\ 7 \times$

$\qquad 195]^{1/2} = 383.97$ kN

$\qquad\qquad V_{sb} = 0.75 \times 10^{-3} \times 280 \times 4 \times 1\ 609 \times \sin 45° = 955.69$ kN

$\qquad\qquad V_d = V_{cs} + V_{sb} = 383.97 + 955.69 = 1\ 339.66$ kN

5. T 梁承载力评定

根据检测结果对理论计算的结构抗力和荷载效应分别进行相应的修正，修正时引入包括旧桥检算系数 Z_1（含耐久性因素）、截面折减系数（混凝土 ξ_c 与钢筋 ξ_s）和活荷载影响系数 ξ_q 等在内的各种承载力折减系数。根据《公路桥涵设计通用规范》[11]第 4.1.5 条规定，基于检测结果的承载力鉴定表达式为

$$\gamma_0 \left(\sum_{i=1}^{m} \gamma_{Gi} S_{Gik} + \gamma_{Q1} S_{Q1k} + \xi_q \psi_c \sum_{j=2}^{n} \gamma_{Qj} S_{Qjk} \right) \leqslant R(f_d, \xi_d a_d) Z_1 \tag{6-12}$$

（1）检算系数 Z_1

桥梁结构技术状态的评定综合考虑桥梁外观缺陷和损坏（包括裂缝和变形）、混凝土强度、钢筋锈蚀、结构模态参数 4 个指标，通过采取加权评估法 $D = \sum \alpha_j D_j$ 得到结构或构件技术状况评定值，其中指标权重值见表 6-13。基于结构或构件的技术状况评定值可依据《公路桥梁承载能力检测评定规程》[7]表 7.7.1-2 用线性内插法求得配筋混凝土桥梁的承载力检算系数 Z_1 取值，见表 6-13。

表 6-13　　　　　　　　　　　　　检算系数 Z_1 的确定

检测指标	评定标值 D_j	权重 α_j
表观缺损状况	3	0.4
混凝土强度	1	0.2
钢筋锈蚀	1	0.2
固有模态	2	0.2
技术状况评定值	$D = 3.57$	—
承载力检算系数	$Z_1 = 0.943$	—

（2）截面折减系数（混凝土 ξ_c 与钢筋 ξ_s）

在桥梁运营过程中，由于外部作用、材料腐蚀、风化等原因使桥梁结构构件受到截面损伤和材质强度降低，这些截面损伤和强度降低的程度可由截面的折减指数来表示，混凝土截面和钢筋截面折减系数 ξ_c、ξ_s 反映了混凝土桥梁构件截面在使用过程中被削弱的程度。由于桥梁结构中混凝土的非均质性、结构的复杂性和损伤形式的多样性，截面损伤对承载力的影响难以进行定量分析，本例结合专家经验和相关资料调查分析来确定折减系数。

根据实际检查的结果，参考《公路桥梁承载能力检测评定规程》[7]表 7.7.6 得钢筋截面折减系数 ξ_s 为 0.99，混凝土截面折减系数 ξ_c 的确定见表 6-14。

表 6-14   混凝土截面折减系数 ξ_c

检测指标	权重值 α_j	检测指标的评定标度 D_j	截面损伤综合评定值 D	混凝土截面折减系数 ξ_c
物理与化学损伤	0.55	2		
混凝碳化	0.35	1	1.1	0.99
材料风化	0.10	1		

（3）承载力恶化系数 ξ_e。

构件恶化状况根据其表观缺损状况、混凝土强度、钢筋锈蚀、混凝土中氯离子含量、混凝土碳化层深度和钢筋保护层厚度等检测结果，采用考虑各检测指标影响权重的综合方法评定，具体做法为根据每项检测指标的评定标度，应用综合加权评估的方法计算确定构件的恶化状况评定值 E，再根据 E 值将耐久性状况及其评价指标分为 5 个等级，以反映构件的耐久性恶化程度。同时，桥梁结构或构件功能与材质状况的退化与其所处的环境是密切相关的，在评价桥梁的病害及现状对承载力的影响时，必须考虑其所处环境的不同。承载力恶化状况评定值 E 的确定详见表 6-15。

表 6-15   承载力恶化状况评定值

序号	检测指标	评定值	权重 α_j
1	混凝土表观缺损	1	0.32
2	钢筋锈蚀电位	1	0.11
3	混凝土碳化层深度	1	0.20
4	混凝土保护层厚度	2	0.12
5	氯离子含量	1	0.15
6	混凝土强度状况	1	0.10

注：①计算的承载力恶化状况评定值 $E = \sum E_j \alpha_j = 1.12$（$E_j$ 为结构或构件某一检测评定指标的评定标度值；α_j 为某一检测指标的影响权重，$\sum \alpha_j = 1$）。

②环境条件为：不燥，不冻，无侵蚀性介质。

承载力恶化状况评定值 E 为 1.12；由于桥址位于城市道路上，气候条件比较好，环境条件为：干燥，不冻，无侵蚀性介质；由《公路桥梁承载能力检测评定规程》[7] 表 7.7.4-2 用线性内插法求得承载力恶化系数 ξ_e 为 0.002 4。

（4）活荷载修正系数 ξ_q。

桥梁汽车荷载分布的特征可由典型代表交通量、大吨位车辆混入率两个因素决定。通过实际调查重载交通桥梁的典型代表交通量和大吨位车辆混入率，确定活载影响修正系数 $\xi_q = (\xi_{q1} \xi_{q2} \xi_{q3})^{1/3}$（$\xi_{q1}$ 为典型代表交通量影响修正系数；ξ_{q2} 为大吨位车辆混入影响修正系数；ξ_{q3} 为轴荷载分布影响修正系数）。

根据实际调查的典型代表交通量 Q_m 与设计交通量 Q_d 之比，按《公路桥梁承载能力检测评定规程》[7] 表 7.7.7-1 选用典型代表交通量影响修正系数 $\xi_{q1} = 1.2$。

依据实际调查的质量超过汽车检算荷载主车的大吨位车辆的交通量与实际交通量之比，即大吨位车辆混入率 α，按《公路桥梁承载能力检测评定规程》[7] 表 7.7.7-2 取用大吨位车辆混入影响修正系数 $\xi_{q2} = 1.1$。

依据实际调查的轴荷载分布中轴质量超过 14 t 所占的百分比,即 β 值。按《公路桥梁承载能力检测评定规程》[7] 表 7.7.7-3 取用轴荷分布影响修正系数 $\xi_{q3}=1.417$。

经过调查得到交通量和大吨位车辆混入率及 β 值得到的活荷载修正系数分别如下:典型代表交通量影响修正系数:$\xi_{q1}=1.2$;大吨位车辆混入影响修正系数:$\xi_{q2}=1.1$;轴荷载分布影响修正系数:$\xi_{q3}=1.417$。

因此,活荷载影响修正系数为 $\xi_q=(\xi_{q1}\xi_{q2}\xi_{q3})^{1/3}=(1.2\times1.1\times1.417)^{1/3}=1.232$

通过桥梁检测测得承载力评定各种参数值见表 6-16。

表 6-16　　　　　　　　　　　　承载力评定参数值

混凝土抗压强度推定等级	C30
检算系数 Z_1	0.943
钢筋截面折减系数 ξ_s	0.99
混凝土截面折减系数 ξ_c	0.99
承载力恶化系数 ξ_e	0.002 4
交通量的活荷载影响修正系数 ξ_{q1}	1.2
大吨位车辆混入率的活荷载影响修整系数 ξ_{q2}	1.1
活荷载影响修正系数 ξ_q	1.232

根据《公路桥梁承载能力检测评定规程》[7] 第 7.3.1 条配筋混凝土桥梁承载能力评定公式 7.3.1,同时考虑基于检测结果的结构抗力效应承载力检算系数和截面折减系数修正,按式(6-1)计算即得修正的后结构抗力效应,即

$$M_u'=7\,886.58\times0.99\times0.943(1-0.002\,4)=7\,345\text{ kN}\cdot\text{m}$$

经以上各个折减系数修正,基于检测结果的结构抗力效应为

$$V_d'=1\,339.66\times0.99\times0.943(1-0.002\,4)=1\,247.66\text{ kN}。$$

6. T 梁弯矩设计值 M 及剪力设计值 V

(1)恒载内力

①恒载集度

根据工程资料表 6-6 和主梁横截面布置图 6-8,假定桥面铺装、人行道等桥面系重力平均分摊于各主梁,计算如下:

● 桥面铺装

沥青混凝土　　　　　　　$0.04\times7.0\times23=6.44\text{ kN/m}$

防水混凝土　$(0.02+3.5\times0.015+0.02)/2\times7.0\times24=7.77\text{ kN/m}$

● 栏杆、人行道

单侧　　　　　　　　　　5 kN/m

两侧　　　　　　　　$5\times2=10\text{ kN/m}$

各主梁均摊值　　　$g_1=(6.44+7.77+10)/4=6.053\text{ kN/m}$

● 主梁(含横梁)

由标准图查预制与现浇筑混凝土量计算值。

内梁　　　　　$g_2=(12.88+1.80)\times25/19.96=18.39\text{ kN/m}$

边梁　　　　　　　$g_3 = (12.98 + 0.902) \times 25/19.96 = 17.39\ \text{kN/m}$

恒载集度 g 汇总见表 6-17。

表 6-17　　　　　　　　　　　　　恒载集度 g 汇总　　　　　　　　　　　　kN/m

梁号	主梁(含横梁)	桥面铺装+栏杆+人行道(g_1)	合计
内梁	18.39	6.053	24.443
边梁	17.38	6.053	23.433

②主梁恒载内力

内梁与边梁的恒载内力汇总见表 6-18。

表 6-18　　　　　　　　　　　　　主梁恒载内力

截面	$g/$	l/m	跨中		$l/4$ 截面		支点	
内力	$(\text{kN} \cdot \text{m}^{-1})$		$M_c/(\text{kN} \cdot \text{m})$	Q_c/kN	$M_{1/4}/(\text{kN} \cdot \text{m})$	$Q_{1/4}/\text{kN}$	$M_0/(\text{kN} \cdot \text{m})$	Q_0/kN
公式			$M_c = gl^2/8$	0	$M_{1/4} = 3gl^2/32$	$Q_{1/4} = Q_0/2$	0	$Q_0 = gl/2$
内梁	24.443	19.5	1 161.81	0	871.35	119.16	0	238.32
边梁	23.433	19.5	1 114.28	0	835.71	114.24	0	228.47

(2)活荷载内力

①经检测主梁几何特性,以内梁为准,尺寸布置如图 6-15 所示。

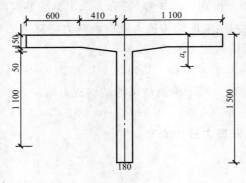

图 6-15　主梁截面尺寸

● 截面重心

翼板平均厚　　　$h_1 = [15 \times 60 + (15 + 20) \times 41/2]/[110 - 18/2] = 16.015 \approx 16\ \text{cm}$

截面形心位置

$a_x = [(220 - 18) \times 16 \times 8 + 150 \times 18 \times 75]/[(220 - 18) \times 16 + 150 \times 18] = 38.5\ \text{cm}$

● 截面抗弯惯性矩

$I = 1/12 \times 202 \times 16^3 + 202 \times 16 \times (38.5 - 8)^2 + 1/12 \times 18 \times 150^3 + 18 \times 150 \times (75 - 38.5)^2 =$
$11\ 735\ 092\ \text{cm}^4 \approx 0.117\ 350\ 92\ \text{m}^4$

● 截面抗扭惯性矩

实心矩形截面 c 值计算:短边为 t,长边为 b

翼板　　　$t_1/b_1 = 16/(220 - 18) = 0.079\ 2 < 0.1$,查表 6-16 取 $c_1 = 1/3$

梁肋　　　$t_2/b_2 = 18/150 = 0.12$,查表 6-19 得 $c_2 = 0.308$

表 6-19

表 6-19　　　　　　　　　　　　　　　**实心矩形截面 c 值**

t/b	1.0	0.9	0.8	0.7	0.6	0.5
C	0.141	0.155	0.171	0.189	0.209	0.229
t/b	0.4	0.3	0.2	0.1	<0.1	
C	0.250	0.270	0.291	0.312	0.333	

注：当 $t/b=0.1$ 时，令 $c=1/3$ 已经具有足够的精度。

T 形截面抗扭惯性矩 $I_T = \sum c_i b_i t_{i3}$

$I_T = 1/3 \times 202 \times 16^3 + 0.308 \times 150 \times 18^3 = 545\,235.7\ \text{cm}^4 \approx 0.005\,452\,36\ \text{m}^4$

● 主梁抗扭修正系数

$$\beta = 1/\left[1 + nl^2 G I_T / \left(12EI \sum a_{i2}\right)\right]$$

式中　β——抗扭修正系数；

a_i——该片主梁到截面形心的距离；

n——主梁根数；

l——简支梁的计算跨径；

G——材料的切变模量（混凝土的 $G=0.4E$）；

I——主梁抗弯惯矩。

$$\sum a_{i2} = 2(3.3^2 + 1.1^2) = 24.20\ \text{m}^2$$

$\beta = 1/\left[1 + 4 \times 19.50^2 \times 0.4 \times 0.005\,452\,36/(12 \times 0.117\,350\,92 \times 24.20)\right] = 0.911\,3$

因此，主梁主要参数计算结果见表 6-20。

表 6-20　　　　　　　　　　　　　　　**主梁主要参数计算结果**

计算内容	计算结果
翼板平均厚 h_1/cm	16
截面形心位置 a_x/cm	38.50
抗弯惯矩 I/m⁴	0.117 350 92
抗扭惯性矩 I_T/m⁴	0.005 452 36
主梁抗扭修正系数 β	0.911 3

②跨中横向分布

该桥宽跨比 $B/l = 8.78/19.50 = 0.450 < 0.5$ 属于窄桥，故跨中横向分布采用偏压修正法计算。

荷载横向分布影响线坐标公式为

$$\eta_{ki} = 1/n \pm \beta a_k a_i / \left(\sum a_{i2}\right) \tag{6-13}$$

式中：$n=4$，$a_1=3.3$，$a_2=1.1$，$a_3=1.1$，$a_4=3.3$。由式(6-14)计算荷载横向分布影响线坐标见表 6-21。

表 6-21   荷载横向分布影响线坐标

梁号	荷载横向分布影响线坐标	
1# 梁	η_{11}	-0.6574
	η_{14}	-0.1574
2# 梁	η_{21}	0.40
	η_{24}	0.10

可见，1# 梁控制设计。

● 车载横向分布系数

双车道 $n_q=2$ 偏载布置，根据《公路桥涵设计通用规范》[11] 第 4.3.1 条可知左侧路缘带宽度为 0.50 m；轮距为 1.8 m。其合力对桥轴线偏心矩计算公式为

$$e=3.5-(0.5+1.80+1.30/2)=0.55 \text{ m}$$

$$m_{cq}=n_q(1/n+ea_1/\sum a_i^2)=2\times(1/4+0.55\times3.3/24.20)=0.65$$

如计入 β，则 $m_{cq}=0.636$。

● 人群荷载横向分布系数（单边布载控制设计）

$$e=3.5+0.75/2=3.875 \text{ m}$$

$$m_{cr}=1/4+3.875\times3.3/24.20=0.7784$$

同理：2# 梁，$m_{cq}=0.55$，$m_{cr}=0.426$。

如计入 β，则 $m_{cr}=0.7284$。

● 支点横向分布（加载布置如图 6-16 所示）

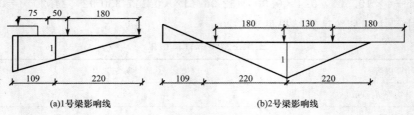

(a)1号梁影响线   (b)2号梁影响线

图 6-16 横向分布计算图（单位：cm）

按杠杆法考虑，对车荷载为：

1# 梁 $m_{cq}=1/2\times(190/220+10/220)=0.4545$

2# 梁 $m_{cq}=1/2\times(40/220+1+90/220)=0.7955$

对人群荷载为：

1# 梁 $m_{cr}=(220+20+75/2)/220=1.2614$

2# 梁 m_{cr} 为负值（略）

荷载横向分布汇总见表 6-22。

表 6-22   荷载横向分布汇总

梁号	跨中		支点	
	m_{cq}	m_{cr}	m_{cq}	m_{cr}
边梁 1#	0.65	0.7784	0.4545	1.2614
内梁 2#	0.55	0.426	0.7955	—

③车道荷载内力

● 公路Ⅱ级车道荷载

依据《公路桥涵设计通用规范》[11]第 4.3.1 条规定可知

均布荷载 $\qquad q_k = 10.5 \times 0.75 = 7.875 \text{ kN/m}$

集中荷载 $\qquad p_k = 0.75[270 + (360-270) \times (19.5-5)/(50-5)] = 222.08 \text{ kN}$

计算剪力时 $\qquad p_k = 1.2 \times 222.08 = 266.49 \text{ kN}$

● 冲击系数

简支梁基频

$$f_1 = \pi/(2l^2)(EI_c g/G)^{1/2}$$
$$= \pi/(2 \times 19.5^2) \times [3.0 \times 10^{10} \times 0.117\,35 \times 9.81/(18.39 \times 10^3)]^{\frac{1}{2}}$$
$$= 5.66$$

式中　E——C30 混凝土弹性模量,取为 3.0×10^{10} MPa;

$\qquad G$——内梁重,由前面计算可知 $G = 18.39 \times 10^3$ N/m;

$\qquad I_c$——截面抗弯惯性矩,由前面计算可知 $I_c = 0.117\,45$ m^4。

冲击系数 $\qquad \mu = 0.176\,7l_n5.66 - 0.015\,7 = 0.290\,6$

● 车道荷载内力

各截面弯矩和剪力影响线如图 6-17 所示。

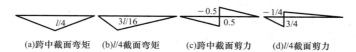

(a)跨中截面弯矩　(b)l/4截面弯矩　(c)跨中截面剪力　(d)l/4截面剪力

图 6-17　截面弯矩和剪力

汽车荷载效应内力计算公式为

$$S_q = (1+\mu)\xi m_{cq}(q_k\Omega + p_k y_k) \qquad (6\text{-}14)$$

式中　S_q——汽车荷载作用下的截面的弯矩或剪力;

$\qquad \xi$——多车道汽车荷载横向折减系数,$\xi = 1$;

$\qquad m_{cq}$——汽车荷载跨中截面横向分布系数;

$\qquad q_k$——汽车荷载中的均布荷载标准值,依据《公路桥涵设计通用规范》[11]第 4.3.1 条
　　　规定取值为 7.875 kN/m;

$\qquad \Omega$——弯矩或剪力影响线面积;

$\qquad p_k$——汽车荷载中的集中荷载标准值,依据《公路桥涵设计通用规范》[11]第 4.3.1 条
　　　规定取值为 178.5 kN;

$\qquad y_k$——与汽车荷载的集中荷载对应的剪力影响线的竖标值。

a.弯矩

根据图 6-17(a)、图 6-17(b)及式(6-14)计算跨中截面和 $l/4$ 截面弯矩,见表 6-23。

表 6-23　　　　　　　　　　　　　　跨中截面和 $l/4$ 截面弯矩

计算类型	跨中截面	$l/4$ 截面
影响线面积 Ω	$l/2 \times l/4 = 47.53$	$l/2 \times 3l/16 = 35.65$
峰值 y_m	$l/4 = 4.875$	$3l/16 = 3.656$
边梁弯矩	1 043.99 kN·m	782.97 kN·m
内梁弯矩	883.35 kN·m	662.51 kN·m

b. 剪力

根据图 6-17(c)、图 6-17(d)及式(6-14)计算跨中截面和 $l/4$ 截面剪力,见表 6-24。

表 6-24　　　　　　　　　　　　　跨中截面和 $l/4$ 截面剪力

计算类型	跨中截面	$l/4$ 截面
影响线面积 Ω	0.5	$3/4=0.75$
峰值 y_m	$0.5/2\times l/2=2.437\,5$	$3/4\times3/8\times l=5.484$
边梁剪力	105.95 kN	171 kN
内梁剪力	89.65 kN	144.69 kN

c. 支点处

横向分布系数沿桥跨的变化及支点处剪力影响线如图 6-18 所示。

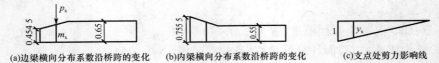

(a)边梁横向分布系数沿桥跨的变化　(b)内梁横向分布系数沿桥跨的变化　(c)支点处剪力影响线

图 6-18　横向分布系数沿桥跨的变化及支点处剪力影响线

● 边梁　　　　　　　　　$\Delta m=0.65-0.454\,5=0.195\,5,\Omega=l/2$

最不利加载位置

$$x=al(\Delta m/a-m_0/l)/(2\Delta m)$$
$$=19.5\times1/4\times19.5\times(0.195\,5/(19.5\times1/4)-0.454\,5/19.5)/(2\times0.195\,5)$$
$$=4.08\ \text{m}$$
$$m_x=0.454\,5+0.195\,5\times4.08/4.875=0.618\,1$$
$$y_x=(19.5-4.08)/19.5=0.791$$

$$Q_0=(1+0.290\,6)\times[7.875\times(0.65\times19.5/2-19.514/2\times0.195\times11/12)+266.49\times$$
$$0.618\,1\times0.791]=214.84\ \text{kN}$$

④人群荷载内力

依据《公路桥涵设计通用规范》[11]第 4.3.5 条规定可知

$l=19.50(\text{m})<50(\text{m})$,人群荷载标准值 $q_x=3\ \text{kN/m}^2$,则

$$S_r=m_{cr}q_r\Omega \tag{6-15}$$

式中　S_r——人群荷载作用下的截面的弯矩或剪力;

　　　m_{cr}——人群荷载跨中截面横向分布系数;

　　　q_r——人群荷载的标准值。

依据《公路桥涵设计通用规范》[11]第 4.3.5 条规定可知 $l=19.50\ \text{m}<50\ \text{m}$,人群荷载标准值 $q_r=3\ \text{kN/m}^2$。根据表 6-22 和式(6-15)计算跨中截面和 $l/4$ 截面弯矩和剪力,见表 6-25。

表 6-25　　　　　　　　　　　　跨中截面和 $l/4$ 截面弯矩和剪力

内力	弯矩/(kN·m)				剪力/kN			
	边梁		内梁		边梁		内梁	
截面	跨中	$l/4$	跨中	$l/4$	跨中	$l/4$	跨中	$l/4$
m_{cr}	0.778 4		0.426		0.778 4		0.426	
Ω	47.53	43.45	47.53	43.45	2.437 5	5.484	2.437 5	5.484
内力值	110.99	101.47	60.75	55.53	5.69	3.12	12.8	7.01

● 支点

横向分布系数沿桥跨的变化如图 6-19 所示。

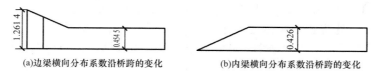

(a)边梁横向分布系数沿桥跨的变化　　　(b)内梁横向分布系数沿桥跨的变化

图 6-19　人群荷载横向分布系数沿桥跨的变化

边梁　$Q_{0r}=2.25\times(0.778\times19.5/2+0.483/2\times19.5/2\times11/12)=29.23$ kN

内梁　$Q_{0r}=2.25\times(0.426\times19.5/2-0.426/2\times19.5/2\times11/12)=6.75$ kN

（3）作用效应组合

依据《公路桥涵设计通用规范》[11]第 4.1.6 条规定，采用基本组合

$$\gamma_0 S_{ud}=\gamma_0(\gamma_G S_G+\gamma_Q S_Q+\psi_C\gamma_{QJ}S_{QJ})\qquad(6\text{-}16)$$

式中　$\gamma_G=1.2$，$\gamma_Q=1.4$，$\gamma_{QJ}=1.4$，对人群 $\psi_C=0.80$。

根据式（6-17）计算得作用效应组合见表 6-26。

表 6-26　　　　　　　　　　　　　作用效应组合

作用效应		边主梁			内主梁		
		跨中	$l/4$ 截面	支点	跨中	$l/4$ 截面	支点
弯距/ (kN·m)	恒载 S_G	1 114.28	835.71		1 161.81	871.35	
	$1.2S_G$	1 337.14	1 002.85		1 394.17	1 045.62	
	车荷载 S_Q	1 043.99	782.97		883.38	662.51	
	$1.4S_Q$	1 461.59	1 096.16	0	1 236.73	927.51	0
	人群荷载 S_{Qj}	110.99	101.47		60.75	55.53	
	$\psi_c、r_{Qj}、S_{Qj}$	124.31	113.65		68.04	62.19	
	$S_{cd}=②+④+⑥$	2 923.04	2 212.66		2 698.94	2 035.32	
剪力/kN	恒载 S_G	0	119.16	238.32	0	114.24	228.47
	$1.2S_G$	0	142.99	285.98	0	137.09	274.16
	车荷载 S_Q	105.95	171	195.13	89.65	144.69	214.84
	$1.4S_Q$	148.33	239.40	213.18	125.51	202.57	300.78
	人群荷载 S_{Qj}	5.69	12.8	29.23	3.12	7.01	6.75
	$\psi_c、r_{Qj}、S_{Qj}$	6.37	14.34	32.74	3.49	7.85	7.56
	$S_{cd}=②+④+⑥$	154.7	396.73	531.9	129	347.51	582.5

计算所得最大荷载效应见表 6-27。

表 6-27　　　　　　　　　　　　荷载效应

荷载组合	跨中弯矩/(kN·m)	支点剪力/kN
边主梁	2 923.04	531.9
内主梁	2 698.94	582.5

荷载效应的设计计算值 $M=2\,923.04$ kN·m，其中恒载效应为 1 337.14 kN·m，活荷载效应为 1 585.9 kN·m。经活荷载影响修正后

$$M' = 1\ 337.14 + 1\ 585.9 \times 1.232 = 3\ 290.97\ \text{kN} \cdot \text{m}$$

故
$$M_d' = 7\ 345\ \text{kN} \cdot \text{m} \geqslant M'$$

结构抗力效应大于荷载效应,跨中正截面抗弯强度满足要求。

对于 T 梁支点处荷载效应的设计值 $V = 536.3\ \text{kN}$,其中恒载效应为 274.16 kN,活荷载效应为 262.14 kN。基于检测结果的荷载效应的设计值经活荷荷载影响修正系数修正后的荷载效应的设计值为

$$V' = 274.16 + 262.14 \times 1.232 = 597.12\ \text{kN}$$

故
$$V_d' = 1\ 247.66\ \text{kN} \geqslant V'$$

结构抗力效应大于荷载效应,支点斜截面抗剪强度满足要求。

由以上计算分析可知,修正后的结构抗力效应大于修正后的荷载效应,该桥 T 梁基本能够满足承载力的要求。但考虑到该桥当前的实际运营环境和通车环境,从长远的安全运行需要来看,建议更换上部结构。特别是近期如果没有大修计划,则应及时对 T 梁进行维修加固,同时建议设置限载、限速通行标志。

6.7.2　四跨连续梁桥施工监控

1. 桥梁施工监控的定义

桥梁监控是指在新桥施工过程中,按照实际施工工况,对桥梁结构的内力和线形进行量测,经过误差分析,继而修正调整,以尽可能达到设计目标。桥梁监控也称为桥梁施工监控或桥梁施工控制。在大跨径悬索桥、斜拉桥、拱桥和连续刚构桥的平衡悬臂浇筑施工中,其后一块件通过预应力筋及砼与前一块件相接而成,因此,每一施工阶段都是密切相关的。为使结构达到或接近设计的几何线形和受力状态,施工各阶段需对结构的几何位置和受力状态进行监测,根据测试值对下一阶段控制变量进行预测和制订调整方案,实现对结构施工的控制。

2. 工程概况

该连续梁桥采用与主河道正交布置方式。跨径组合为$(40 + 2 \times 70 + 40)$m,4 跨 PC 变截面连续箱梁,桥梁起点桩号为 K1+033.42,终点桩号为 K1+260.58,全长为 226.16 m,全桥桥面横坡为 2%。

主要技术参数如下:

(1)桥梁宽度:全宽 24 m,分为上、下行两幅。

(2)设计速度:60 km/h。

(3)设计荷载等级:公路-Ⅰ级。

(4)桥梁结构设计基准期:100 年。

(5)抗震设计:地震动峰值加速度系数:0.10g。

(6)桥面铺装:10 cm 厚沥青混凝土。

(7)桥梁横断面:分上、下行两幅桥,中央分隔带采用 0.5 m 双黄线,全宽 28 m。

本项目监控范围为主桥$(40 + 2 \times 70 + 40)$m 挂篮悬臂浇筑段,主桥总体布置如图 6-20 所示。

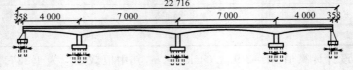

图 6-20　桥梁主桥总体布置(单位为 cm)

主桥上部结构为(40+2×70+40)m 4 跨 PC 变截面连续箱梁,由上、下行分离的 2 个单箱单室箱型截面组成。单个箱体顶板宽12.0 m,厚0.25 m,设 2%的横坡;底板宽6.0 m,厚度从跨中的 0.25 m 按二次抛物线变化成距桥墩中心 1.75 m 处的 0.6 m,横桥向底板保持水平;箱梁根部梁高5.0 m,跨中梁高2.0 m,箱梁梁高从跨中至距主墩中心 1.75 m 处按二次抛物线变化;腹板等厚 0.50 m;翼缘板悬臂长为 3.0 m,根部厚 0.65 m,内侧端部厚 0.25 m,外侧端部厚 0.18 m。除在墩顶设置一道厚 2.5 m 的横隔板,边跨端部设厚 1.5 m 的横梁外,其余部位均不设横隔板。箱梁截面如图 6-21 所示。

受某单位的委托,对该大桥(40+2×70+40)m 连续梁桥进行施工监控。主桥成桥后全貌如图 6-22 所示。

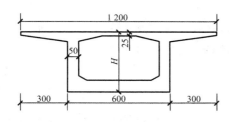

图 6-21　箱梁截面(单位为 cm)

图 6-22　桥梁主桥全貌

3.施工监控工作内容

主梁的施工监控主要内容如下:

(1)施工监控计算

①主桥预变位分析计算。

②梁段施工过程中各状态内力(或应力)确定。

(2)施工监控测量

①主梁施工过程中各控制断面线形测量。

②主梁施工过程中各控制断面应力测量。

③支座反力(包括临时墩)监测。

4. 施工监控计算

按照设计和施工所确定的施工工序以及设计所提供的基本参数,建立斜拉桥结构 Midas/Civil 计算模型,跟踪计算各施工状态以及成桥状态下各控制断面的应力和变形。这些数据与设计单位和监理单位相互校对确认无误后作为斜拉桥施工控制的理论依据。进行施工控制结构仿真分析的目的有:

(1)确定每一阶段的立模标高,以保证成桥线形满足设计要求。

(2)计算每一阶段梁体的合理状态及内力,作为对桥梁施工过程中每个阶段结构的应力和位移测试结果进行误差分析的依据。该桥结构仿真分析模型如图 6-23 所示。

(1)施工过程仿真计算

根据施工单位提供的施工技术方案对结构进行全施工过程模拟计算,主要内容有:

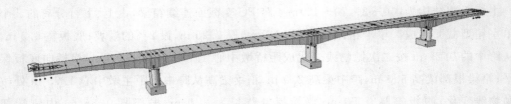

图 6-23　桥结构仿真分析模型

①各梁段挂篮前移定位的结构内力、应力和挠度。

②各梁段浇筑混凝土后的结构内力、应力和挠度。

③各梁段张拉预应力后的结构内力、应力和挠度。

④合拢段临时连接后的结构内力、应力和挠度。

⑤合拢段浇筑混凝土后(假定为荷载)的结构内力、应力和挠度。

⑥合拢段浇筑混凝土后(已成为结构)的结构内力、应力和挠度。

⑦桥面铺装完成后的结构内力、应力和挠度。

(2)施工过程施工预拱度的确定

在连续梁桥的挂篮悬臂现浇施工过程中,梁段立模标高的合理确定是关系到主梁的线形是否平顺及符合设计要求的一个重要问题。如果在确定立模标高时考虑的因素比较符合实际,而且加以正确的控制,则最终成桥线形一般是较为良好的;相反,如果考虑的因素和实际情况不符合,则最终成桥线形会与设计线形有较大的偏差。可以说,连续梁桥的线形控制主要是立模标高的确定。

立模标高并不等于设计中桥梁建成后的标高,总要设一定的预抛高,以抵消施工中产生的各种变形(挠度),其计算公式为

$$H_{lmi} = H_{sji} + \sum f_{1i} + \sum f_{2i} + f_{3i} + f_{4i} + f_{5i} + f_{gl} \tag{6-17}$$

式中　H_{lmi}——i 位置的立模标高(主梁上某确定位置);

　　　　H_{sji}——i 位置的设计标高;

　　　　$\sum f_{1i}$—— 由梁段自重在 i 位置产生的挠度总和;

　　　　$\sum f_{2i}$—— 由张拉各预应力在 i 位置产生的挠度总和;

　　　　f_{3i}——混凝土收缩、徐变在 i 位置引起的挠度;

　　　　f_{4i}——施工临时荷载在 i 位置引起的挠度;

　　　　f_{5i}——二期恒载在 i 位置引起的挠度;

　　　　f_{gl}——挂篮变形值。

其中挂篮变形值是根据挂篮加载试验,综合各项测试结果,最后绘出挂篮荷载-挠度曲线进行内插而得的;而 $\sum f_{1i}$、$\sum f_{2i}$、f_{3i}、f_{4i}、f_{5i} 五项在前述计算分析的结果中可以得到。初始的几个节段立模标高按理论值确定,当理论值与实测值基本一致后按理论值及测量结果调整挂篮定位标高。

通过理论模型计算出的主梁各项预拱度理论计算值见表 6-28。

表 6-28   各项预拱度理论计算值

序号	桩号/m	恒载预抬高值/cm	二期/cm	10年收缩徐变/cm	活荷载预拱度值/cm	总预拱度值/cm	抛物线拟合预拱度值/cm	备注
1	k1+037.0	0.000 0	0.000 0	0.000 0	0.000 0	0.000 0	0.000 0	第1跨边跨悬臂端部
2	k1+042.0	2.021 9	0.201 6	0.000 0	0.204 8	3.270 6	0.714 1	第1跨9#块悬臂端
3	k1+043.0	1.395 7	2.551 4	0.000 0	0.244 0	5.746 3	1.387 4	第1跨8#块悬臂端
4	k1+047.0	1.027 4	3.484 4	0.000 0	0.363 7	6.610 7	3.672 6	第1跨7#块悬臂端
5	k1+051.0	0.906 7	3.471 1	0.000 0	0.414 3	6.445 0	5.304 9	第1跨6#块悬臂端
6	k1+055.0	0.987 1	2.938 2	0.000 0	0.394 6	5.790 4	6.284 2	第1跨5#块悬臂端
7	k1+059.0	1.172 3	2.167 8	0.000 0	0.334 6	4.926 5	6.610 7	第1跨4#块悬臂端
8	k1+062.5	1.374 3	1.522 5	0.000 0	0.266 6	4.260 9	6.360 8	第1跨3#块悬臂端
9	k1+066.0	1.592 9	0.950 9	0.000 0	0.194 7	3.722 0	5.610 9	第1跨2#块悬臂端
10	k1+069.5	1.790 1	0.499 8	0.000 0	0.125 6	3.325 8	4.361 2	第1跨1#块悬臂端
11	k1+073.0	1.943 3	0.188 0	0.000 0	0.062 4	3.068 3	2.611 6	第1跨0#块悬臂端
12	k1+077.0	0.000 0	0.000 0	0.000 0	0.000 0	0.000 0	0.000 0	0#块悬臂端中部
13	k1+081.0	2.009 3	0.221 0	0.088 1	0.069 2	3.338 2	1.921 0	第2跨左侧0#块悬臂端
14	k1+084.5	1.915 8	0.569 1	0.141 8	0.143 5	3.814 6	3.410 8	第2跨左侧1#块悬臂端
15	k1+088.0	1.779 2	1.064 2	0.194 4	0.231 2	4.444 2	4.722 3	第2跨左侧2#块悬臂端

序号	桩号/m	恒载预抬高值/cm	二期/cm	10年收缩徐变/cm	活荷载预拱度值/cm	总预拱度值/cm	抛物线拟合预拱度值/cm	备注
16	k1+091.5	1.619 9	1.690 0	0.244 6	0.331 6	5.230 5	5.855 6	第2跨左侧3#块悬臂端
17	k1+095.0	1.476 5	2.402 5	0.290 3	0.442 4	6.161 9	6.810 6	第2跨左侧4#块悬臂端
18	k1+099.0	1.357 6	3.269 8	0.333 1	0.574 3	7.355 1	7.683 8	第2跨左侧5#块悬臂端
19	k1+103.0	1.352 1	3.924 7	0.360 5	0.698 4	8.381 5	8.324 1	第2跨左侧6#块悬臂端
20	k1+107.0	1.520 5	4.088 8	0.367 4	0.795 4	8.913 5	8.731 6	第2跨左侧7#块悬臂端
21	k1+111.0	1.928 2	3.337 3	0.351 4	0.844 7	8.425 4	8.906 2	第2跨左侧8#块悬臂端
22	k1+112.0	2.435 0	3.109 3	0.343 9	0.844 7	8.813 3	8.913 5	合拢块9#块悬臂端
23	k1+113.0	1.862 7	2.881 2	0.335 0	0.845 5	7.659 1	8.906 2	第2跨右侧8#块悬臂端
24	k1+117.0	1.435 9	3.722 8	0.288 8	0.795 4	8.159 4	8.731 6	第2跨右侧7#块悬臂端
25	k1+121.0	1.255 9	3.639 5	0.232 9	0.695 8	7.654 9	8.324 1	第2跨右侧6#块悬臂端
26	k1+125.0	1.255 8	3.054 7	0.176 3	0.568 9	6.677 4	7.683 8	第2跨右侧5#块悬臂端
27	k1+129.0	1.375 0	2.246 7	0.125 8	0.436 1	5.557 7	6.810 6	第2跨右侧4#块悬臂端
28	k1+132.5	1.525 3	1.577 9	0.089 8	0.325 0	4.712 1	5.855 6	第2跨右侧3#块悬臂端
29	k1+136.0	1.700 0	0.989 1	0.062 5	0.226 7	4.034 1	4.722 3	第2跨右侧2#块悬臂端
30	k1+139.5	1.856 7	0.524 7	0.043 8	0.140 7	3.526 1	3.410 8	第2跨右侧1#块悬臂端
31	k1+143.0	1.975 0	0.201 9	0.032 7	0.067 8	3.182 6	1.921 0	第2跨右侧0#块悬臂端
32	k1+147.0	0.000 0	0.000 0	0.000 0	0.000 0	0.000 0	0.000 0	0#块悬臂端中部

序号	桩号/m	恒载预抬高值/cm	二期/cm	10 年收缩徐变/cm	活荷载预拱度值/cm	总预拱度值/cm	抛物线拟合预拱度值/cm	备注
33	k1＋151.0	1.975	0.201 9	0.032 7	0.067 8	3.182 6	1.921 0	第 3 跨左侧 0# 块悬臂端
34	k1＋154.5	1.856 7	0.524 7	0.043 8	0.140 7	3.526 1	3.410 8	第 3 跨左侧 1# 块悬臂端
35	k1＋158.0	1.700 0	0.989 1	0.062 5	0.226 7	4.034 1	4.722 3	第 3 跨左侧 2# 块悬臂端
36	k1＋161.5	1.525 3	1.577 9	0.089 8	0.325 0	4.712 1	5.855 6	第 3 跨左侧 3# 块悬臂端
37	k1＋165.0	1.375 0	2.246 7	0.125 8	0.436 1	5.557 7	6.810 6	第 3 跨左侧 4# 块悬臂端
38	k1＋169.0	1.255 8	3.054 7	0.176 3	0.568 9	6.677 4	7.683 8	第 3 跨左侧 5# 块悬臂端
39	k1＋173.0	1.255 9	3.639 5	0.232 9	0.695 8	7.654 9	8.324 1	第 3 跨左侧 6# 块悬臂端
40	k1＋177.0	1.435 9	3.722 8	0.288 8	0.795 4	8.159 4	8.731 6	第 3 跨左侧 7# 块悬臂端
41	k1＋181.0	1.862 7	2.881 2	0.335	0.845 5	7.659 1	8.906 2	第 3 跨左侧 8# 块悬臂端
42	k1＋182.0	2.435	3.109 3	0.343 9	0.844 7	8.813 3	8.913 5	合拢块 9# 块悬臂端
43	k1＋183.0	1.928 2	3.337 3	0.351 4	0.844 7	8.425 4	8.906 2	第 3 跨右侧 8# 块悬臂端
44	k1＋187.0	1.520 5	4.088 8	0.367 4	0.795 4	8.913 5	8.731 6	第 3 跨右侧 7# 块悬臂端
45	k1＋191.0	1.352 1	3.924 7	0.360 5	0.698 4	8.381 5	8.324 1	第 3 跨右侧 6# 块悬臂端
46	k1＋195.0	1.357 6	3.269 8	0.333 1	0.574 3	7.355 1	7.683 8	第 3 跨右侧 5# 块悬臂端
47	k1＋199.0	1.476 5	2.402 5	0.290 3	0.442 4	6.161 9	6.810 6	第 3 跨右侧 4# 块悬臂端
48	k1＋202.5	1.619 9	1.690 0	0.244 6	0.331 6	5.230 5	5.855 6	第 3 跨右侧 3# 块悬臂端
49	k1＋206.0	1.779 2	1.064 2	0.194 4	0.231 2	4.444 2	4.722 3	第 3 跨右侧 2# 块悬臂端

序号	桩号/m	恒载预抬高值/cm	二期/cm	10 年收缩徐变/cm	活荷载预拱度值/cm	总预拱度值/cm	抛物线拟合预拱度值/cm	备注
50	k1+209.5	1.915 8	0.569 1	0.141 8	0.143 5	3.814 6	3.410 8	第 3 跨右侧 1# 块悬臂端
51	k1+213.0	2.009 3	0.221	0.088 1	0.069 2	3.338 2	1.921	第 3 跨右侧 0# 块悬臂端
52	k1+217.0	0.000 0	0.000 0	0.000 0	0.000 0	0.000 0	0.000 0	0# 块悬臂端中部
53	k1+221.0	1.943 3	0.188	0.000 0	0.062 4	3.068 3	2.611 6	第 4 跨 0# 块悬臂端
54	k1+224.5	1.790 1	0.499 8	0.000 0	0.125 6	3.325 8	4.361 2	第 4 跨 1# 块悬臂端
55	k1+228.0	1.592 9	0.950 9	0.000 0	0.194 7	3.722	5.610 9	第 4 跨 2# 块悬臂端
56	k1+231.5	1.374 3	1.522 5	0.000 0	0.266 6	4.260 9	6.360 8	第 4 跨 3# 块悬臂端
57	k1+235.0	1.172 3	2.167 8	0.000 0	0.334 6	4.926 5	6.610 7	第 4 跨 4# 块悬臂端
58	k1+239.0	0.987 1	2.938 2	0.000 0	0.394 6	5.790 4	6.284 2	第 4 跨 5# 块悬臂端
59	k1+243.0	0.906 7	3.471 1	0.000 0	0.414 3	6.445	5.304 9	第 4 跨 6# 块悬臂端
60	k1+247.0	1.027 4	3.484 4	0.000 0	0.363 7	6.610 7	3.672 6	第 4 跨 7# 块悬臂端
61	k1+251.0	1.395 7	2.551 4	0.000 0	0.244 0	5.746 3	1.387 4	第 4 跨 8# 块悬臂端
62	k1+252.0	2.021 9	0.201 6	0.000 0	0.204 8	3.270 6	0.714 1	第 4 跨 9# 块悬臂端
63	k1+257.0	0.000 0	0.000 0	0.000 0	0.000 0	0.000 0	0.000 0	第 4 跨边跨悬臂端部

按表 6-28 中理论数据调整预拱度后的主梁梁底立模标高计算值见表 6-29。

表 6-29   **最终梁底立模标高理论计算值**

序号	桩号/m	设计箱梁中心标高/m	原设计梁底标高/m	总预拱度值/cm	最终梁底立模标高/m	备注
1	k1+037.0	108.18	106.18	0.000 0	106.18	第 1 跨边跨悬臂端部
2	k1+042.0	108.18	106.18	0.714 1	106.19	第 1 跨 9# 块悬臂端
3	k1+043.0	108.18	106.11	1.387 4	106.12	第 1 跨 8# 块悬臂端

序号	桩号/m	设计箱梁中心标高/m	原设计梁底标高/m	总预拱度值/cm	最终梁底立模标高/m	备注
4	k1+047.0	108.18	105.96	3.672 6	106.00	第1跨7#块悬臂端
5	k1+051.0	108.18	105.72	5.304 9	105.77	第1跨6#块悬臂端
6	k1+055.0	108.18	105.40	6.284 2	105.46	第1跨5#块悬臂端
7	k1+059.0	108.18	105.04	6.610 7	105.11	第1跨4#块悬臂端
8	k1+062.5	108.18	104.62	6.360 8	104.68	第1跨3#块悬臂端
9	k1+066.0	108.18	104.13	5.610 9	104.19	第1跨2#块悬臂端
10	k1+069.5	108.18	103.57	4.361 2	103.61	第1跨1#块悬臂端
11	k1+073.0	108.18	103.18	2.611 6	103.21	第1跨0#块悬臂端
12	k1+077.0	108.18	103.18	0.000 0	103.18	0#块悬臂端中部
13	k1+081.0	108.18	103.18	1.921 0	103.20	第2跨左侧0#块悬臂端
14	k1+084.5	108.18	103.57	3.410 8	103.60	第2跨左侧1#块悬臂端
15	k1+088.0	108.18	104.13	4.722 3	104.18	第2跨左侧2#块悬臂端
16	k1+091.5	108.18	104.62	5.855 6	104.68	第2跨左侧3#块悬臂端
17	k1+095.0	108.18	105.04	6.810 6	105.11	第2跨左侧4#块悬臂端
18	k1+099.0	108.18	105.40	7.683 8	105.48	第2跨左侧5#块悬臂端
19	k1+103.0	108.18	105.72	8.324 1	105.80	第2跨左侧6#块悬臂端
20	k1+107.0	108.18	105.96	8.731 6	106.05	第2跨左侧7#块悬臂端
21	k1+111.0	108.18	106.11	8.906 2	106.20	第2跨左侧8#块悬臂端
22	k1+112.0	108.18	106.18	8.913 5	106.27	合拢块9#块悬臂端
23	k1+113.0	108.18	106.11	8.906 2	106.20	第2跨右侧8#块悬臂端
24	k1+117.0	108.18	105.96	8.731 6	106.05	第2跨右侧7#块悬臂端
25	k1+121.0	108.18	105.72	8.324 1	105.80	第2跨右侧6#块悬臂端
26	k1+125.0	108.18	105.40	7.683 8	105.48	第2跨右侧5#块悬臂端
27	k1+129.0	108.18	105.04	6.810 6	105.11	第2跨右侧4#块悬臂端
28	k1+132.5	108.18	104.62	5.855 6	104.68	第2跨右侧3#块悬臂端
29	k1+136.0	108.18	104.13	4.722 3	104.18	第2跨右侧2#块悬臂端
30	k1+139.5	108.18	103.57	3.410 8	103.60	第2跨右侧1#块悬臂端
31	k1+143.0	108.18	103.18	1.921 0	103.20	第2跨右侧0#块悬臂端
32	k1+147.0	108.18	103.18	0.000 0	103.18	0#块悬臂端中部
33	k1+151.0	108.18	103.18	1.921 0	103.20	第3跨左侧0#块悬臂端
34	k1+154.5	108.18	103.57	3.410 8	103.60	第3跨左侧1#块悬臂端
35	k1+158.0	108.18	104.13	4.722 3	104.18	第3跨左侧2#块悬臂端
36	k1+161.5	108.18	104.62	5.855 6	104.68	第3跨左侧3#块悬臂端
37	k1+165.0	108.18	105.04	6.810 6	105.11	第3跨左侧4#块悬臂端
38	k1+169.0	108.18	105.40	7.683 8	105.48	第3跨左侧5#块悬臂端

序号	桩号/m	设计箱梁中心标高/m	原设计梁底标高/m	总预拱度值/cm	最终梁底立模标高/m	备 注
39	k1+173.0	108.18	105.72	8.324 1	105.80	第3跨左侧6#块悬臂端
40	k1+177.0	108.18	105.96	8.731 6	106.05	第3跨左侧7#块悬臂端
41	k1+181.0	108.18	106.11	8.906 2	106.20	第3跨左侧8#块悬臂端
42	k1+182.0	108.18	106.18	8.913 5	106.27	合拢块9#块悬臂端
43	k1+183.0	108.18	106.11	8.906 2	106.20	第3跨右侧8#块悬臂端
44	k1+187.0	108.18	105.96	8.731 6	106.05	第3跨右侧7#块悬臂端
45	k1+191.0	108.18	105.72	8.324 1	105.80	第3跨右侧6#块悬臂端
46	k1+195.0	108.18	105.40	7.683 8	105.48	第3跨右侧5#块悬臂端
47	k1+199.0	108.18	105.04	6.810 6	105.11	第3跨右侧4#块悬臂端
48	k1+202.5	108.18	104.62	5.855 6	104.68	第3跨右侧3#块悬臂端
49	k1+206.0	108.18	104.13	4.722 3	104.18	第3跨右侧2#块悬臂端
50	k1+209.5	108.18	103.57	3.410 8	103.60	第3跨右侧1#块悬臂端
51	k1+213.0	108.18	103.18	1.921 0	103.20	第3跨右侧0#块悬臂端
52	k1+217.0	108.18	103.18	0.000 0	103.18	0#块悬臂端中部
53	k1+221.0	108.18	103.18	2.611 6	103.21	第4跨0#块悬臂端
54	k1+224.5	108.18	103.57	4.361 2	103.61	第4跨1#块悬臂端
55	k1+228.0	108.18	104.13	5.610 9	104.19	第4跨2#块悬臂端
56	k1+231.5	108.18	104.62	6.360 8	104.68	第4跨3#块悬臂端
57	k1+235.0	108.18	105.04	6.610 7	105.11	第4跨4#块悬臂端
58	k1+239.0	108.18	105.40	6.284 2	105.46	第4跨5#块悬臂端
59	k1+243.0	108.18	105.72	5.304 9	105.77	第4跨6#块悬臂端
60	k1+247.0	108.18	105.96	3.672 6	106.00	第4跨7#块悬臂端
61	k1+251.0	108.18	106.11	1.387 4	106.12	第4跨8#块悬臂端
62	k1+252.0	108.18	106.18	0.714 1	106.19	第4跨9#块悬臂端
63	k1+257.0	108.18	106.18	0.000 0	106.18	第4跨边跨悬臂端部

经计算后主梁设计标高与调整预拱度后的标高如图 6-24 所示。

图 6-24　主梁设计标高及调整预拱度后的标高

5. 施工监控测量

（1）施工过程标高监测

线形（高程）控制是施工控制项目中的重点,线形（高程）控制的目标是准确提供每一个箱梁节段的立模标高,并对施工过程中出现的超过规范允许值的误差进行调整,一切计算分析和对实测数据的处理都是围绕这个目标进行的。悬臂施工中箱梁挠度受混凝土容重、弹性模量、收缩徐变、日照温差、预应力、结构体系转换、施工荷载和桥墩变位等因素的影响,导致箱梁计算挠度与实测挠度有差异。实际立模标高应根据实测结果,分析挠度产生差异的主要因素并进行调整后给出。

线形(高程)监测的基准点布设在各墩的 0# 节段上,在每个 0# 节段上可布设 2 个基准点。为了能反映在各施工阶段完成后各梁段的标高,得到各施工阶段后的主梁线形,并且可以根据浇筑前、后梁段标高的变化计算出主梁的竖向挠度,每个施工节段上布置 2 个高程观测点。测点布置应避开挂篮的位置,测点布置在离主梁前端 10 cm 处,横向布置在腹板顶部内侧 10 cm 处,测点布置如图 6-25 所示。梁段挠度测点布置在顶面上,与施工单位共用一套测点,以互相校核。

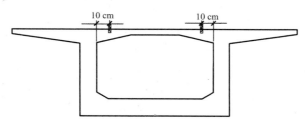

图 6-25　箱梁高程监测测点布置

测点采用 $\phi16$ mm 的短钢筋制作,底部焊于钢筋笼上,顶部磨圆露出混凝土面 1.5～2.5 cm,测头磨平并用红油漆标记,采用高精度全站仪对桥梁标高及立模标高进行监控,测得梁底立模标高,见表 6-30。

表 6-30　　　　　　　　　　　　　　　　　　　梁底立模标高

序号	桩号/m	理论梁底立模标高/m	实测梁底立模标高/m	备　注
1	k1+037.0	106.18	106.201	第 1 跨边跨悬臂端部
2	k1+042.0	106.19	106.20	第 1 跨 9# 块悬臂端
3	k1+043.0	106.12	106.199	第 1 跨 8# 块悬臂端
4	k1+047.0	106.00	106.20	第 1 跨 7# 块悬臂端
5	k1+051.0	105.77	105.918	第 1 跨 6# 块悬臂端
6	k1+055.0	105.46	105.694	第 1 跨 5# 块悬臂端
7	k1+059.0	105.11	105.377	第 1 跨 4# 块悬臂端
8	k1+062.5	104.68	104.70	第 1 跨 3# 块悬臂端
9	k1+066.0	104.19	104.213	第 1 跨 2# 块悬臂端
10	k1+069.5	103.61	103.786	第 1 跨 1# 块悬臂端
11	k1+073.0	103.21	103.412	第 1 跨 0# 块悬臂端
12	k1+077.0	103.18	103.20	第 1、2 跨 0# 块悬臂端中部
13	k1+081.0	103.20	103.412	第 2 跨左侧 0# 块悬臂端
14	k1+084.5	103.60	103.810	第 2 跨左侧 1# 块悬臂端
15	k1+088.0	104.18	104.283	第 2 跨左侧 2# 块悬臂端
16	k1+091.5	104.68	104.875	第 2 跨左侧 3# 块悬臂端
17	k1+095.0	105.11	105.377	第 2 跨左侧 4# 块悬臂端
18	k1+099.0	105.48	105.707	第 2 跨左侧 5# 块悬臂端

序号	桩号/m	理论梁底立模标高/m	实测梁底立模标高/m	备 注
19	k1+103.0	105.80	105.944	第2跨左侧6#块悬臂端
20	k1+107.0	106.05	106.212	第2跨左侧7#块悬臂端
21	k1+111.0	106.20	106.420	第2跨左侧8#块悬臂端
22	k1+112.0	106.27	106.488	第2跨合拢块9#块悬臂端
23	k1+113.0	106.20	106.304	第2跨右侧8#块悬臂端
24	k1+117.0	106.05	106.113	第2跨右侧7#块悬臂端
25	k1+121.0	105.80	105.946	第2跨右侧6#块悬臂端
26	k1+125.0	105.48	105.70	第2跨右侧5#块悬臂端
27	k1+129.0	105.11	105.378	第2跨右侧4#块悬臂端
28	k1+132.5	104.68	104.898	第2跨右侧3#块悬臂端
29	k1+136.0	104.18	104.283	第2跨右侧2#块悬臂端
30	k1+139.5	103.60	103.810	第2跨右侧1#块悬臂端
31	k1+143.0	103.20	103.412	第2跨右侧0#块悬臂端
32	k1+147.0	103.18	103.212	第2、3跨0#块悬臂端中部
33	k1+151.0	103.20	103.412	第3跨左侧0#块悬臂端
34	k1+154.5	103.60	103.812	第3跨左侧1#块悬臂端
35	k1+158.0	104.18	104.284	第3跨左侧2#块悬臂端
36	k1+161.5	104.68	104.890	第3跨左侧3#块悬臂端
37	k1+165.0	105.11	105.379	第3跨左侧4#块悬臂端
38	k1+169.0	105.48	105.70	第3跨左侧5#块悬臂端
39	k1+173.0	105.80	105.945	第3跨左侧6#块悬臂端
40	k1+177.0	106.05	106.1	第3跨左侧7#块悬臂端
41	k1+181.0	106.20	106.304	第3跨左侧8#块悬臂端
42	k1+182.0	106.27	106.477	第3跨合拢块9#块悬臂端
43	k1+183.0	106.20	106.451	第3跨右侧8#块悬臂端
44	k1+187.0	106.05	106.102	第3跨右侧7#块悬臂端
45	k1+191.0	105.80	105.943	第3跨右侧6#块悬臂端
46	k1+195.0	105.48	105.688	第3跨右侧5#块悬臂端
47	k1+199.0	105.11	105.341	第3跨右侧4#块悬臂端
48	k1+202.5	104.68	104.889	第3跨右侧3#块悬臂端
49	k1+206.0	104.18	104.284	第3跨右侧2#块悬臂端
50	k1+209.5	103.60	103.812	第3跨右侧1#块悬臂端
51	k1+213.0	103.20	103.412	第3跨右侧0#块悬臂端
52	k1+217.0	103.18	103.212	第3、4跨0#块悬臂端中部
53	k1+221.0	103.21	103.416	第4跨0#块悬臂端
54	k1+224.5	103.61	103.842	第4跨1#块悬臂端

序号	桩号/m	理论梁底立模标高/m	实测梁底立模标高/m	备　注
55	k1+228.0	104.19	104.410	第 4 跨 2# 块悬臂端
56	k1+231.5	104.68	104.874	第 4 跨 3# 块悬臂端
57	k1+235.0	105.11	105.322	第 4 跨 4# 块悬臂端
58	k1+239.0	105.46	105.696	第 4 跨 5# 块悬臂端
59	k1+243.0	105.77	105.916	第 4 跨 6# 块悬臂端
60	k1+247.0	106.00	106.060	第 4 跨 7# 块悬臂端
61	k1+251.0	106.12	106.355	第 4 跨 8# 块悬臂端
62	k1+252.0	106.19	106.40	第 4 跨 9# 块悬臂端
63	k1+257.0	106.18	106.28	第 4 跨边跨悬臂端部

理论梁底立模标高与实测梁底立模标高对比如图 6-26 所示。

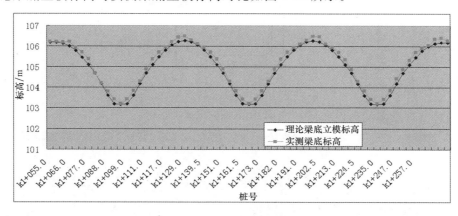

图 6-26　理论梁底立模标高与实测梁底立模标高对比

主梁标高监测结果如下：

①挂篮定位的监测结果表明：挂篮定位精度均控制在－5～＋5 mm，定位精度满足要求，施工过程中主梁线形良好，说明施工过程中对主梁位移变化的跟踪调整起到了良好的作用。

②由实际测量结果可知主梁梁底立模标高与设计值基本一致，其误差小于规范规定的±20 mm，主梁线形良好，各悬浇块段之间衔接顺畅。

③高程偏差均控制在 20 mm 之内，合拢精度较高，符合设计和监测要求。

④成桥线形与目标线形高差控制在 20 mm 之内，满足《公路桥涵施工技术规范》(JTG/T F50－2011)要求。

（2）施工过程应力监测

桥梁上部结构为上、下行左、右两幅，左幅主梁测试断面选择边跨 D 的 $l/2$ 处、墩顶悬臂根部，中跨的墩顶悬臂根部、$l/4$ 处、$l/2$ 处、$3l/4$ 处、墩顶悬臂根部，共 14 个监测断面，具体位置如图 6-27 所示；右幅主梁测试断面选择边跨的 $l/2$ 处、墩顶悬臂根部，中跨的墩顶悬臂根部、$l/2$ 处、墩顶悬臂根部，共 10 个监测断面，具体位置如图 6-28 所示。

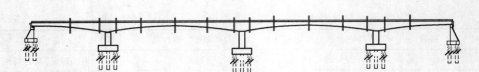

图 6-27 主梁应力测试断面位置(左幅)

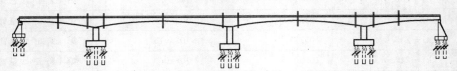

图 6-28 主梁应力测试断面位置(右幅)

主梁测试断面测点布置情况如图 6-29 所示,应变传感器分别布置在顶板上层钢筋和底板下层钢筋上,每个截面布置 6 个传感器。

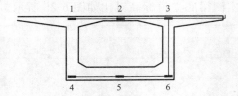

图 6-29 各应力监测断面应力测点布置

现场应变传感器的埋设及测试如图 6-30～图 6-32 所示。

图 6-30 应变传感器的埋设

图 6-31 现场应变测试

图 6-32 JMZX-3006 综合测试仪

主梁应力监测结果如下:

①测试截面的应力随着箱梁悬臂浇筑施工的进行,悬臂根部测试截面的压应力不断有

规律地增大,截面处于全截面受压状态,且应力的增大无突变发生。应力值均满足《公路钢筋混凝土及预应力混凝土桥涵设计规范》[5]的规定,即主梁 C50 混凝土标准抗拉强度为 1.89 MPa,标准抗压强度为 23.1 MPa。

②顶板和底板各测点应力数据的变化趋势均较一致。

③顶板和底板实测应力与理论值在大小上存在一定的差异,这一方面是由于理论值按照平面杆系模型计算,无法分析截面横向的应力分布;更重要的是由混凝土的收缩徐变引起的虚应变不能完全剔除,故实测应力的平均值与理论计算应力也存在一定的差异,这种差异是合理而且不可避免的。

图 6-33　中跨合龙段

图 6-34　中跨合龙前预压

图 6-35　中跨合龙前

图 6-36　中跨合龙后

6. 施工监控结论

根据桥梁的施工进度,从 2012 年 8 月进场一直到 2013 年 8 月底大桥顺利合龙,对大桥的挠度和应力进行了多次跟踪测试,获得了大量的实测数据和技术资料,为大桥的顺利竣工提供了可靠的保障。

(1)桥梁施工监控的实施对主梁的悬臂施工提供了全面、及时的监测和控制,为保证施工质量、工程进度和结构安全提供了有力的保障。

(2)在每一个梁段悬臂浇筑过程中均进行了严格的检查,提供了准确的现场实测数据,发现问题及时通知各参建单位,并协助进行解决,为大桥的顺利施工提供了有力支持。

(3)结构在施工过程及成桥阶段表现出的应力状态与理论计算及设计要求基本一致,且均满足设计和规范要求,结构最终实测受力状态在一般预应力混凝土桥的容许范围之内,结构应力监控表现良好。

(4)结构在施工过程及成桥阶段表现出的变形状态与理论计算及设计、监控要求基本一致,包括挂篮定位精度、累计挠度控制、结构合龙精度以及成桥线形指标等,结构变形监控表现良好。

(5)在结构施工过程中,主梁内力和结构变形均得到了较好的控制,大桥施工全过程处于受控状态,结构各项成桥指标表现良好。

6.8　小　结

长期以来,有关在役桥梁检测与承载能力评定始终是一个非常复杂的问题,学界虽然对评定的方法做过大量理论和试验研究并取得了一定的研究成果,但大部分研究还停留在理论层面上,且评估人员需具有较高的专业理论水平和现场经验,造成大量研究方法难以推广应用。限于时间和知识水平,在检算系数量化的基础上提出的修正的公路混凝土旧桥承载力结构检算评定法,虽然能够较为科学、合理地评定公路混凝土旧桥的承载能力,但仍存在一些问题,尚待进一步研究:

(1)《公路桥梁承载能力检测评定规程》中的评定公式是基于设计理论提出的,但实际公路混凝土旧桥工作环境较为恶劣,加之众多旧桥可能服役已久,会造成旧桥的结构关系模型与设计的不甚相符[9]。

(2)由于影响旧桥承载力的影响因素众多,并且很多影响因素具有随机性和不确定性,《公路桥梁承载能力检测评定规程》在确定承载力检算系数时,只考虑了主要的影响因素,因素的评定标准还不甚详细。此外,运用层次分析法求影响因素权重时,判断矩阵是在专家调查的基础上建立的,具有一定的主观性。因此,如何全面考虑旧桥承载力影响因素、制定更加精确的评定指标以及确定更为合理的因素,都需要进一步研究因素权重。

(3)检算系数法在工程应用中比较方便、操作性强,对于处理人工巡检、荷载试验等种类繁多的数据十分有用,但其缺乏严密的理论根据,且适应性不强。鉴于这些原因,有些文献也称这种方法为半经验半理论法。目前我国大多数检测机构和科研院所对旧桥(特别是简支梁桥、连续梁桥、连续刚构桥)进行鉴定时通常采用这种方法[10]。

(4)现有的桥梁承载能力评估理论有待于进一步完善,尽量克服各项修正系数的不确定性和模糊性,建议采用结构可靠度理论来指导现有桥梁的承载能力评估,使承载能力评估更科学、更合理。

习题与思考题

1.简述桥梁承载力评定的意义。

2.在什么情况下需要进行承载能力检测评定?评定时的工作内容是什么?

3.简述桥梁承载能力评定的基本原理。

4.简述公路桥梁承载能力检测评定的基本流程。

5.桥梁承载能力评定时在什么情况下需要进行静力荷载试验?

6.桥梁改造加固分为哪几种情况?常见的加固方法有哪些?

7.某服役若干年的简支梁桥,截面形式为钢筋混凝土 T 梁,截面尺寸和配筋情况(架立筋和箍筋的配置情况略)如图 6-33 所示。混凝土设计强度等级为 C30,$f_{cd}=14.3 \text{ N/mm}^2$,纵向钢筋为 HRB400,$f_{sd}=360 \text{ N/mm}^2$,$a_s=70 \text{ mm}$。现在此桥将要通过一特种车辆,该桥自重和特种车对该桥产生的截面最大弯矩为 $M=550 \text{ kN·m}$,经过桥梁检测后,其承载力评定各种参数值见表 6-31,试问该特种车辆通过时该桥是否满足抗弯要求?

表 6-31　　　　　　　　　　　　　　承载力评定参数值

评定参数	参数值
混凝土抗压强度推定等级	C35
检算系数 Z_1	0.95
钢筋截面折减系数 ξ_s	0.98
混凝土截面折减系数 ξ_c	0.97
承载力恶化系数 ξ_e	0.002 4

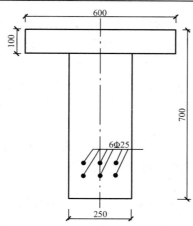

图 6-33　截面尺寸和配筋

参考文献

[1] JTG H10－2009 公路桥涵养护技术规范[S]. 北京：人民交通出版社，2004.

[2] 潘松林，张红阳. 公路桥梁检测概述[J]. 城市道桥与防洪，2003，(5)：5－8.

[3] 程寿山. 桥梁承载能力检测评定[R]. 交通运输部公路局：交通运输部公路科学研究院，2010.

[4] 张树仁，王宗林. 桥梁病害诊断与改造加固设计[M]. 北京：人民交通出版社，2006.

[5] JTG/T J21－2011 公路桥梁承载能力检测评定规程[S]. 北京：人民交通出版社，2011.

[6] JTG/T H21－2011 公路桥梁技术状况评定标准[S]. 北京：人民交通出版社，2011.

[7] JTG D62－2004 公路钢筋混凝土及预应力混凝土桥涵设计规范[S]. 北京：人民交通出版社，2004.

[8] JTG D60－2004 公路桥涵设计通用规范[S]. 北京：人民交通出版社，2004.

[9] 王荣霞，李自林. 桥梁工程设计指导示例[M]. 北京：华中科技大学出版社，2011：30－43.

[10] 冉志红，缪昇，屈俊童，等. 桥梁结构承载力评估及可靠性鉴定的研究现状及发展[J]. 云南大学学报（自然科学版），2011，33(S1)：333－337.

[11] 夏富友. 基于结构检算的公路混凝土旧桥承载力评价方法研究[D]. 郑州大学：硕士学位论文，2010.46－56.

[12] JGJT23－2011 回弹法检测混凝土抗压强度技术规程[S]. 北京：中国建筑工业出版社，2001.

[13] 叶见曙. 结构设计原理[M]. 北京：人民交通出版社，2005.

[14] 周新刚，刘建平. 混凝土结构设计原理[M]. 北京：机械工业出版社，2011.86－97.

[15] 张劲泉，李万恒，任红伟，等. 公路旧桥承载力评定方法及工程实例[M]. 北京：人民交通出版社，2007.

[16] 叶见曙. 公路旧桥病害与检查[M]. 北京：人民交通出版社，2012.

[17] JTG/TF 50－2011 公路桥涵施工技术规范[S]. 北京：人民交通出版社，2011.